죽음의 죽음

감사의 말을 포함해 이 책에 표기된 세계 각국의 인명은 영어로 한번 변경된 뒤에 한글로 재표기되면서 올바른 발음으로 옮겨지지 않았을 수 있습니다(특히 한국 인명). 혹시 오류를 발견하시면 편집부로 연락 주시기 바랍니다.

Death of Death

죽음의 죽음

'신'의 영역에서 '과학'의 영역으로 간
생명의 비밀

○

호세 코르데이로·데이비드 우드 지음

박영숙 옮김

추천

《죽음의 죽음》은 혁명적인 책이다. 우리로 하여금 노화라는 끔찍한 현실을 직시하도록 하는 통찰력이 있는 책으로, 저자들은 이 주제를 다루는 나의 동료이자 전문가들이다. 나는 호세와 데이비드가 이 훌륭한 책에 담은 권위적이고 포괄적인 설명이 노화를 저지하고 넘어서는 과정을 가속화할 것이라고 믿는다.

— 오브리 드 그레이Aubrey de Grey 《노화 종식Ending Aging》의 공동저자, SENS 연구재단 공동 설립자

우리는 우리를 무한정의 수명으로 데려갈 여러 다리를 건너 수명 연장의 환상적인 항해에 나서고 있다. 《죽음의 죽음》은 우리가 어떻게 곧장 수명 탈출 속도에 도달하고 영원히 살 만큼 충분히 오래 살 수 있는지를 명확하게 설명해준다.

— 레이 커즈와일Ray Kurzweil 구글Google 엔지니어링 이사, 미래학자

약국이나 서점에 가면 노화에 관한 말도 안 되는 약과 책들이 산더미처럼 쌓여 있다. 우리가 노화에 집착한다는 방증이다. 《죽음의 죽음》은 과학이 노화를 정복하기 위해 최근 이루어낸 놀라운 성과들을 요약하고 있다. 과대광고를 걷어내고, 논란의 여지가 있는 이 주제에 관해 권위 있고 균형 잡힌 지식을 제공해 건설적인 토론을 펼칠 수 있도록 도와준다.

— 미치오 카쿠Michio Kaku 이론물리학자, 뉴욕 시립대 교수, 《미래의 물리학Physics of the Future》 저자

이 멋진 책은 전례 없는 수명 연장에 관한 설득력 있는 사례를 제시한다. 《죽음의 죽음》은 죽음이 마침내 임자를 만날 때가 왔음을 보여준다!

— 테리 그로스먼Terry Grossman 의사, 예방의학 전문가

장수 과학이 건강하게 더 오래 살고 싶어 하는 사람들의 열망을 따라잡고 있다. 이것이 곧 현실이 된다는 사실을 《죽음의 죽음》이 훌륭하게 설명해주고 있다. '노화 역전' 과학의 발전에 관심 있는 모든 사람이 반드시 읽어야 할 책이다.

— 짐 멜론Jim Mellon 《노화 역전Rejuvenescence》의 공동 저자이며 장수 연구 투자자

《죽음의 죽음》은 노화 연구 및 기타 분야의 눈부신 과학적 발전이 인간의 죽음을 어떻게 사라지게 할 수 있는지, 그리고 이것이 왜 인류에게 올바른 길인지에 대한 놀라운 비전을 제공한다.

— 주앙 페드로 데 마갈량이스João Pedro de Magalhães 리버풀 대학교 교수

《죽음의 죽음》은 오늘날 우리가 가능하다고 생각하는 것보다 훨씬 더 오래 사는 미래에 관한 중요한 연구와 통찰력을 결합한 책이다.
— 제롬 글렌Jerome Glenn 밀레니엄프로젝트의 CEO

《죽음의 죽음》은 오늘날 가장 중요한 윤리적 우선순위 중 하나인 노화와 죽음을 늦추고 멈추는 문제를 다룬다. 과학적 실현 가능성이 점점 더 명확해짐에 따라 그 의미를 설명하고 이해하는 것의 중요성 또한 커지고 있다. 이 책이 그 중요한 역할을 수행할 것으로 기대된다.
— 앤더스 샌드버그Anders Sandberg 옥스퍼드 대학교 미래인류연구소 선임 연구원

나는 죽을 것이고, 내가 아는 모든 사람도 죽을 것이라고 생각한다. 그렇다고 해서 《죽음의 죽음》이 그다지 흥미롭지 않은 책이라는 의미는 아니다. 다음 세대는 그들이 기대하는 것보다 훨씬 더 오래 살 가능성이 있기 때문이다. 기술은 비약적으로 발전하기에, 훨씬 더 긴 수명을 가지고 무엇을 해야 할지 토론하는 것이 중요하다. 이 책을 읽고 생각하라.
— 후안 엔리케즈Juan Enríquez 《미래가 여러분과 진화하는 우리를 따라잡을 때As The Future Catches You and Evolving Ourselves》의 저자

과학이 생물학적 노화를 영원히 근절하는 것이 얼마나 가까이 왔는지를 깨닫지 못하는 회의론자들에게 이 책을 적극 추천한다.
— 빌 팔룬Bill Faloon 수명연장재단 공동 창립자이자 《약리학Pharmocracy》의 저자

텔로미어telomere : 반복적인 염기서열을 가지는 DNA 조각으로 염색체의 말단에 존재해 말단소체라고도 한다를 연장하는 것은 노화를 치료하고 건강의 악화를 멈추게 하는 열쇠 중 하나가 될 수 있다.《죽음의 죽음》을 읽고 우리가 어떻게 노화를 멈추고 되돌릴 수 있는지를 알아보라.
— 빌 앤드루스Bill Andrews 시에라 사이언스Sierra Sciences의 설립자이자 《텔로미어의 과학Curing Aging》의 공동 저자

의학이 정보기술information technology, IT과 결합하면서 유전자 및 세포 치료를 통해 세포를 더 정밀하게 조작할 수 있게 되었다. 이러한 능력의 기하급수적 발전 덕분에 노화와 그로 인한 죽음은 사라질 것이다.《죽음의 죽음》은 이 캠페인의 세부 사항과 인류가 곧 영원히 살 수 있을 만큼 오래 살 방법을 설명한다.
— 엘리자베스 패리시Elizabeth Parrish 바이오비바BioViva의 창립자이자 텔로머레이스(telomerase, 텔로미어 복원 효소) 치료의 '최초 수혜자'

노화는 거의 모든 질병과 죽음의 주요 원인이므로 장수 생명공학의 지속적 발전은 누구나 추구할 수 있는 가장 이타적인 행동이다. 우리는 생산적으로 수명을 크게 늘릴 수 있는, 인류 역사상 가장 흥미로운 시기에 살고 있다.《죽음의 죽음》은 우리가 알고 있는 죽음을 없애기 위한 많은 윤리적, 경제적 논거를 제시하고 있으며, 이 목표에 더 가까이 다가설 수 있도록 하는 최근의 과학 동향을 분석한다. 이 책을 읽고 모든 질병의 진정한 통치자인 노화에 대항하는 혁명에 동참하라.
— 알렉스 자보론코프Alex Zhavoronkov 인실리코 메디신Insilico Medicine의 창립자이자 생물생태학연구재단Biogerontology Research Foundation의 이사

장수의학 분야는 생명공학, 인공지능, 컴퓨터 과학, 생물학, 노화 과학 등 다양한 분야의 협업에 따라 발전 속도가 결정된다. 장수의학은 노화 관련 질환을 다루는데, 수명 연장이 아니라 건강수명의 연장이 핵심이다. 이를 위해서는《죽음의 죽음》이 제시하는 미래 트렌드를 반드시 알아야 한다.

— **에블린 비숍**Evelyne Bischof 상하이 의과대학 교수

노화 연구는 현재 주류가 되었으며, 건강수명을 연장하고 노화 관련 질환을 없애는 데 그 초점이 맞춰져 있지만, 장수로 인해 일어날 다양한 사회 문제도 그에 못지않게 중요하다. 이런 복합적인 미래에 관해 이 책의 저자들보다 더 진지하게 논의하는 사람은 없었다.《죽음의 죽음》에서는 나이와 관련된 죽음을 정말 피할 수 없는지 신중하게 탐구한다. 이는 역사상 처음으로 과학이 씨름해야 하는 정당한 질문이다.

— **브라이언 케네디**Brian Kennedy 국립 싱가포르 대학교 생화학 및 생리학 교수

과학적 발견과 임상시험이 가속화되면서 노화 과정을 늦추고 되돌릴 수 있다는 사실이 분명하게 드러나고 있다. 지금 가장 큰 문제는 이러한 노력을 "부자연스럽다"거나 "불가능하다"고 인식하는 것이다. 《죽음의 죽음》은 이러한 인식을 뒤집어주는 훌륭하고 정교한 논증이다. 이 책을 읽고 나면 누구도 의심하지 않을 것이다.

— **페트르 스라멕**Petr Sramek 장수기술펀드LongevityTech.Fund 관리 총괄 파트너

세상을 이해할 나이가 되면 우리 대부분은 늙어 죽는다. 이 책은 인공지능을 상대할 인류가 반드시 해결해야 할 현실을 이야기한다. 죽음 그리고 불멸, 그것은 남의 이야기가 아니다.

— **조너선 박**Jonathan Park 디파이타임Defytime 대표이사

이 책에서 제안하는 장수학의 미래는 우리 시대의 다양성에 근거해 신선한 시각과 센세이션을 불러일으킨다. 의학과 공학, 인문학 등이 접목된 융합학문의 놀라운 발전과 실용화 사업들이 활발히 시작된 지금, 저자들은 독자에게 불로장생을 향한 호기심을 자극하고 건강 관리 산업 전반에 걸친 새로운 비전을 제시한다.

— **오지영** 글로벌사이버대학교 뇌인지교육학과 특임교수

지금까지 기술이 범접할 수 없었던 생명과 죽음의 양쪽 끝을 기술로 이어붙여, 시작과 끝이 있던 세계를 순환의 세계로 만들어 가려는 시도.

— **고산** 에이팀ATEAM 벤처스 공동 설립자 겸 CEO

이제는 '노화의 종말'이 아니라 '죽음의 종말'이다. 늙지도 죽지도 않는 불로불사의 삶을 가능하게 해주는 다양한 과학적 증거와 산업, 철학적 성찰을 전해주는 종합 안내서. 시중에 나와 있는 노화와 건강 관련 서적이 지루하거나 두껍거나 어려웠다면 이 책을 추천한다.

— **권만우** 경성대학교 교수, 부산콘텐츠마켓 집행위원장

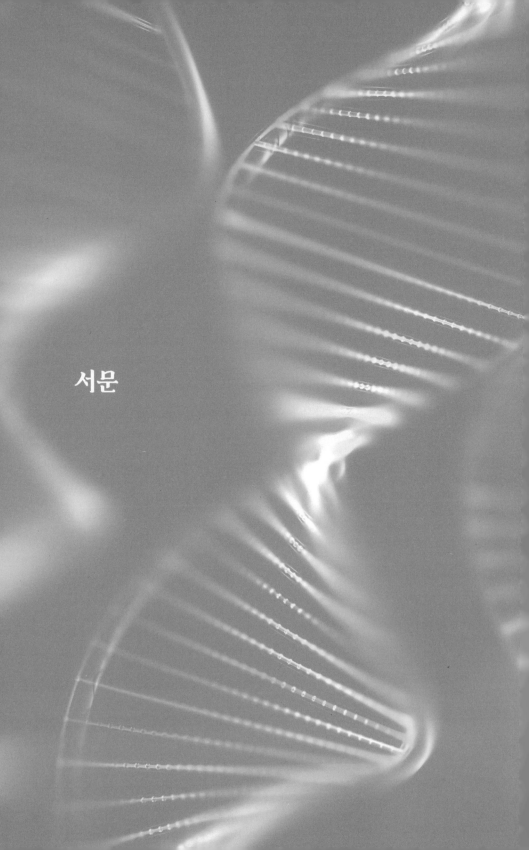

서문

노화는 날씨와 마찬가지로 국가나 민족적 경계와 관련이 없다. 노화가 인류의 각 집단에 미치는 영향은 동등하다. 하지만 노화에도 불균형이 존재한다는 많은 이야기가 있다. 예를 들어 미국은 1인당 건강에 가장 큰 비용을 지출하는 국가이지만, 기대수명특정 연도의 출생자가 향후 생존할 것으로 기대되는 평균 생존 연수-역주이 높은 30개국 그룹에는 속하지 않는다. 다만 이러한 통계는 그 차이가 약 5년 정도로, 그다지 크지 않기 때문에 여기에 속아서는 안 된다. 노화 저지 운동에는 국경이 없어야 한다. 인류가 직면한 주요 도전이기 때문에 전 세계가 이 문제를 해결하기 위해 힘을 합치고, 최선의 노력을 기울여야 한다.

노화는 다른 어떤 것보다도 많은 사람을 사망에 이르게 한다. 노화는 사망의 70% 이상을 차지하며, 대부분의 죽음은 당사자인 노인과 사랑하는 사람들 모두에게 말할 수 없이 큰 고통을 준다. 불행하게도 '노화와의 전쟁'은 아직 이 문제를 해결하지 못하고 있다. 실리콘밸리에 가장 큰 노력이 집중되는 영어권 세계에서는 상당한 탄력을 받고 있으며, 미국의 나머지 지역이나 영국, 캐나다, 호주 등 다른 지역에서도 관련 기관이 등장하고 있다. 러시아, 싱가포르, 한국, 이스라엘과 함께 독일도 주목받고 있다. 그러나 세계의 다른 지역들은 이 분야를 수용하는 속도가 훨씬 느리다. 특히 아시아에서 인구 밀도가 높은 국가들은 노화가 의학적 문제라는 점을 이해하는 데 심각한 어려움을 겪고 있고, 나아가 그것이 해결 가능한 문제라는 점을 고려하지 않아 우려를 자아낸다.

《죽음의 죽음》은 끔찍한 노화의 현실과 맞서게 하는 통찰력이 있는 책으로, 저자들은 이 주제에 관한 전문가들이다. 최근 몇 년 동안 호세 코르데이로는 세계 여러 지역에서 노화와의 전쟁에 대한 관심을 높이는 데 도움을 주었지만, 그의 주요 관심 지역은 스페인어권과 포르투갈어권 국가였다. 호세 자신이 스페인 사람이자 라틴아메리카 사람일 뿐만 아니라, 스페인과 라틴아메리카에서 노화를 물리치는 데 관심이 높아지고 있어서 그의 활동은 매우 성공적이었다.

이 책의 공동 저자는 노화 저지 운동가로 잘 알려진 영국의 공학자 데이비드 우드다. 데이비드는 런던의 여러 조직 책임자로 일하면서 영국의 기술 비전을 변화시켜온 경력을 통해, 호세와 상호보완적인 관점을 제시한다. 노화와의 전쟁에 관한 책에 필요한 권위를 부여하는 데 이보다 강력한 파트너십을 상상하기는 어렵다.

폭넓은 국제 경험으로 볼 때, 세계적으로 장수의 대의를 발전시키는 데 호세와 데이비드보다 더 훌륭한 작가는 없다. 그들은 수년 동안 노화 저지 임무에 몰두해왔다. 그렇기 때문에 그들은 노화 연구의 최신 발전뿐 아니라 이 임무에 종종 반대하는 비이성적인 우려와 비판에 관해서도 잘 알고 있다. 호세와 데이비드는 비평가들을 반박하고 근본적인 수명 연장의 이점을 이해시키기 위한 최선의 해답을 알고 있다.

이 책의 초판은 스페인어(La Muerte de la Muerte, 2018)로 출판되었으며, 스페인을 필두로 라틴아메리카 여러 국가에서 빠르게 베스트셀러가 되었다. 2판은 포르투갈어(A Morte da Morte, 2019년)로 출판되었으며, 브라질과 포르투갈에서 베스트셀러가 되었다. 세 번째 해외판은 프랑스어(La mort de la mort, 2020), 네 번째는 러시아어(Смерть должна умереть, 2021)로 출간되었다, 다섯 번째는 터키어(Ölümsüz insan, 2022), 여섯 번째는 독일어(Der Sieg über den Tod, 2022)로 출간되었다. 그리고 영어(Death of Death, 2023)와 중국어(永生, 2023)가 곧 출간된다. 일본어, 아랍어, 불가리아어, 체코어, 그리스어, 힌디어, 이탈리아어, 페르시아어, 폴란드어, 세르비아어, 슬로베니아어, 타갈로그어, 우르두어 등 추가 언어로 출간될 예정인 《죽음의 죽음》은 더욱 현실화되고 업데이트된 버전이다. 지금까지의 성공을 바탕으로 이 책은 분명 전 세계에 혁명을 일으킬 것이다.

나는 이 책이 향후 10년 안에 노화와의 전쟁에서 중요한 역할을 할 것이라고 확신한다. 또한 호세와 데이비드가 이 책에서 제공하는 노화 서지 운동에 대한 자세한 설명이 이 과정을 가속화할 것이라고 믿는다.

오브리 드 그레이

저자의 글

우리는 현재 역사적 위기에 살고 있다. 여기에는 현재의 위험뿐만 아니라 미래의 기회도 내포되어 있다. 코로나19 사태가 어디서 비롯됐든 세계적인 문제이고 세계적인 해결책이 필요했다. 우리는 공동의 적에 맞서 분열되는 위험을 피했고, 이 예상치 못한 위기는 이 작은 행성에서 지구촌 가족으로 함께 나아갈 수 있는 환상적인 기회가 되어주었다. 코로나19는 1918년부터 1920년까지 스페인 독감이 유행한 이래 약 1세기 만에 최악의 유행병이 되었다. 스페인 독감은 그 당시 약 20억 명의 세계 인구 중 5억 명이 감염되고 최대 5,000만 명(일부 역사가들에 의하면 최대 1억 명)이 사망한 엄청난 비극이었다.[1] 제1차 세계대전이나 심지어 제2차 세계대진의 사상자보다 더 많은 사람이 스페인 독감으로 사망했다.

다행히도, 현재는 과학기술이 기하급수적으로 발전한 덕분에, 우리는 이 세계적인 위기를 해결할 준비가 훨씬 더 잘 되어 있다. 변종을 포함한 신종 코로나바이러스와의 전쟁에서 수많은 공공 및 민간 대응이 이뤄졌다. 정부, 대기업, 소규모 스타트업, 대학, 심지어 개인까지 코로나19를 통제하고 치료하고 제거하는 방법을 찾기 위해 부단히 노력했다. 대부분의 위기가 그렇듯이 처음에는 막대한 비용이 들지만, 전 세계에서 최고의 치료제를 대량 생산함으로써 빠르게 상환된다. 또 다른 역사적 사례로, HIVhuman immunodeficiency virus, 사람 면역 결핍 바이러스와 에이즈AIDS, acquired immune deficiency syndrome, 후천성 면역 결핍증, HIV 감염으로 걸린다가 나타났을 때, 바이러스의 염기서열을 분석하는 데 2년 이상 걸렸고, 몇 년 동안 치료법이 없었다는 것을 떠올려보자. 에이즈는 심지어 완벽한 질병으로 여겨졌는데, 그 이유는 면역 체계 자체를 파괴하는 특성상 피할 방법이 없어 사형선고나 마찬가지였기 때문이다. 수년간의 국제적인 연구 끝에 HIV를 통제할 수 있는 첫 번째 치료법이 개발되었지만, 이 치료를 받으려면 수백만 달러가 들었다. 그러나 오늘날 HIV는 부유한 국가에서는 수백 달러, 인도와 같은 비교적 가난한 나라에서는 수십 달러에 불과한 비용으로 치료할 수 있는 만성 질환으로 취급되고 있다. 다행히도 10년 안에 HIV를 치료하고 확실히 제거하기 위한 백신이 개발될 가능성이 크다.

백신이 개발되는 데 보통 5~10년이 걸리지만, 과학기술의 기하급수적인 발전 덕분에 코로나19 위기가 닥치자 첫 번째 항바이러스제와 첫 번째 백신이 몇 달 만에 개발되었다. 코로나바이러스의 끔찍한 대유행은 미래에 전례 없는 속도로 극복된 사례로 기억될 것이다. 코로나19는 인류에게 큰 교훈을 남겼다. 세계적인 문제에는 세계적인 해결책이 필요하기 때문에 우리가 서로 협력해야 한다는 것을 보여주었다. 앞으로도 새로운 팬데믹이 발생할 수 있지만, 기하급수적인 기술 덕분에 이를 빨리 극복할 준비를 갖추게 될 것이다. 우리는 다음 팬데믹 바이러스의 염기서열 분석을 40년 전의 에이즈, 20년 전 사스SARS, severe acute respiratory syndrome : 코로나바이러스에 의한 중증 급성 호흡기 증후군, 2019년의 코로나19처럼 2년, 2개월, 2주가 아니라 단 이틀 만에, 그리고 그다음 팬데믹 바이러스의 염기서열은 2시간 후에 분석할 수도 있다.

이렇게 되면 질병과 싸우는 시간은 기하급수적으로 줄어들 뿐만 아니라 비용도 급격히 떨어진다. 세계는 새로운 전염병과 기후 변화, 전쟁, 테러, 지진과 쓰나미, 운석 및 기타 우주로부터의 위협과 같은 새로운 도전에 더 잘 대비할 것이다. 그리고 바라건대 이것이 모든 인류가 겪을 마지막 팬데믹이 되길 바란다.

코로나19가 최근 인류에게 큰 위협이 되긴 했지만, 인류의 가장 큰 적은 노화와 죽음이다. 장수는 오랫동안 인생의 가장 큰 축복 중 하나로 여겨져 왔고, 이제 우리는 역사상 처음으로 노화와 죽음을 물리칠 가능성을 얻게 되었다. 실제로 노화가 질병이며, 치료 가능한 질병으로 간주될 수 있는지에 대한 논의가 여러 나라에서 시작되었다. 미국, 영국, 호주, 벨기에, 브라질, 독일, 이스라엘, 러시아, 싱가포르, 스페인 등 여러 나라에서 장수 옹호론자들이 활동하기 시작했다. 노화를 질병으로 공식 선언하는 첫 번째 나라는 어디일까? 세계보건기구World Health Organization, WHO는 2018년부터 노화 관련 질병을 인정하기 시작했으며, 노화와 관련된 과정을 측정할 수 있는 질병에는 XT9T 코드를, 생물학적 노화로 인해 악화되는 질병에는 MG2A 코드를 부여하고 있다.[2] 이제 어느 나라가 앞장서서 노화를 치료 가능한 질병으로 연구하기 시작할 것인가?

노화를 치료하는 것은 도덕적이고 윤리적인 의무일 뿐만 아니라, 앞으로 수년간 가장 큰 비즈니스 기회가 될 것이다. 노화 방지 및 역전 산업은 이제 막 시작되었지만, 고령화 사회의 의료 비용은 계속 증가하고 있다. 일부 연구에 따르면 2050년까지 의료 비용이 2배로 증가할 것이며, 이는 대부분 고령 인구의 증가로 인한 것이다.[3] 이는 고령화가 빠르게 진행되고 있을 뿐만 아니라 출생아 수 감소로 인해 인구가 감소하기 시작하는 많은 선진국에서 특히 극적으로 나타날 것이다. 경제적 측면에서, 이는 점점 더 많아지는 노인들을 부양할 젊은 사람들이 줄어들기 때문에 매우 중대한 문제로 다가올 것이다.

전 세계적으로 이미 65세 이상 인구가 5세 미만의 인구보다 더 많으며,[4] 이러한 추세는 계속될 것이다. 또한 일본과 러시아에서 이미 일어나고 있는 것처럼, 많은 나라에서 인구가 감소하기 시작할 것이다. 영국의 권위 있는 건강 학술지 〈랜싯Lancet〉에 실린 새로운 연구에 따르면, 중국의 인구는 2100년까지 약 7억 3,200만 명으로 지금의 절반까지 감소할 수 있으며 독일, 이탈리아, 일본, 러시아, 스페인과 같은 다른 나라들도 인구의 급격한 감소가 예상된다.[5] 게다가 많은 부유한 나라들이 늙기 전에 부자가 된 반면, 일부 국가들은 부자가 되기 전에 늙어가고 있다. 이들 국가가 오늘날 인구의 감소와 고령화에 대비해 뭔가를 할 수 없다면 그 결과는 비극적일 것이다.

미국의 저명한 학술지 〈사이언스Science〉에 실린 최근 연구에 따르면, 코로나19는 현재의 위기 동안 인류에게 GDPgross domestic product, 국내총생산 기준으로 11조 달러 이상의 비용을 초래할 수 있다고 추정되지만, 연간 260억 달러를 투자하는 것으로, 향후 10년 동안 유사한 팬데믹을 피할 수 있다고 한다.[6] 전 세계의 의료비는 이미 세계

GDP의 약 10%에 달하고 있으며, 고령화 사회로 인해 빠르게 증가하고 있다. 이제 고령화가 사회에 얼마나 많은 비용을 야기하는지, 그리고 노화를 방지함으로써 얼마나 절약할 수 있을지 생각해보자. 이것이 이 책에서 설명하는 '장수 배당금longevity dividend' 계획의 아이디어 중 일부다.[7] 따라서 우리는 노화를 치료하는 데 드는 수조 달러를 절약할 뿐만 아니라 노인들 자신, 그들의 가족, 그들이 속한 사회가 겪는 엄청난 고통과 아픔도 피할 수 있을 것이다.

코로나19는 우리에게 건강보다 더 중요한 것은 없으며, 인간의 첫 번째 권리는 생명권이라는 것을 깨닫게 해주었다. 전 세계가 이 팬데믹에 맞서 단결해 1년 만에 90억 개 이상의 백신을 생산한 후 코로나19 확산을 막기 위한 역사상 가장 큰 백신 접종 캠페인을 벌였다. 그리고 지금도 코로나19와는 전혀 관련 없는 세 가지 질병인 암, 말라리아, HIV에 대한 새로운 mRNA전령리보핵산:DNA의 유전정보가 담긴 리보핵산 백신이 개발되고 있다. 이전에는 불가능해 보이던 것이 이제는 가능해졌다. 바라건대, 이 위기가 마침내 모든 질병의 근원인 노화 자체를 치료하는 데 더 많은 자원을 투입하기 시작하는 계기가 되었으면 한다. 인류의 오랜 꿈인 '불멸'을 마침내 이룰 수 있을까?

지금이 행동할 수 있는 가장 좋은 기회이고, 장소는 바로 여기다. 누가 앞장설 것인가?

호세 코르데이로
데이비드 우드

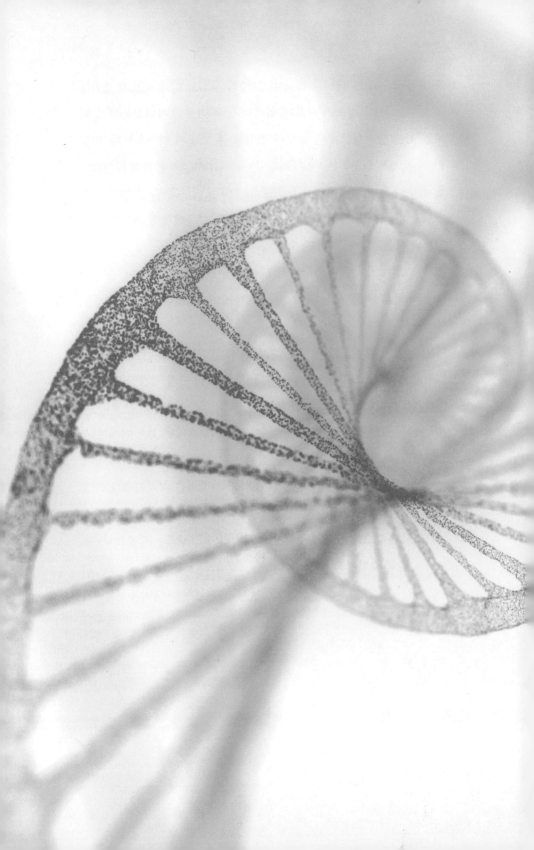

목차

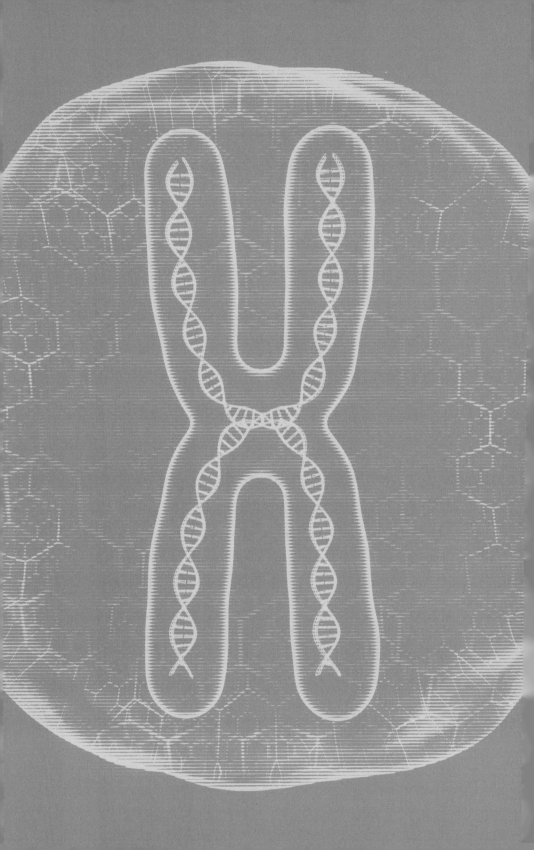

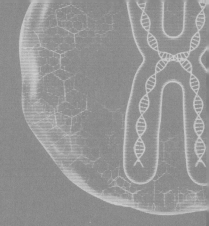

$$서론$$

인류의 가장 큰 꿈

———

죽음은 악이어야 하며 신들도 동의한다.
그렇지 않으면 어째서 그들이 영원히 살겠는가?
— 사포, 기원전 600년

천 리 길도 한 걸음부터 시작된다.
— 노자, 기원전 550년

죽느냐 사느냐, 그것이 문제로다.
— 윌리엄 셰익스피어, 1600년

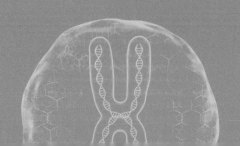

불멸은 선사시대부터 인류의 가장 커다란 꿈이었다. 대부분의 다른 생명체와 달리 인간은 삶을 의식하고 따라서 죽음을 의식한다. 아프리카에서 호모 사피엔스 사피엔스가 등장한 이래 우리 조상들은 생사와 관련된 모든 종류의 의식을 만들어냈다. 그들은 이러한 의식을 수행했고 수천 년에 걸쳐 전 세계로 이주하면서 의식은 더 다양해졌다. 고대의 위대한 문명들은 누군가가 죽었을 때 그를 기념하기 위해 정교한 의식을 만들었는데, 대체로 이 의식은 살아남은 사람들의 삶에서 가장 중요한 요소였다. 예를 들어, 대부분의 사회에서 평생에 걸쳐 이루어지는 엄숙하고 길게 지속되는 애도 과정을 생각해보자.

케임브리지 대학교의 영국인 철학자 스티븐 케이브Stephen Cave는 자신의 베스트셀러 《불멸에 관하여Immortality : The Quest to Live Forever and How It Drives Civilization》에서 다음과 같이 썼다.[1]

모든 생명체는 미래를 향해 지속되려고 하지만, 인간은 영속하려고 한다. 이러한 추구, 즉 불멸에 대한 의지는 인간 성취의 기초다. 종교의 원천, 철학의 영감, 도시의 설계, 그리고 예술의 이면에 있는 원동력이다. 그것은 우리의 본성에 내재해 있고, 그 결과 우리가 문명이라고 부르는 것이 탄생했다.

이집트의 장례식은 매우 정교했다. 가장 중요한 의식에는 파라오에게만 허용된 대형 피라미드와 석관이 포함되었다. 가장 오래된 피라미드의 문자들은 지하세계에서 파라오를 돕고 그의 부활과 영원한 생명을 보장하기 위해 고대 제국 피라미드의 통로, 전실 및 묘실에 새겨진 주문과 기원문의 목록들이다. 그것들은 기원전 2400년경부터 장례식에서 사용된 무덤 벽에 상형문자로 쓰인 고대 종교적, 우주론적 신념의 문자 모음집이다.

수 세기 후 이집트인들은 이집트 신왕국 초기인 기원전 1550년경부터 기원전 50년까지 사용된 고대 이집트 장례식 문서의 현대 이름인 《사자의 서Book of the Dead》를 편찬했다. 문서는 파라오에게만 국한된 것이 아니며, 죽은 이들이 죽음과 재생의 이집트 신 오시리스의 심판을 극복하고 지하세계를 거쳐 내세로 가는 여정을 돕기 위한 일련의 마법 주문으로 구성되었다. 오늘날에는 신화처럼 여겨지기도 하는데, 불멸을 보장하기 위한 이집트인들의 종교와 관습은 거의 3000년 동안, 즉 오늘날까지 그리스도교나 이슬람교보다 훨씬 오랜 세월 행해져 왔다.[2)]

메소포타미아에는 기원전 2500년경 점토판에 설형문자로 쓴 오래된 문서들도 있다. '길가메시의 서사시Epic of Gilgamesh' 또는 '길가메시의 시Poem of Gilgamesh'는 인류 역사상 가장 오래된 서사시로, 수메르의 도시국가 우루크의 길가메시 왕이 펼친 모험에 관한 이야기다. 길가메시 왕이 처음에는 적이었다가 후일 그의 위대한 친구가 된 엔키두의 죽음을 애도하는 이 서사시는 신들의 불멸과 대조되는 인간의 죽음을 강조한 최초의 문학 작품으로 간주된다. 이 시는 나중에 다른 많은 문화와 종교에 나타날 메소포타미아 홍수 신화의 내용을 포함하고 있다.3)

중국의 황제들도 불멸에 집착했다. 기원전 221년 중국의 마지막 독립제후국을 정복한 후 진시황은 중국 전역을 지배한 국가의 첫 번째 왕이 되었다. 자신이 더는 단순한 왕이 아니라는 것을 보여주고 싶었던 진시황은 중국 왕국의 무한한 영토를 통일해 사실상 세계를 통일하는(고대 로마인처럼 고대 중국인들은 그들의 제국이 세계 전체를 구성한다고 믿었다) 욕망을 표현하는 칭호를 만들었다.4)

진시황은 죽음에 대한 언급을 거부했고 유언장도 쓰지 않았으며, 기원전 212년에 자신을 '불로장생'이라고 표현하기 시작했다. 불로불사에 집착한 그는 불로초를 찾아 동방의 섬(아마도 일본)으로 원정대를 보냈다. 원정대는 황제가 원하는 묘약을 발견하지 못했기에 불멸의 황제를 두려워해서 돌아오지 못했다고 한다. 진시황은 자신을 불멸의 존재로 만들어준다고 믿었던 수은을 마시고 사망한 것으로 추정된다. 그는 520마리의 말과 8,000명 이상의 병사들로 유명한 병마용兵馬俑과 함께 커다란 무덤에 묻혔다. 지금의 시안 근처에 있는 이 무덤은 1974년에 발견되었지만 묘실은 여전히 폐쇄되어 있다.

영원한 생명을 보장하는 전설적인 물약인 불로장생약은 많은 문화권에서 반복되는 주제다. 연금술사들이 추구하는 목표 중 하나였으며, 모든 질병을 치료하고 생명을 영원히 연장하는 만병통치약이었다. 스위스 의사이자 점성술사 파라셀수스Paracelsus와 같은 이들 중 일부는 불로장생약을 추구한 결과 제약 분야에서 큰 진전을 이루었다. 서양에서 '엘릭서elixir'라고 불리는 이 약은 납을 금으로 바꾸는 능력이 있다는 '현자의 돌'과 동일시되기도 했다.

고대 이집트인과 중국인들만이 생명의 묘약이 존재한다고 생각한 건 아니었다. 이러한 사상은 거의 모든 문화에서 독립적으로 등장했다. 예를 들어, 인도의 경전《베다Vedas》에는 영원한 생명과 금의 연관성이 기록되어 있다. 이는 기원전 325년 알렉산드로스Alexandros 대왕이 인도를 침공했을 때 그리스인들로부터 전해진 아이디어일 것이다. 이것이 인도에서 중국으로 이어졌을 수 있고 그 반대였을 수도 있다. 다만 인도 최초의 종교인 힌두교가 불멸에 관한 다른 믿음을 갖고 있기 때문에《베다》의 생명의 묘약은 인도에 더 이상 영향을 미치지 못한다.

'젊음의 샘'은 우리를 영원에 대한 열망으로 데려가는 또 다른 전설이다. 불멸과 장수의 상징인 이 전설적인 샘은 그 물을 마시거나 샘에서 목욕한 사람을 치유하고 젊음을 되찾아준다고 한다. 젊음의 샘 신화에 관해 알려진 최초의 언급은 기원전 4세기에 헤로도토스Herodotus가 쓴《역사Histories》3권에 있다. 〈요한복음〉은 예수가 불구인 사람을 치유하는 기적을 수행하는 예루살렘의 베데스다 연못에 관해 서술한다. 알렉산드로스 대왕의 이야기에는 알렉산드로스 대왕이 그의 종과 함께 찾았던 '생명의 물'에 관한 내용이 있다.

치유의 근원에 관한 아메리카 원주민의 이야기는 바하마의 북쪽 어딘가에 위치한 신화 속 섬 비미니와 관련이 있었다. 전설에 따르면 스페인 사람들은 히스파니올라, 쿠바, 푸에르토리코의 아라왁에서 비미니에 관해 알게 되었다. 비미니가 가진 치유의 힘은 그 당시 카리브해에서 매우 인기 있는 주제였다. 스페인 탐험가 후안 폰세 데 레온 Juan Ponce de León은 푸에르토리코섬을 정복했을 때 원주민들로부터 젊음의 샘에 관해 들었다. 물질적 부에 만족하지 못한 그는 샘을 찾기 위해 1513년 탐험을 시작했다. 그는 현재의 플로리다주를 발견했지만, 영원한 젊음의 샘을 발견하지는 못했다.[5]

오늘날 유대교, 그리스도교, 이슬람교 및 바하이 신앙과 같은 일신교적 아브라함 전통을 바탕으로 한, 이른바 서양 종교에서 불멸의 길은 주로 부활을 통해 이루어진다. 반면에 힌두교, 불교, 자이나교와 같은 인도의 베다 전통에 기반한 동양 종교에서는 윤회를 통해 불멸의 길을 갈 수 있다. 전통적으로 서양 종교에서는 부활을 위해 시신을 매장해야 하지만, 동양 종교에서는 환생을 위해 시신을 소각해야 한다. 그러나 부활도 환생도 과학적으로 입증되지 않았으며, 과학 이전 시대의 오래된 신화적 믿음일 뿐이다.

또한 이스라엘 역사학자 유발 노아 하라리Yuval Noah Harari는 2011년에 처음 출판된 《사피엔스Sapiens》와 2016년 출판된 《호모 데우스Homo Deus》라는 두 가지 주요 작품에서 불멸의 주제를 깊이 연구했다. 첫 번째 저서는 호모 사피엔스의 진화부터 21세기 정치 혁명에 이르기까지 인류의 역사를 언급한다. 종교와 죽음은 이 모든 커다란 역사적 사건들의 근본 요소다.

두 번째 저서에서 하라리는 앞으로 세상이 어떻게 될지 궁금해한다. 그는 우리가 새로운 도전에 직면할 것이며, 과학과 기술의 엄청난 발전 덕분에 그 문제들을 어떻게 마주할지를 분석하려고 한다. 하라리는 죽음의 극복부터 인공지능의 창조에 이르기까지 21세기를 형성할 프로젝트를 탐구한다. 구체적으로 불멸이라는 주제에 관해서도 다루고 있다.

하라리는 인류의 역사와 함께 오랫동안 유지되어온 죽음을 자연스럽게 받아들이도록 하는 문화에 관해 의문을 던진다. 그는 현대에 들어 인간 생명의 신성함과 존엄은 전 세계를 통틀어, 정치인을 비롯해 교사들, 변호사들, 심지어 배우들까지 모든 사람이 말한다고 강조한다. 특히 유엔UN, United Nations, 국제연합이 채택한 '세계인권선언'은 제2차 세계 대전 이후부터 지금까지 생존권이 인류의 가장 근본적인 가치임을 명시하고 있다. 하라리는 죽음이 이 중요한 권리를 침해하고 있기 때문에 인류에 대한 범죄로, 인류가 죽음에 맞서 전면전을 펼쳐야 한다고 주장한다.

하라리는 '죽음의 마지막 날The Last Days of Death'이라는 제목의 장에서 오랫동안 유지되어 온 관행을 뒤집는 '불멸'의 가능성에 관해 다음과 같이 언급한다.6)

현대 과학과 현대 문화는 삶과 죽음에 관해 전혀 다른 견해를 가지고 있다. 그들은 죽음을 형이상학적 신비로 생각하지 않으며, 죽음을 삶의 의미의 원천으로 보지도 않는다. 오히려 현대인에게 죽음은 해결할 수 있고, 또 해결해야 할 기술적 문제다.

신화에서 과학으로

지난 수십 년 동안 생물학과 의학을 포함한 모든 분야에서 놀라운 과학적 진보가 이루어졌다. 1953년에 DNA 구조가 발견되었는데, 이는 생물학에서 가장 중요한 발전 중 하나다. 이 과정은 이후의 배아 줄기세포나 텔로미어 같은 요소의 발견으로 가속화되었다. 의학 분야에서는 1967년에 첫 심장 이식이 이루어졌고, 1980년에 천연두가 퇴치되었으며, 현재 재생의학, 유전자가위 크리스퍼CRISPR 편집, 치료 복제 및 장기 바이오프린팅과 같은 분야에서 큰 발전이 이루어지고 있다.

다양한 분야에 적용될 새로운 센서, 빅데이터big data 분석, 그리고 인공지능을 통한 의료 결과의 개선된 해석과 분석 덕분에 앞으로 몇 년간 우리는 엄청난 발전을 목격할 것이다. 이러한 발전은 기하급수적으로 일어나고 있다. 인간 게놈의 염기서열 해독(시퀀싱) 속도는 이러한 기하급수적 경향의 단적인 예다.

인간 게놈 프로젝트는 1990년에 시작되었고 1997년까지 전체 게놈의 1%를 해독하는 데 그쳤다. 그래서 일부 '전문가'들은 나머지 99%를 해독하려면 수 세기가 필요할 것이라고 생각했다. 다행히도 급격히 발전하는 기술 덕분에, 이 프로젝트는 2003년에 완료되었다. 미국의 미래학자 레이 커즈와일이 설명하듯이, 1997년 이후 매년 서열화된 비율은 1998년 2%, 1999년 4%, 2000년 8%, 2001년 16%, 2002년 32%, 2003년 64%로 약 2배씩 증가했고 그로부터 몇 주 후에 완료되었다.[7]

생물학과 의학은 빠르게 디지털화되고 있으며, 이로 인해 앞으로 몇 년 안에 기하급수적인 발전이 가능해질 것이다. 인공지능은 점점 더 많은 도움을 줄 것이며, 이는 생물학과 의학을 포함한 모든 분야에서 더 많은 발전을 위해 지속적으로 긍정적인 피드백을 만들어낼 것이다. 한편 효모, 벌레, 모기, 생쥐와 같은 다양한 모델 동물들의 생명을 연장하고 젊어지게 하기 위한 실험이 이미 시작되었다.

세계 각지의 과학자들은 이미 노화의 원리와 이를 되돌릴 방법을 연구하고 있다. 미국을 비롯해 일본, 중국, 인도 등 아시아, 독일, 러시아까지, 스페인을 포함한 유럽, 브라질, 멕시코, 아르헨티나 등 라틴 아메리카 전역에서 말이다. 예를 들어, 마드리드의 스페인 국립 암 연구센터Spanish National Cancer Research Centre, CNIO의 책임자인 스페인 생물학자 마리아 블라스코María Blasco의 지휘를 받는 과학자 그룹은 평균수명보다 40% 더 오래 생존하는 쥐를 만들었다.[8] 캘리포니아주 라호야에 있는 소크 생물학 연구소Salk Institute for Biological의 전문 연구원 후안 카를로스 이즈피수아 벨몬테Juan Carlos Izpisúa Belmonte를 비롯한 과학자들은 완전히 다른 기술로 생쥐를 40%까지 젊어지게 할 수 있었다.[9] 이러한 유형의 실험은 계속 진행되고 있으며, 앞으로도 생쥐의 수명 연장과 노화 역전 사례는 계속 늘어날 것이다.

케임브리지, 하버드, MIT, 옥스퍼드, 스탠퍼드 등 세계 최고의 대학교 연구진을 비롯한 전 세계의 많은 과학자들이 미국 므두셀라 재단Methuselah Foundation이 후원하는 '므두셀라 생쥐상'에 관심을 가지고 있다.[10] 생쥐의 수명을, 인간으로 치자면 180년으로 연장한 과학자들에게 상이 이미 수여되었지만[11], 완전한 목표는 구약 성경에 등장하는 므두셀라처럼 거의 1,000년에 달하는 인간수명에 도달하는 것이다.

생쥐를 이용한 실험은 생쥐의 수명이 비교적 짧고(자연 상태에서

1년, 실험실 조건에서 2~3년), 게놈이 인간과 매우 유사하기에(인간과 생쥐는 게놈의 약 90%를 공유하는 것으로 추정된다) 많은 장점을 가지고 있다. 과학자들은 다양한 종류의 치료법과 처치법을 실험해왔는데, 그중 현재로서는 식이 제한, 말단 소체 복원 효소인 텔로머레이스 주사, 줄기세포 치료, 유전자 치료법 등이 유망하다. 우리가 생쥐를 사랑하고 더 젊고 오래 사는 생쥐를 원하기 때문에 이 연구가 진행되는 것은 아니다. 연구자들이 공개적으로 말하지는 않더라도, 인간과 유사한 동물의 수명 연장을 실현해 우리를 더 오래 생존하고 더 젊은 존재로 만들기를 기대하는 것이다.

노화를 멈추고 되돌리기 위해 다양한 종류의 동물을 대상으로 연구하는 많은 과학자가 있다. 그중 대표적인 북미의 사례가 노랑초파리*Drosophila melanogaster*의 기대수명을 4배로 연장한 어바인 캘리포니아 대학교의 마이클 로즈Michael Rose[12]와 예쁜꼬마선충*C. elegans*의 수명을 최대 10배까지 연장하는 데 성공한 아칸소 대학교의 로버트 J.S. 레이스Robert J.S. Reis가 있다.[13] 다시 한번 말하지만, 이 과학자들의 목표는 수명이 긴 파리와 벌레를 얻는 것이 아니라, 적절한 시기에 이러한 발견을 활용한 기술을 인간에게 적용하기 위함이다.

최근 몇 년 동안의 중요한 과학적 발전 덕분에, 인간의 노화 역전에 수십억 달러를 투자하는 크고 작은 기업들이 등장했다. 사람들은 이것이 가능한 일이며, 그 시기가 더욱더 가까워진다는 것을 이해하기 시작했다. 오늘날의 문제는 가능성의 여부가 아니라 언제 가능한가다. 따라서 페이팔Paypal의 창립자 피터 틸Peter Thiel, 아마존Amazon의 제프 베이조스Jeff Bezos, 구글Google의 세르게이 브린Sergey Brin과 래리 페이지Larry Page, 메타Meta의 마크 저커버그Mark Zuckerberg, 오라

클Oracle의 래리 엘리슨Larry Ellison 등의 백만장자들과 점점 더 많은 사람들이 이 시기를 앞당기기 위해 항노화 생명공학에 투자하고 있다. 구글은 2013년 '죽음을 해결'하기 위해 칼리코Calico, California Life Company, 캘리포니아 생명 기업를 설립했으며14), 마이크로소프트Microsoft 는 2016년에 "10년 안에 암을 치료하겠다"고 발표했다.15), 저커버그와 그의 아내 프리실라 챈Priscilla Chan은 한 세대 내에 모든 질병을 치료하고 예방하기 위해 사실상 모든 재산을 기부하겠다고 말했다.16) 제프 베이조스는 노화 역전을 가능하게 하는 세포 재프로그래밍 기술을 발전시키기 위해 2021년 다른 억만장자들과 함께 알토스 랩스Altos Labs를 설립했다.17) 알토스 랩스는 러시아 태생의 억만장자 유리 밀너Yuri Milner가 설립했으며, 유럽과 부유한 아랍 국가, 그리고 현재 동아시아에서도 수백만 달러의 투자가 이루어지고 있다. 그 밖에 다른 많은 사례를 추가할 수 있고, 발전은 멈추지 않으므로 매일 더 많은 것을 보게 될 것이다.

세계 최고의 과학자들 중 일부는 공개적으로 노화 역전 기술을 연구하고 있다. 학문과 사업 모두에서 널리 알려진 인물을 들자면(생명과 죽음에 대한 이러한 생각을 학계로부터 산업으로 가져갈 필요가 있으므로), 하버드 의대 유전학 교수이자 하버드와 MIT의 보건과학기술 교수이며, 유전학자, 분자공학자, 화학자인 조지 처치George Church가 있다. 인간 게놈 해독의 선구자 중 한 명이자 합성생물학의 선구자로 알려진 처치는 최근 다음과 같이 말했다.18)

우리는 아마도 2년 안에 첫 번째 개 실험을 보게 될 것이다. 만약 그 실험이 효과가 있다면, 인간을 대상으로 한 실험은 그 뒤 2년 안에 시작되어 8년 안에 끝날 것이다. 일단 몇 가지를 시도해서 성공하면, 그것은 긍정적인 피드백의 선순환을 이끌어낸다.

사실 노화 역전을 금지하고 죽음의 필요성을 강요하는 과학적 원칙은 없다. 생물학도, 화학도, 물리학도 그렇지 않다. 노벨물리학상 수상자인 미국의 저명한 물리학자 리처드 파인먼Richard Feynman은 1964년 '현대사회에서 과학문화의 역할'이라는 제목의 강연에서 다음과 같이 설명했다.[19]

모든 생물학에서 죽음의 필연성에 관한 단서가 없다는 것이 가장 주목할 만하다. 누군가가 영구적인 움직임을 만들고 싶다고 말한다면, 우리는 물리학을 통해서 그것이 절대 불가능하며, 그 법칙이 틀렸다는 것을 알 수 있는 충분한 단서를 발견했음을 알려줄 수 있다. 그러나 생물학에서는 아직 죽음의 불가피함을 나타내는 그 어떤 증거도 발견되지 않았다. 이것은 나에게 죽음이 필연적이지 않으며, 생물학자들이 인간에게 문제를 일으키는 것이 무엇인지 발견하고, 육체적 질병의 치료법을 발견하는 것은 시간문제라는 사실을 암시한다.

최근 몇 년 동안 노화 역전 및 항노화 연구와 같은 새로운 분야의 발전에 관한 많은 과학 출판물이 등장했다. 그중 하나는 2009년 제1호를 발행한 노화 학술지인데, 러시아계 미국인 과학자 미하일 V. 블라고스클로니Mikhail V. Blagosklonny, 미국인 주디스 캄피시Judith Campisi, 호주인 데이비드 A. 싱클레어David A. Sinclair 등 세 명의 편집

자가 〈노화: 과거, 현재, 그리고 미래〉라는 제목의 첫 논문을 썼다.[20]

1950년대에 출판된 《파운데이션Foundation》 시리즈에서 아이작 아시모프Isaac Asimov는 전 우주를 식민지화할 수 있는 문명을 상상했다. 이 위업은 실현 가능성이 거의 없다. 한편 아시모프는 같은 시리즈에서 70세의 노인을 '오래 살 가능성이 낮은 늙은이'라고 언급했다. 문학의 가장 대담한 상상에서도 노화의 속도를 늦출 수는 없었다. 그러나 노화 분야에서 현재의 발전 속도를 고려할 때, 과학이 공상과학 소설을 능가하는, 이러한 위업은 우리 시대에 현실이 될 수도 있다.

과거

아우구스트 바이스만August Weismann이 생명을 부패할 수 있는 체세포와 불멸의 생식세포로 나누자, 체세포는 간단히 처분할 수 있는 것으로 간주되기 시작했다. 바이스만이 1889년에 썼듯이, "체세포의 부패하기 쉽고 취약한 성질은 자연이 개체의 이 부분에 무한한 생명을 부여하려는 노력을 하지 않은 결과였다."

현재

노화를 늦추는 유전자에 관한 최초의 성공적인 검사는 1980년대 중반에 시작되었다. 노화를 제어하는 유전자가 존재할 가능성이 거의 없을 것이라는 일반적인 의견에도 불구하고, 클라스Klass는 수명이 긴 선충 돌연변이 개체들에 대한 돌연변이 유발 검사를 수행해 후보를 찾았으며, 존슨Johnson과 동료들이 그들의 특징을 밝혀냈다. 1993년, 케니언Kenyon과 동료들은 또한 장수 선충들을 검사하면서 유전자 daf-2의 돌연변이가 야생형 선충에 비해 선충 자웅동체의 수명을 2배 이상 증가시킨다는 사실을 발견했다. daf-2는 밀집과 굶주림의 환경을 만나면 발달을 멈춘 채 유충 형태를 지속하도록 조절하는 유전자로 알려져 있다. 케니언 등은 유충의 상태가 지속되는 것이 수명 연장 메커니즘에서 비롯된다고 주장했다. 이 발견은 수명이 어떻게 연장될 수 있는지 이해하는 출발점을 제시했다.

논문의 편집자들은 19세기 말의 과학적 시작과 20세기 내내, 특히 지난 20년간의 커다란 발전을 설명하면서 노화 연구의 초기학문을 간략히 살펴본다. 사실 세포 노화와 직접적으로 관련된 유전자가 예쁜꼬마선충이라고 불리는 작은 선충류에서 발견된 것은 1980년대였다. 그 뒤 노화 과정과 노화가 일어나는 방식, 심지어 노화를 되돌릴 방법까지 점점 더 이해할 수 있게 되었다.

그러나 노화의 개념에 관한 증거를 찾았다고 해서 우리가 노화를 조절할 줄 알게 된 것은 아니다. 사실 우리는 아직 모른다. 그래서 무엇이 효과가 있고 왜 효과가 있는지 알아내기 위해 다양한 치료법과 다른 유형의 유기체를 대상으로 한 수많은 실험이 수행되고 있다. 이는 결코 쉬운 일이 아니지만, 우리는 그것이 가능하다는 사실을 알고 있다. 문제는 노화 역전의 가능 여부가 아니라, 인간을 젊어지게 하는 최초의 치료법을 개발하고 상용화하는 것이 언제가 되느냐. 우리는 벌레도 아니고 생쥐도 아니기 때문에 벌레나 생쥐에서 발견한 많은 것들이 아마도 인간에게 적용되지 못할 수도 있다. 그러나 빅데이터나 인공지능 같은 새로운 기술의 발전 덕분에 인간의 노화에 적용 가능한 치료법을 더 빨리 찾을 수도 있다.

블라고스클로니, 캄피시, 싱클레어는 과거와 현재에서 시작해서 노화 및 노화 관련 질병에 적용 가능한 치료법의 일부와 함께, 미래에 일어날 수 있는 일을 언급한다. 미래를 언급할 때 DNA와 RNA를 비롯해 CR, TOR, AMPK, FOXO, IGF, mTOR, NAD, PI-3K, 등의 전문용어인 약어가 등장하지만, 일반 독자를 대상으로 한 우리 책에서 이를 자세히 알 필요는 없다. 다만 여기서는 현재와 미래의 위대한 발견의 요약으로 언급되니 흐름만 살펴보자.

미래

큰 관심과 흥분을 불러일으키는 사실로, 노화는 적어도 부분적으로는 약리학적으로 조작할 수 있는 신호 전달 경로TOR에 의해 조절되는 것으로 보인다. 항노화제 시제품은 현재 노화 관련 질병을 치료하기 위해 사용할 수 있으며, 노화 과정을 지연시킬 것으로 예상된다. CR을 모방하고 특정 노화 관련 질병을 완화하는 시르투인sirtuin의 조절제가 발견되었다. TOR은 또 다른 표적이다. 아이러니하게도 TOR 자체는 몇 년 동안 고용량으로 복용해도 용인되는 임상적으로 이용 가능한 약품인 효모(세포 증식 억제제Sirolimus 또는 라파뮨Rapamune)에서 라파마이신rapamycin의 표적으로 발견되었다. 라파마이신은 노화와 관련된 질병 대부분에 대한 치료제로 잠재력을 가지고 있으며, 당뇨치료제이자 TOR 경로에서 작용하는 AMPK의 활성제인 메트포르민metformin은 생쥐의 노화를 지연시키고 수명을 연장시킨다.

최근 노화 연구의 패러다임 변화는 신호 전달 경로(성장 촉진 경로, DNA 손상 반응, 시르투인)를 전면에 내세우며 노화를 조절할 수 있고 약리학적으로 억제할 수 있음을 입증했다.

이러한 시기에 적절하게 〈노화〉를 창간했다. 이 저널은 새로운 노년학을 포함한다. 최근의 노년학은 유전학과 모델 유기체의 발달, 신호 전달 및 세포 주기 제어, 암세포 생물학과 DNA 손상 반응, 약리학, 여러 노화 관련 질병의 원인과 같은 다양한 학문의 통합으로 획기적인 발전을 이룩했다. 이 저널은 건강과 질병의 신호 전달 경로(IGF 및 인슐린 활성화 경로, 미토겐 활성화 경로, 스트레스 활성화 경로, DNA 손상 반응, FOXO, 시르투인, PI-3K, AMPK, mTOR)에 초점을 맞출 것이다. 주제는 세포 및 분자생물학, 세포 대사, 세포 노화, 자가 포식, 종양 및 종양 억제 유전자, 암 발생 과정, 줄기세포, 약리학 및 항노화제, 동물 실험, 그리고 노화의 치명적 징후인 암, 파킨슨병, 제2형 당뇨병, 죽상 동맥 경화증, 황반 변성 등과 같은 질병들도 포함한다. 이 저널은 또한 새로운 노화 과학의 가능성과 한계를 모두 다룬다. 물론 전반적인 노화 과정에 영향을 미치는 약물로 노화 질환을 지연시키거나 치료해 잠재적 건강수명(기대수명에서 질병 또는 장애를 가진 기간을 제외한 수명-역주)을 연장하는 가능성은 인류의 오랜 꿈이다.

이런 통찰력 있는 논문이 2009년에 발표되었을 때, 오늘날 가장 강력한 유전자 기술 중 하나인 유명한 크리스퍼(1980년대 말에 개발되었으며, 2010년 초에 첫 응용 분야 개발 시작)가 아직 세상에 알려지기 전이었다. 인간 게놈 시퀀싱은 2003년에 공식적으로 끝났고 복제된 양

'돌리'는 2006년에 태어났다. 최초의 유도만능 줄기세포(일반적으로 iPS세포로 약칭)는 2006년에 얻었지만, 첫 번째 치료는 2010년이 되어서야 나타났다. 〈노화〉 저널은 2009년 창간 이후 10년도 지나지 않아 엄청난 변화를 목격했으며, 향후 10년 동안 훨씬 더 많은 변화를 목격할 것이다. 발전이 가속화하고 있기에 앞으로 10년, 아니 아마도 4, 5년 안에 엄청난 발전이 예상된다. 따라서 이 모든 것은 그 엄청난 발전 속도를 이해하고 따라가기 위해 고려되어야 한다. 우리는 2, 3년 안에 이 책의 몇 부분을 다시 써야 할 정도로 놀라운 진전을 목격하게 될 것이라고 확신한다.

이 주제에 대한 또 다른 저널은 1998년에 창간해 현재 영국의 생물화학자인 오브리 드 그레이가 발간하고 있는 〈노화 역전 연구 Rejuvenation Research〉다. 이 학술지는 창간 이후 20년 동안 엄청난 발전을 목도했으며, 앞으로도 급격한 발전을 기대하고 있다.[21]

이 책의 부록에는 지구 생명체를 이해하기 위한 과학의 급속한 발전과 관련한 전후 사정을 알 수 있는 연대기를 수록했다. 게다가 이 연대기는 저명한 미래학자 레이 커즈와일 같은 전문가들의 추가 언급 덕분에 앞으로 수십 년 안에 일어날 수 있는 매혹적인 가능성도 예측하려고 시도한다.

과학에서 윤리로

우리는 이미 벌레와 생쥐 등의 수명을 연장하는 데 어떻게 성공했는지 이야기했다. 왜 동물을 대상으로 실험할까? 과학자들이 더 젊고 오래 생존하는 벌레와 생쥐를 찾고 있을까? 물론 아니다. 그 목표 중 하나는 우리가 이미 언급했고 또 서론에서 계속 주장하는 것처럼, 언젠가 인간에게 임상시험을 시작하기 위해 노화와 노화 역전이 어떻게 작용하는지를 먼저 이해하고자 하는 것이다.

미래의 과학 발전 덕분에 인간의 수명 연장이 가능하다는 사실을 이제 받아들인다면, 그것이 윤리적인지에 관해서도 논의해야 한다. 우리의 대답은 그것이 윤리적이어야 할 뿐만 아니라, 우리 책임이라는 것이다. 그러나 미국 사업가이며 자선가인 빌 게이츠Bill Gates와 같은 매우 영향력 있는 사람들이 노화 치료의 우선순위를 확신하지 못하는 경우가 여전히 있다. 레딧Reddit 웹사이트의 공개 행사에서 수명 연장과 불멸 연구에 관해 어떻게 생각하는지 질문받자 게이츠는 다음과 같이 대답했다.[22]

말라리아와 결핵이 여전히 발생하고 있는데 부자들이 더 오래 살 수 있도록 자금을 지원하는 것은 꽤 자기중심적인 것 같습니다. 그러나 더 오래 사는 것이 좋을 것이라는 점은 인정합니다.

암이나 심장병을 치료하기 위해 진행 중인 수많은 의학 연구 프로그램도 동일한 비판을 받을 수 있다. 이 질병들을 치료하는 깃도 수명을 연장해줄 것이다. 하지만 비교적 저렴한 비용으로 치료할 수 있는 질병인 말라리아와 결핵으로 사람들이 사망하는 상황에서 암과 심장병의 치료법을 찾는 데 많은 자금을 투자하는 것이 잘못된 우선순위로 보일 수도 있다. 만약 정해진 자금으로 가능한 한 많은 생명을 구하는 것이 기준이라면, 우리는 이렇게 자문해볼 수 있을 것이다. 암 연구 계획을 취소하고 그 돈으로 모기장을 사서 말라리아로 고통받고 있는 모든 지역에 배포하는 것이 더 효과적이지 않을까? 명백히 그렇지 않다. 이것은 이 문제가 흑백 논리와는 거리가 멀다는 사실을 보여 준다.

더군다나, 지구상에서 주요 사망 원인은 말라리아도 결핵도 아니다. 바로 노화다. 따라서 성공적인 노화 역전 프로젝트는 앞서 말한 모든 요건을 충족시킬 것이다. 그 목표를 추구하는 것은 자기중심적이거나 자기애적인 것과는 거리가 멀다. 연구원들만이 이 프로그램의 혜택을 받는 것이 아니다. 이 혜택은 말라리아와 결핵으로 고통받는 가장 가난한 공동체 사람들을 포함해서 지구 전체에 도달할 수 있다. 결국, 이러한 공동체들도 노화로 고통받기는 마찬가지다.

세상에서 고통의 가장 큰 원인은 사망으로 이어지는 노화 관련 질병이다. 오늘날 전 세계에서 매일 약 15만 명이 사망한다.[23] 그중 3분의 2는 노화 관련 질병이 원인이다. 선진국에서는 그 수가 훨씬 더 많아서 거의 90%의 사람들이 노화 및 신경 퇴행성 질환, 심혈관 또는 암과 같은 관련 주요 질병으로 인해 사망한다.

노화는 다른 어떤 것과도 비교하기 어려운 비극이다. 세상의 모든 다른 사망 원인을 합친 것보다 더 많은 사람들이 매일 노화로 사망한다. 구체적으로 말라리아, 에이즈, 결핵, 사고, 전쟁, 테러 및 기근 등 다른 모든 원인으로 인한 사망자보다 노화로 인한 사망자가 2배 이상 많다. 오브리 드 그레이는 그것을 매우 명확하고 직접적인 방식으로 설명한다.[24]

노화는 정말 야만적이다. 그것이 허용되어서는 안 된다. 여기에 윤리적 논쟁은 필요하지 않다. 어떤 논쟁도 필요 없다. 이는 본능이다. 사람을 죽음에 이르게 하는 것은 나쁘다. 나는 노화를 치료하기 위해 노력하고 있고 여러분도 그래야 한다고 생각한다. 왜냐하면 나는 생명을 구하는 것이 누구나 할 수 있는 가장 가치 있는 일이라고 느끼기 때문이다. 그리고 매일 10만 명 이상의 사람들이, 젊다면 죽지 않을 원인으로 사망하기 때문에, 여러분은 다른 어떤 방법보다 노화를 치료하는 데 도움을 줌으로써 더 많은 생명을 구할 수 있을 것이다.

인류의 가장 큰 적은 노화로 인한 죽음이다. 죽음은 항상 우리에게 최악의 적이었다. 다행히도 오늘날 소아마비와 천연두 같은 과거의 전염병뿐만 아니라, 전쟁과 기근으로 인한 사망자도 상당히 감소했다. 모든 인류의 가장 큰 공통의 적은 (서로 다른) 종교, 민족, 문화나 전쟁, 테러, 생태 문제, 환경오염, 지진, 식수 또는 식량의 분배 등이 아니다. 이들이 초래할 수 있는 고통을 부인하지 않지만, 우리 시대에 인류의 가장 큰 적은 노화 및 노화 관련 질병이다.[25]

노화로 인해 개인과 가족, 사회 전체가 겪는 고통은 수치화하기 어렵지만, 우리는 그것이 현재의 그 어떤 비극보다 훨씬 크다는 점을 강조한다. 생명은 대부분의 종교에서 '신성한 것'으로 간주되며, 생명 없이는 다른 권리나 의무도 없기 때문에 생명은 인간의 첫 번째 권리다. 생명권은 누구에게나 부여되는 권리이며, 다른 사람에게 생명을 빼앗기지 않도록 보호받는 권리다. 이러한 권리는 일반적으로 살아있다는 단순한 사실에 의해 인정되고 모든 사람의 기본권으로 간주되며, 세계인권선언뿐만 아니라 대부분의 국가에서 헌법에 명시적으로 포함되어 있다.

　법적으로 인간의 권리 중 가장 중요한 것은 의심할 여지 없이 생명권이다. 인간의 존재 이유인 만큼, 그것이 부여된 대상이 죽으면 재산, 종교 및 문화를 보장하는 것은 이치에 맞지 않기 때문이다. 생명권은 가장 기본적 권리에 속하며 시민권 및 정치적 권리에 관한 국제 규약, 아동 권리 협약, 대량 학살 범죄 예방과 처벌에 관한 협약, 모든 형태의 인종 차별 철폐에 관한 국제 협약. 그리고 고문과 다른 잔인하고 비인간적이거나 모욕적인 대우의 처벌에 관한 협약 등 수많은 국제 조약에서 인정받고 있다. 생명권은 세계인권선언 제3조에 분명히 명시되어 있다.[26]

　모든 사람은 생명, 자유 및 안전에 대한 권리를 가진다.

어린이부터 노인까지, 모두를 위한 혁명

육체적 불멸의 과학적 가능성과 윤리적 옹호는 인류의 가장 커다란 도전이다. 최초의 호모 사피엔스 사피엔스가 등장한 이래 불로장생은 항상 인류의 가장 간절한 꿈이었지만, 오늘날까지 그 불멸의 꿈을 실현할 수 있는 기술은 없었다. 아이들조차 노화가 나쁘고, 죽음은 누군가와 그 가족에게 일어날 수 있는 가장 끔찍한 손실이라는 사실을 알고 있다. 미국의 트랜스휴머니즘 정당 대표인 겐나디 스톨리아로프 Gennady Stolyarov 2세는 2013년 《죽음은 잘못되었다》라는 제목의 동화책을 썼는데, 그 책에서 그는 다음과 같이 설명했다.[27]

스톨리아로프는 어린 시절 어머니와 대화를 떠올린다. 어머니가 사람들이 끝내는 '죽는다'고 설명하자 소년은 깜짝 놀라서 어머니에게 묻는다.

"죽어요? 그게 무슨 뜻이에요?"

"그건 그들이 존재하지 않는다는 의미란다. 그들은 더는 거기에 없어."

"그런데 그 사람들은 왜 죽어요? 죽어 마땅한 나쁜 짓을 했나요?"

"그렇지 않아, 그것은 모든 사람에게 일어나는 일이야. 사람들은 늙고 죽는단다."

"그건 잘못된 일이야! 사람들은 죽으면 안 돼요!"

다행히도 현세대의 아이들은 불멸의(또는 영원한 젊음의) 인류 1세대에 속할 수 있다. 기술이 계속 급격하게 발전한다면, 우리는 곧 인간의 노화 역전을 위한 첫 번째 치료법을 얻게 될 것이다. 그리고 그것은 빠를수록 좋다. 미국의 여배우, 가수, 코미디언이며 작가인 매 웨스트 Mae West가 말했듯이, "당신은 젊어지기에는 너무 늙지 않았다!"

우리는 우리가 마지막 필멸의 세대와 첫 번째 불멸의 세대 사이에 살고 있다는 것을 알아야 한다. 당신은 어디에 속하고 싶은가? 지금 당신이 아무리 나이가 들었어도, 노화와 죽음에 맞서는 이 혁명에 동참할 것을 권한다. 그것은 성경의 고린도전서 15장 26절에도 쓰여 있다.

맨 나중에 멸망 받을 원수는 사망이니라.

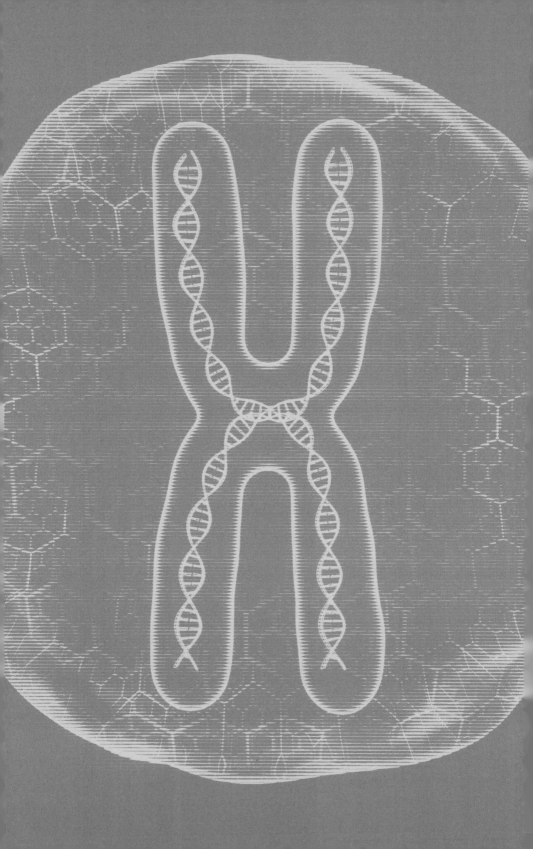

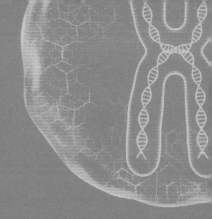

1장

생명이 유한한가에 관한 문제

모든 사람은 천성적으로 알고 싶어 한다.
— 아리스토텔레스, 기원전 350년경

삶은 기적이다.
— 윌리엄 셰익스피어, 1608년

모든 진리는 일단 발견되면 이해하기 쉽다. 요점은 그것을 발견하는 것이다.
— 갈릴레오 갈릴레이, 1632년

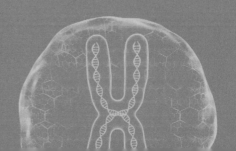

세상은 원시 문명에서 최초로 서술된 우주의 창조 이후 먼 길을 왔다. 우리는 과거 신화적 이야기에서 실험을 바탕으로 평가할 수 있는 과학 이론으로 넘어갔다. 그래도 생명의 기원은 여전히 미스터리이며, 언젠가는 그 비밀을 풀기를 희망한다.[1]

1924년 러시아 과학자 알렉산드르 오파린Aleksandr Oparin은 그의 저서 《지구 생명의 기원The Origin of Life on Earth》에서 자신의 생각을 밝혔다. 오파린은 확신을 가진 진화론자로, 최초의 유기물질들이 자연선택에 의해 점차 변형되어 지구의 원시 바다에 살아있는 유기체를 형성하는 일련의 사건을 설명했다.

몇 년 후인 1952년 시카고 대학교의 화학생도인 스탠리 밀러Stanley Miller는 해럴드 유리Harold Urey 교수와 함께 수증기, 메탄, 암모니아, 수소를 혼합한 간단한 장치로 이 이론을 증명하는 실험을 했다. 이 기체들은 원시 지구의 대기에 존재했던 가스로 생각되었다. 전극은 원시 폭풍의 전류(에너지 입력)를 흉내 내는 데 사용되었다. 이 실험을 통해 그들은 생물 탄생 이전의 조건을 시뮬레이션하고, 전극에 의해 만들어진 에너지 덕분에 아미노산, 당, 핵산을 얻을 수 있었지만, 생명체는 얻지 못했다. 단지 그 성분 중 일부만 얻을 수 있었다.

1953년 영국의 과학자 프랜시스 크릭Francis Crick과 로절린드 프랭클린Rosalind Franklin, 미국인 제임스 왓슨James Watson이 DNA의 구조를 발견했다. 이 발견은 이후 생명의 기원에 관한 연구와 이론에 큰 영향을 미쳤다. 1955년 RNA의 합성에 필요한 효소를 발견한 세베로 오초아Severo Ochoa에 이어 그의 동료인 스페인 과학자 호안 오로Joan Oró는 DNA 연구의 중요성이 커짐에 따라 화학의 발전에 이를 결합하려 했다. 1959년에 그는 원시 지구와 유사한 조건에서 아데닌(DNA와 RNA의 염기 중 하나)을 합성하는 데 성공했다. 자신의 저서 《생명의 기원The Origin of Life》에서 오로는 다음과 같이 썼다.[2]

생물 탄생 이전의 과정은 실험실에서 광범위하게 재현할 수 있으며, 수성水性 또는 액체 매질이 그 과정에 가장 적합한 것으로 밝혀졌다. 그러므로 생명체는 원시 바다라고 불리는 곳에서 비롯되었다는 것이 거의 확실하다.

박테리아, 세계를 식민지화하다

생명체가 지구에서 어떻게 시작되었든, 그리고 어쩌면 우리가 결코 알지 못하겠지만, 최초의 살아있는 유기체는 증식 능력을 가진 매우 작고 단순한 세포였을 것이다. 이런 원시 미생물들은 아마도 박테리아 또는 우리가 오늘날 알고 있는 가장 단순한 박테리아와 비슷한 형태였을 것이다.[3]

박테리아는 지구에서 가장 풍부한 유기체다. 박테리아는 모든 육상 및 수생 환경 어디에서나 발견된다. 방사성 폐기물이나 바다와 지각 깊숙한 곳의 뜨겁고 산성의 물이 솟는 곳과 같은 가장 극단적인 서식지에서도 자란다. 유럽우주국European Space Agency, ESA과 미 항공우주국National Aeronautics and Space Administration, NASA의 과학자들이 이미 증명한 바와 같이 일부 박테리아는 우주의 극한 조건에서도 생존할 수 있다.

박테리아는 너무나 많아서 1g의 토양에 약 4,000만 개가 존재하고 1㎖의 담수에 100만 개의 박테리아가 있는 것으로 추정된다. 전 세계적으로 약 5×10^{30}개의 박테리아가 존재하며, 이는 박테리아가 수십억 년 동안 지구를 성공적으로 식민지화했음을 보여주는 인상적인 숫자다.[4]

그러나 알려진 박테리아의 절반도 채 되지 않는 종만이 실험실에서 배양되었다. 게다가 현존하는 박테리아 종의 상당 부분(아마도 90%)이 아직 과학적으로 설명조차 되지 않은 것으로 추정된다.

인체에는 인체의 세포보나 약 10배 더 많은 박테리아가 존재하며, 특히 피부와 소화관에 더 많다. 인간의 세포는 훨씬 크지만 박테리아 세포가 양에서는 더 많다. 다행히 인체에 존재하는 대부분의 박테리아는 무해하거나 유익하다(일부 병원성 박테리아는 콜레라, 디프테리아, 나병, 매독, 결핵 같은 전염병을 일으킬 수 있다).

박테리아는 매우 단순한 미생물이며 핵이 없으므로 원핵생물

(prokaryote：'이전'을 의미하는 그리스어 'pro'와 '핵심' 또는 '핵'을 의미하는 'karyon'에서 유래한)이라고 불린다. 박테리아는 일반적으로 하나의 원형 염색체만을 가지고 있으며, 별도의 핵을 가지고 있지 않다. 원형 염색체는 시작도 끝도 없기에 텔로미어(telomere：그리스어 'telos'는 '끝'을 의미하고 'mere'는 '부분'을 의미한다)도 없다. 반면 진핵세포(eukaryotic cell：그리스어 'eu'는 '진짜'를 의미하고 'karyon'는 '핵심' 또는 '핵'을 의미한다)는 염색체가 원형이 아니기 때문에 '말단 부분' 즉 텔로미어를 가지고 있다. 박테리아(그리스어로 '막대기')라는 단어는 1828년 독일 과학자 크리스티안 에렌베르크Christian Ehrenberg에 의해 만들어졌고, 프랑스 생물학자 에두아르 샤통Édouard Chatton은 박테리아와 같이 진정한 핵이 없는 유기체를 식물과 동물처럼 핵을 가진 유기체와 구별하기 위해 1925년 '원핵생물'과 '진핵생물'이라는 단어를 만들었다.

박테리아는 진화에 성공해 지구 곳곳을 식민지 삼아 수많은 종의 박테리아를 생성할 수 있었다. 그중 많은 종이 여전히 알려지지 않았다. 사실 다른 모든 생명체의 진화와 마찬가지로 박테리아의 진화는 여전히 진행 중이다. 처음에는 박테리아가 하나의 원형 염색체를 가지고 있다고 생각되었지만, 이후 선형 염색체, 원형 염색체와 선형 염색체의 조합을 포함해서 더 많은 염색체를 가진 박테리아가 발견되었다. 생명이 여러 가능성을 가지고 실험을 계속하는 모습을 보는 것은 정말 매혹적이다.[5]

진화적으로 원핵생물이 진핵생물보다 먼저 나타났다. 고세균이라고 불리는 핵이 없는 다른 미생물이 박테리아와 함께 원핵생물의 그룹을 형성한다. 진화 단계에서 현재의 모든 생명체가 파생된 루카LUCA, Last Universal Common Ancestor, 즉 모든 생명의 공동 조상이 약

40억 년 전에 등장했을 것으로 추정되며, 그로부터 첫 번째 원핵생물(박테리아와 고세균)이, 그다음으로 진핵생물(현재의 동식물 포함)이 유래했다. 모든 생명체는 아데닌(A), 사이토신(C), 구아닌(G), 티민(T)이라는 네 가지 뉴클레오타이드DNA나 RNA 같은 핵산을 구성하는 단위-역주 염기로 만들어진 최소 355개의 오리지널 유전자를 가진 루카의 DNA를 기본 유전물질로 가지고 있다.[6]

[그림 1-1]은 원핵생물(주로 단세포 유기체:박테리아와 고세균)과 진핵생물(주로 다세포 유기체:곰팡이, 동물과 식물이 나타나는 곳)의 두 가지 커다란 집단이 명확하게 관찰될 수 있는, 이른바 생명의 계통 발생 나무를 보여준다. 생물학은 매우 복잡하고, 진화가 이루어지는 데 수백만

그림1-1. 생명의 계통 발생 나무

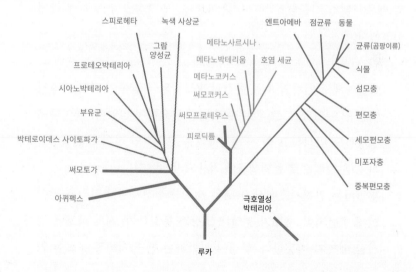

년이 걸렸으므로, 다세포 원핵생물도 있고 단세포 진핵생물도 있다는 점에 유의해야 한다. 그러나 대부분의 커다란 진핵생물은 다세포로 이루어져 있으며 염색체의 끝에 텔로미어가 있는 선형 염색체를 포함하고, 생명의 계통 발생 나무에서 루카라는 공통 기원을 가지고 있다.

생식 측면에서 박테리아는 이상적인 성장 조건하에 생물학적으로 '불멸'로 간주될 수 있다. 최상의 조건에서 세포가 대칭적으로 분열되면 두 개의 딸세포가 생성되며, 세포 분열의 이 과정은 각 세포를 젊은 상태로 복원시킨다. 즉, 이러한 유형의 대칭적인 무성생식에서 각 자손 세포는 부모 세포와 동일하지만(세포 분열에서 발생할 수 있는 돌연변이 제외), 어린 상태다. 다시 말해서 이런 식으로 번식하는 박테리아는 생물학적으로 불멸로 간주되는 것이다. 마찬가지로 다세포 유기체의 줄기세포와 생식세포도, 나중에 살펴보겠지만 '불멸'로 간주될 수 있다.

바르셀로나 대학교의 미생물학자 리카르도 게레로[Ricardo Guerrero]와 메르세데스 베를랑가[Mercedes Berlanga]는 '원핵생물의 불멸'에 관해 설명했다.[7]

이상하게도 인간의 최종 목적지인 노화와 죽음은 생명의 여명기에는 필요 없었고, 그 후로 수억 년간 필요하지 않았다. '태어나고 성장하고 번식하고 죽는' 생명체라는 고전적인 정의는 진핵생물과 같은 방식으로 원핵생물에 적용되지 않는다.

분열하는 원핵세포에서 DNA는 세포가 성장하면서 부착된 막에 의해 운반되어, 세포가 분열해 조상과 동일한 두 개의 세포를 형성할 때까지 이동한다. 환경이 허락하는 한 원핵세포는 노화 없이 성장하고 분열할 수 있다. 일반적인 패턴과는 차이가 있지만, 박테리아의 전형적인 세포 분열은 '이중 분열'에 의해 발생하며 두 개의 동등한 세포가 생성된다.

그러나 모든 박테리아가 분열을 통해 노화 없이 번식하는 동일한 자손 세포를 생산하는 것은 아니다. 게레로와 베를랑가도 다음과 같이 명확히 한다.

이론적으로 세포는 죽지 않지만, 모든 생명체와 마찬가지로 박테리아는 배고픔(영양소 부족), 열(고온), 고농도 염분, 건조 또는 탈수 등으로 '죽을' 수 있다.

한편 비대칭적으로 분리된 박테리아는 분화된 자손 박테리아를 생성하고는 결국 노화해 죽는다.

우리는 생명의 기원과 진화에 관한 자세한 내용은 모르지만, 특정한 관점에서 보면 생명은 살기 위해 태어났지, 죽기 위해 태어나지 않았다. 적어도 이상적인 조건에서 대칭적으로 번식하는 박테리아는 그렇다. 하지만 비대칭적으로 번식하는 박테리아는 나이를 먹는다.

죽음은 항상 존재해왔음이 분명하지만, 최초의 생명체는 이상적인 조건에서 영원히 젊게 살도록 진화했다. 그러나 영양소 부족이나 질병과 같은 삶의 가혹한 현실은 노화하는 유기체와 노화하지 않은 유기체 모두에게 죽음을 초래했다.

단세포 원핵생물에서 다세포 진핵생물까지

과학자들은 핵을 가진 최초의 유기체, 즉 진핵생물이 약 20억 년 전에 나타났으며, 이 생물 역시 공통 조상 루카의 후손으로 지구상의 모든 후속 생명체와 동일한 종류의 DNA를 가지고 있다고 추정한다. 최초의 진핵생물 또한 단세포였고, 그중에 곰팡이류가 있었으며, 특히 최초의 효모는 생물학적으로 '불멸'로 간주된다.

2013년 과학 저널⟨셀Cell⟩에 발표된 연구에서 미국과 영국의 한 연구진은 이른바 핵분열 효모의 번식 실험을 통해 다음과 같은 결과를 보고했다.[8]

많은 단세포 유기체들이 노화한다. 시간이 지남에 따라, 그들의 분열 속도는 느려지다가 마침내 죽는다. 발아 효모에서 세포 손상을 비대칭적으로 분리하면 모세포는 노화하고 딸세포는 젊어진다. 우리는 이 비대칭성이 없거나 변형될 수 있는 유기체들이 노화를 겪지 않을 수도 있다는 가설을 세웠다.

수명 연장은 또한 스트레스 관련 손상을 처리할 수 있는 능력이 향상한 돌연변이와 더 효율적인 스트레스 저항 메커니즘을 획득한 종에서도 발생한다. 스트레스는 노화가 일어나지 않는 유기체에서 손상 생성률의 증가 또는 손상 분리 방식의 변경으로 노화를 유발할 수 있다.

노화 연구의 현재 패러다임은 모든 유기체가 노화한다고 주장한다. 우리는 이상적인 조건에서 성장한 분열 효모Schizosaccharomyces pombe 세포에서 노화를 감지하지 못한 결과를 가지고 이러한 견해에 도전해왔다. 우리는 분열 효모가 다량의 손상 비대칭 분리로 인해 비노화와 노화 사이의 전환을 겪는다는 사실을 확인했다. 추가 연구를 통해 노화로의 전환과 환경 구성 요소에 대한 의존성의 기저에 있는 메커니즘을 설명할 것이다.

인간의 체세포는 시험관 안에서 제한된 횟수 동안 노화와 분열을 보여주지만, 암세포와 생식세포 및 자가 재생 줄기세포는 복제 불멸성을 보이는 것으로 생각된다. 단세포 종의 비노화 생명 전략에 대한 비교 연구는 고등 진핵생물에서 세포의 복제 가능성과 노화를 결정하는 요인을 명확히 하는 데 도움이 될 것이다.

이 연구의 저자들은 다음 결과를 강조한다.

- 분열 효모 세포는 이상적인 성장 조건에서 노화하지 않는다.
- 비노화는 분열의 대칭과는 무관하다.
- 노화는 스트레스로 인한 비대칭 손상 분리 후 발생한다.
- 스트레스 응집체의 유전은 노화 및 죽음과 관련 있다.

단세포 효모는 최초의 진핵생물 중 하나였으며, 이상적인 조건에서 노화하지 않고 분열할 가능성을 보존한 것으로 추정된다. 진화는 계속되었고 약 15억 년 전에 최초의 다세포 진핵생물이 나타났다. 이후 약 12억 년 전 다세포 진핵생물 내에 생식세포, 체세포와 함께 유성생식이 나타났다(생물학의 거의 모든 것과 마찬가지로, 항상 예외가 있다. 모든 다세포 진핵생물이 유성생식으로 번식하는 것은 아니다).

19세기 말 과학자들은 생식세포를 체세포와 완전히 다른 것으로 인식하고 연구하기 시작했다. 기본적으로 다세포 유기체는 많은 체세포로 구성되어 있지만, 소수의 생식세포가 종의 연속성과 생존에 기본이 된다. 생식세포는 유성생식을 위한 난자와 정자를 생산한다. 또한 생식세포는 체세포처럼 노화하지 않기 때문에 생물학적 불멸로 간주된다. 다만 신체는 주로 노화하는 체세포로 이루어져 있기에 나머지 신체가 죽으면 생식세포도 죽는다.

일반적으로 체세포는 '유사 분열mitosis'(유전물질의 분포가 비슷함)에 의해 분열되며 신체의 세포 대부분을 발생시킨다. 생식세포는 '감수 분열meiosis'(유성생식하는 유기체가 유전물질의 절반을 가진 난자나 정자를 생산한 다음 생식세포 간 수정 과정에서 결합한다)로 분열된다.

유성생식은 진화가 더 빠르게 진행되는 등 많은 장점이 있지만 생식세포만 생물학적으로 불멸하는 등 단점도 많다. 생물학적 관점에서 보면 체세포는 일회용인 반면, 생식세포는 불멸(즉 자기 세대에서 노화하지 않음)일 뿐만 아니라, 유성생식을 통해 유전물질을 다음 세대로 전달한다.

영국의 자연주의자 찰스 다윈Charles Darwin의 생각에 따르면, 진핵생물의 성적 선택은 자연선택의 한 유형으로, 선택에 따라 어떤 개체가 다른 개체보다 더 성공적으로 번식하기도 한다. 즉, 무성개체군에는 존재하지 않는 진화적 힘으로 볼 수 있다. 반면 시간이 지남에 따라 돌연변이로 인해 세포가 추가적인 물질을 갖게 되거나 변형될 수 있는 원핵생물은 대칭적이거나 비대칭적인 무성생식을 통해 번식한다(수평 유전자 전달과 같은 특정 경우, 결합, 변형 또는 전이라고 불리는 과정이 발생할 수 있는데, 이는 유성생식과 다소 유사하다).

불멸 또는 '미미한' 노화 유기체

생명의 진화는 경이로움으로 가득 차 있어서, 이상적인 조건에서 대칭적으로 번식하는 박테리아가 영원히 사는 것처럼, 생명은 살기 위해 등장했다고 말할 수 있다. 박테리아와 같은 원핵생물 외에도 생물학적으로 불멸할 수 있는 효모와 같은 진핵생물도 있다. 노화 유기체들은 또한 노화하지 않는 생식세포나 줄기세포와 같이 진화의 핵심이 되는 세포도 이러한 특성, 즉 생물학적으로 불멸의 특성을 보여준다. 불행히도 육체 대부분을 이루는 체세포는 노화하고, 그들이 죽으면 몸 안의 생식세포와 만능 줄기세포도 죽는다.

과학의 지속적인 발전 덕분에 오늘날 우리는 생식세포는 물론, 체세포까지 생물학적으로 불멸인 다세포 진핵생물들이 존재한다는 사실을 알게 되었다. 히드라는 노화하지 않고 재생하는 능력을 보여주는 훌륭한 사례다. 아마도 고대 그리스인들은 신화에 나오는 그 유명한 히드라를 말할 때, 이 사실을 이미 알고 있었을 것이다. 히드라는 머리 하나가 잘리면 두 개가 돋아난다는 동명의 신화적 생명체에서 유래했다.

히드라는 바다 및 담수에 사는 자포동물의 한 종이다. 수 mm의 길이에 불과한 포식자로, 침을 쏘는 세포가 가득 찬 촉수로 작은 먹이를 잡는다. 놀라운 생식력을 가지고 있고, 무성생식이나 유성생식으로 번식하며, 자웅동체다. 모든 자포동물은 세포가 끊임없이 분열하기 때문에 상처를 입어도 회복할 수 있는 재생 능력이 있다. 미국의 생물학자인 대니얼 마르티네스Daniel Martinez는 1998년 과학 저널 〈실험 노년학Experimental Gerontology〉에 발표한 선구적인 논문에서 다음과

같이 말한다.[9]

노화는 나이가 들어감에 따라 유기체의 사망 확률을 높이는 악화 과정으로, 세심한 연구가 수행된 모든 후생동물에서 발견되었다. 그러나 가장 초기에 분화된 후생동물 집단 중 하나인 자포동물문의 단독 담수 구성원인 히드라의 불멸 가능성에 관해서는 많은 논란이 있었다. 연구원들은 히드라가 신체조직을 끊임없이 재생함으로써 노화를 피할 수 있다고 주장했다. 그러나 이 주장을 뒷받침하는 자료는 아직 발표되지 않았다. 히드라의 노화 유무를 시험하기 위해 세 개의 히드라 무리에 관한 사망률과 번식률을 4년 동안 분석했다. 그 결과 히드라의 노화에 관한 증거는 발견되지 않았다. 사망률은 극도로 낮았고 번식률이 감소하는 징후도 뚜렷하지 않았다. 히드라는 실제로 노화를 회피하는 잠재적 불멸의 존재일 수도 있다.

해파리의 한 종류도 생물학적 불멸로 간주될 수 있다. 예를 들어 '홍해파리*Turritopsis dohrnii* 또는 *Turritopsis nutricula*'로 불리는 작은 해파리는 생물학적 분화의 한 형태를 이용해 유성생식 후 세포를 보충한다. 이러한 순환은 무한히 반복될 수 있어 생물학적으로 불멸의 존재가 된다. 2015년의 연구에 따르면 다음과 같다.[10]

아우렐리아 속은 해안가에서 왕성하게 번식하는 해파리 중 하나로, 이는 해안가의 온화한 기후나 풍부한 먹이 등의 외부요인들뿐만 아니라 생물 자체의 높은 적응력, 그중에서도 생식 특성 때문일 수 있다. 아우렐리아 속 해파리 일생에 관해 잘 알려진 변형은 대부분 폴립 단계로 제한되어 있다. 이 연구에서 우리는 해파리의 퇴화한 외세포층으로부터 직접 폴립, 즉 젊은 해파리가 형성된다는 사실을 기록한다. (…) 이것은 성숙한 해파리가 폴립으로 역변형된 첫 번째 증거다. 결과적으로 이 해파리의 도식적인 수명 주기를 재구성하면 생물학적, 생태학적 연구에 대한 함의와 함께 수명 주기 역전에 관해 과소평가된 잠재력이 드러난다.

해파리들의 놀라운 변형은 인간에 대한 적용 가능성에 따라 새로운 치료법의 핵심이 될 수 있다. 소위 '불멸의 해파리'로 불리는 이 해파리에 관한 세계적인 전문가 구보타 신은 새로운 연구를 통해 얻을 성과에 큰 기대를 가지고 있다. 구보타는 〈뉴욕 타임스The New York Times〉에서 자신의 비전을 다음과 같이 표현했다.[11]

홍해파리의 노화 역전 능력을 인간에게 적용하는 것은 인류에게 가장 멋진 꿈이다. 일단 해파리가 노화를 어떻게 역전시키는지 알아내면, 우리는 매우 위대한 일을 해낼 수 있을 것이다. 우리가 스스로 진화해서 불멸의 존재가 되는 것이다.

플라나리아라고 알려진 편형동물은 조각조각 잘라내면 각 조각이 완전한 벌레로 재생하는 능력을 갖고 있다. 연구에 따르면 플라나리아는 고도로 증식하는 성체 줄기세포의 개체군에 의해 (텔로미어의 지속 성장에 연료가 공급되어) 무한히 재생(치유)하는 것처럼 보인다. 2012년 과학 논문의 설명을 살펴보자.[12]

어떤 동물들은 잠재적으로 불멸하거나, 적어도 아주 오래 살 수 있다. 일부 동물이 영생하도록 진화해온 메커니즘을 이해하면 인간 세포에서 노화 및 노화 관련 형질을 완화할 가능성을 밝힐 수 있을 것이다. 이런 동물들은 노화, 손상, 또는 질병에 걸린 조직과 세포를 대체할 능력이 있다. 즉, 이를 가능하게 하는 증식성 성체 줄기세포의 개체군을 갖고 있다.

플라나리아는 '칼날 위의 불멸'로 묘사되어 왔으며, 잠재적으로 불멸의 플라나리아 성체 줄기세포군으로부터 분화된 조직을 무한 재생할 수 있는 능력을 가졌다.

또 다른 연구에 따르면 바닷가재는 노화해도 번식력이 약해지거나 감소하지 않으며, 나이 든 바닷가재가 어린 바닷가재보다 번식력이 더 왕성할 수 있다고 한다. 이는 텔로미어라고 알려진 염색체의 끝 부분에서 길게 반복되는 DNA 염기서열을 복구하는 효소인 말단소체 복원 효소, 즉 텔로머레이스 때문일 것이다. 대부분의 척추동물은 배아 단계에서 텔로머레이스를 생산하지만, 성체 단계에서는 생산하지 않는다. 그런데 바닷가재는 척추동물과 달리 대부분의 성체 조직에서 텔로머레이스를 생산하며, 이것이 그들의 수명과 관련이 있다고 추정되고 있다.[13] 그러나 바닷가재는 탈피를 통해 성장하므로 불멸의 존재는 아니며, 껍질이 크면 클수록 더 많은 에너지를 소비한다. 시간이 흐르면서, 바닷가재는 아마도 탈피하는 동안 에너지가 고갈되어 죽을 것이다. 또한 나이 든 바닷가재는 탈피를 멈추는 것으로 알려져 있는데, 이는 마지막 껍질이 손상되거나 부서져 죽음에 이르는 것을 의미한다.

미국 서던캘리포니아 대학교의 명예교수인 케일럽 핀치Caleb Finch는 노화 문제와 다양한 종 간의 비교에 관한 세계적인 전문가 중 한 명이다. 핀치는 다음과 같이 종을 묘사하기 위해 '미미한 노화 negligible senescence'라는 용어를 만들었다.[14)

노년기에 생리적 기능 장애의 증거가 없고, 성인기에 사망률의 가속화가 없으며, 수명에 대한 특징적인 한계가 인정되지 않는 종을 말한다.

'미미한 노화'가 완전한 불멸을 의미하지 않는다. 예를 들어 바닷가재의 껍질이 파괴되는 경우와 같은 신체적 한계가 항상 있기 때문이다. 우리가 앞서 살펴보았듯이, 박테리아는 매우 연약한 유기체지만 이상적인 조건에서 무한히 살 수 있다.

식물, 곰팡이, 박테리아와 같이 유전적으로 동일한 개체군이나 집단이 일정한 장소에서 성장한 경우가 있는데, 그들 모두는 식물성이며 무성생식에 의해 단일 조상으로부터 기원한다. 이 중 몇몇은 수천 년 동안 살아왔다. 현재까지 알려진 가장 커다란 수생식물은 2006년 포멘테라섬과 이비자섬 사이에서 발견된 거대한 수생식물이다.[15)

10만 년 된 포시도니아 해초 초원은 우리의 초기 조상 중 일부가 남아프리카에서 인류 최초로 그림을 그리고 있었을 때 뿌리를 내렸다. 지금은 이비자섬과 포르멘테라섬 사이에 유네스코 보호수로 살고 있다.

세계에서 가장 장수하는 무성 번식 유기체의 또 다른 후보는 미국 유타주에 위치한 북미사시나무*Populu Stremuloides*에서 발생한 사시나무Pando 또는 거대사시나무Trembling Giant로 알려져 있다. 유전 표지 인자에 따르면, 서식지 전체가 지하에 거대한 뿌리 체계를 가진 단일 유기체라는 사실이 밝혀졌다. 사시나무의 뿌리 체계는 약 8만 년 된, 세계에서 가장 오래된 생물 중 하나로 여겨지고 있으며, 이 식물의 총무게는 6,600톤이 넘는 것으로 추정될 정도로 가장 무거운 생명체다.16)

무성생식으로 자라고 번식하는 식물과 곰팡이의 군집으로 형성된 1만 년 이상 된 다른 복제 유기체들도 확인되었다. 개별 유기체로 아마도 가장 오래 생존했던 것은 암석, 산호, 동물 껍데기 또는 암석의 광물 알갱이의 구멍 속에 사는 '엔돌리스endolith(고세균, 박테리아, 곰팡이, 이끼, 해조류 또는 아메바)'일 것이다. 과거에는 어떤 종류의 생명도 생존할 수 없다고 생각되던 곳에 살고 있을 정도로 극한생물이다. 엔돌리스는 특히 외계 미생물 집단의 잠재적 피난처로, 화성 및 기타 행성의 환경에 관한 이론을 개발하는 우주 생물학자들에 의해 연구되고 있다. 2013년 한 국제 과학자 그룹이 해양 엔돌리스와 관련된 주요한 과학적 발견을 보고했다.17)

그들은 해저 2,500m에서 사는 박테리아, 곰팡이 및 바이러스를 발견했다고 보고했다. 이 표본들은 수백만 년 된 것으로 보이며, 1만 년마다 번식한다고 보고되었다.

특정 산호와 해면동물을 포함해 수명이 긴 육지 및 수생동물의 종류도 다양하다. 최고령 나무의 경우 가장 정확한 추정치는 1964년에 약 5000년의 수령을 검증하기 위해 절단된 유명한 프로메테우스 *Prometheus*와 현재 4845년으로 추정되는 그 친척 므두셀라 등이 있다. 또한 피해를 막기 위해 위치가 공개되지 않은 이름 없는 또 다른 나무가 있다(이후 공개된 정보에 따르면 이 나무의 수령은 약 5062년으로 추정된다).[18] 이 나무들은 강털소나무*Pinus longaeva* 종으로 오늘날 우리가 알고 있는 개별 유기체 중 가장 장수하는 나무다. 이집트의 피라미드가 건설되기 훨씬 전에 이 나무들이 태어났다고 생각해보자.[19]

영국의 웨일스에는 란저니우 주목Llangernyw Yew이라고 불리는 나무가 있는데 4000~5000년의 수령으로 추정되고 있다.[20]. 칠레에서 일본에 이르는 지역에는 침엽수와 올리브나무 같은 오래 사는 종들이 분포되어 있는데, 수령이 보통 2000~4000년으로 추정된다.

스리랑카 아누라다푸라Anuradhapura의 스리 마하 보디 사원Jaya Sri Maha Bodhi에 있는 신성한 무화과나무로 알려진 보리수는 기원전 288년에 심겨 수령이 2,300년이 넘었다. 이 나무는 사람이 심은 가장 오래된 나무로 알려져 있으며, 싯다르타가 앉아 명상하며 '영적 깨달음'을 얻었던 인도 보리수나무의 직계 후손이다.[21]

포르투갈의 미생물학자이자, 리버풀 대학교 교수인 주앙 페드로 데 마갈량이스는 동물 노화 및 장수 데이터베이스를 관리하고 있다. 다음은 미미한 노화 속도(야생에서의 추정 수명과 함께)를 가진 유기체의 목록으로, 지금까지 알려진 최대 수령을 포함하고 있다.[22]

- 아이슬란드조개(북대서양대합*Arctica islandica*)—507세
- 한볼락*Sebastes aleutianus*—205세

- 홍해 성게*Strongylocentrotus franciscanus*—200세
- 동부상자거북*Terrapene carolina*—138세
- 동굴도롱뇽붙이*Proteus anguinus*—102세
- 블랜딩거북*Emydoidea blandingii*—77세
- 비단거북*Chrysemys picta*—61세

우리는 이 목록에 앞서 설명한 이상적인 조건을 갖춘 히드라, 해 파리, 플라나리아, 박테리아, 효모도 포함시킬 수 있다. 게다가 최근 그린란드 상어*Somniosus microcephalus*가 400년을 살 수 있다는 사실이 밝혀졌다. 이들은 모두 미미한 노화를 보유한 종들로, 우리는 이들에 게 앞으로도 계속해서 많은 것을 배울 것이다.[23]

우리 신체의 나머지 부분은 노화하는 체세포로 이루어져 있지 만, 노화하지 않는 생식세포와 만능 줄기세포가 있기 때문에 인간도 그 상황이 다르지 않다. 인간의 장수 기록은 1875년 2월 21일에 태어 나 1997년 8월 4일에 사망한 잔 루이즈 칼망Jeanne Louise Calment이다. 칼망은 프랑스의 초백세인super-centenarian(110세 이상 생존한 사람을 가리키며, 100세 이상 산 사람은 백세인centenarian이라고 함)으로, 122세 164일을 살아 역대 최장수자로 확정됐다. 그녀는 프랑스 남부의 아 를에서 평생을 살았고 빈센트 반 고흐를 만났으며, 역사상 120세, 121세, 122세에 이른 것으로 보이는 유일한 사람이다. 칼망은 나이 에 비해 매우 활동적인 삶을 살았고 85세까지 펜싱 연습을 했으며 100세까지 자전거를 탔다.[24]

유전적 요인에서부터 영양을 포함한 환경적 요인에 이르기까지 인간의 노화를 더 많이 이해하기 위해 백세인과 초백세인을 연구하는

과학자들이 있다. 인간은 지금도 여전히 늙고 노화로 고통받기 때문에 미미한 노화 유기체로부터 배우는 것이 필수적이다.

헨리엔타 랙스의 '불멸'의 세포

헨리에타 랙스Henrietta Lacks는 1920년 8월 1일에 태어나 1951년 10월 4일 사망한 담배 농부였다. 버지니아주 핼리팩스의 가난한 아프리카계 미국인 가정에서 로레타 플레전트Loretta Pleasant라는 이름으로 태어난 헨리에타는 사촌인 데이비드 랙스와 결혼해 메릴랜드주 볼티모어 근처로 이사해 살다가 암으로 죽었다.

헨리에타 랙스의 이야기는 과학 저널리스트 리베카 스클루트 Rebecca Skloot가 자신의 저서《헨리에타 랙스의 불멸의 삶The Immortal Life of Henrietta Lacks》에서 다루었는데, 이 책은 2010년에 출판되어 2년 동안 베스트셀러 목록에 머물렀다.[25]

헨리에타 랙스는 1951년 자궁경부암으로 사망했을 당시 다섯 명의 자녀를 둔 31세의 아프리카계 미국인 어머니였다. 존스 홉킨스 병원에서 그녀를 치료한 의사들은 그녀 몰래 자궁경부의 조직 샘플을 채취해 연구했다. 그들은 헬라HeLa로 알려진 불멸의 세포 주세포 배양을 통해 계속 분열·증식해서 대를 이을 수 있는 복제 세포-역주를 생성했다. 이 세포들은 소아마비 백신이나 에이즈 치료와 같은 의학적 발견에 도움을 주었다.

1951년 2월 1일, 랙스는 혹으로 인한 자궁경부의 통증과 질 출혈로 존스 홉킨스 병원에서 치료를 받았다. 그날, 그녀를 검진한 산부인과 의사는 이전에 보았던 종양과는 다르게 보이는 종양을 자궁경부암으로 진단했다. 종양 치료를 시작하기 전에 헨리에타의 인지나 동의 없이(그때는 이런 일이 보통이었다) 연구 목적으로 암세포들을 제거했다. 8일 후 두 번째 방문에서 조지 오토 가이George Otto Gey 박사는 또 다른 종양 샘플을 채취해 그 일부를 보관했다. 헨리에타 랙스의 이름에서 유래한, 소위 헬라 세포의 기원은 이 두 번째 샘플이다.

랙스는 1951년 암의 일반적 치료법인 방사선 치료를 며칠간 받았다. 그녀는 추가 엑스레이 치료를 받고 집으로 돌아왔지만, 상태가 악화해 8월 8일 존스 홉킨스 병원으로 갔고 사망할 때까지 그곳에 입원해 있었다. 그녀는 치료의 성과 없이 1951년 10월 4일 신부전증으로 사망했다. 부검 결과 암이 신체의 다른 부분으로 전이된 것으로 나타났다.

헨리에타의 종양 세포를 심층 연구한 가이 박사는 헬라 세포가 세포 배양의 결과 살아남아 성장하는 것을 목격했다. 이전에 볼 수 없었던 현상으로, 헬라 세포는 실험실에서 개발된 최초의 인간 세포였으며 생물학적으로 '불멸'이었다. 이 세포들의 일부는 세포 분열 후에도 죽지 않았다. 그 덕분에 많은 실험에 사용될 수 있었다. 이것은 의학 및 생물학 연구에서의 엄청난 발전을 의미했다.

의사이자 바이러스 학자 조너스 소크Jonas Salk는 소아마비 백신을 개발하기 위해 헬라 세포를 사용했다. 소크의 새로운 백신을 시험하기 위해, 인간 세포의 첫 번째 '산업적' 생산으로 간주되는 세포의 대량 번식이 진행되었다. 여기에 투입된 헬라 세포는 암, 에이즈, 방사선 및 독성 물질의 영향, 유전자 지도, 그 밖의 수많은 과학적 목적을 위한 연구를 위해 전 세계 과학자들에게 보내졌다. 헬라 세포는 또한 우리가 일상적으로 사용하는 접착테이프, 접착제, 화장품 및 기타 많은 다른 제품에 대한 인체 민감성을 조사하는 데도 사용되었다.

1950년대 이후 과학자들은 20톤 이상의 헬라 세포를 생산했는데, 이 세포는 1955년에 복제된 최초의 인간 세포이기도 하다. 헬라 세포와 관련된 1만 1,000건 이상의 특허가 있으며, 전 세계적으로 7만 건이 넘는 과학 실험이 시행되었다. 헬라 세포 덕분에 파킨슨병, 백혈병, 유방암 및 기타 암과 같은 질병을 치료하기 위한 유전자 치료법과 약품이 만들어졌다.[26]

헬라 세포는 오늘날 체외에서 배양된 가장 오래된 인간 세포 계통이며 가장 자주 사용되는 세포다. 헬라 세포는 실험실에서 지속적으로 배양할 수 있어서 '불멸의 세포'라고 불린다. 헬라 세포 덕분에 이제 우리는 다른 유형의 암도 생물학적으로 불멸, 즉 노화하지 않는다는 사실을 알게 되었다.

헬라 세포주는 암 연구에 매우 성공적으로 사용되어 왔다. 이 세포들은 다른 암세포와 비교해도 비정상적으로 빠르게 증식한다. 세포 분열 동안 헬라 세포는 세포의 노화와 죽음에 관여하는 텔로미어의 점진적인 단축을 막는 효소인 텔로머레이스 활성 버전을 가지고 있다. 따라서 다음 장에서 보게 될 것처럼 헬라 세포는 대부분의 정상 세포가 죽기 전에 수행할 수 있는 세포 분열의 한계인 소위 헤이플릭 한계hayflick limit의 적용을 받지 않는다.

암의 커다란 비극은 다른 질병과 달리 암세포가 노화하지 않고 지속적으로 번식한다는 것이다. 이처럼, 스스로 죽지 않기 때문에 반드시 죽여야 하며, 빠르면 빠를수록 좋다. 우리의 이런 의지와 반대로 암세포는 계속 성장하고 번식하며 신체 전체에 퍼진다. '전이'가 발생하고 유기체 전체가 죽을 때까지 '신체'는 암의 먹이가 된다고 할 수 있다.

생물학적 불멸이 가능한가?

우리는 기본적으로 노화하지 않는 다른 유기체, 즉 노화가 거의 일어나지 않는 유기체들이 이미 존재한다는 사실을 이야기했다. 우리는 또한 우리 신체에서 '최고의' 세포(생식세포)는 노화하지 않는다는 사실에 주목했다. 게다가 우리 신체에 있는 '최악의' 세포(암세포)도 노화하지 않는다는 것을 이제 알았다. 즉, 생물학적 불멸이 이미 존재하기 때문에 그것이 가능한지 아닌지는 문제가 되지 않는다. 우리가 이미 논의한 바와 같이, 문제는 오히려 언제 인간의 노화를 멈출 수 있는지가 되어야 한다.

노화 이론 전문가인 어바인 캘리포니아 대학교의 생물학자 마이클 로즈는 노랑초파리를 이용한 장수 연구의 선구자로, 노랑초파리의 수명을 4배나 연장시켰다. 1991년 로즈는 자신의 저서 《노화의 진화생물학Eolutionary Biology of Aging》에서 노화는 두 가지 영향을 미치는 유전자에 의해 발생하는데 하나는 젊을 때 일어나고 다른 하나는 훨씬 후에 일어난다는 가설을 세웠다. 유전자는 젊을 때 이점이 되는 것이 자연선택에 선호되며, 그 대가가 나중에 우리가 노화라고 식별하는 부작용으로 훨씬 늦게 나타난다. 로즈는 또한 모델 유기체인 노랑초파리의 수명을 4배 연장하는 실험을 통해 입증한 것처럼, 노화를 삶의 후기 단계에서 멈출 수 있다고 주장한다.

나 역시 노화를 늦추고 멈추고 되돌릴 수 있다는 로즈의 생각에 동의한다. 이는 이미 다른 유기체들에서 이것이 가능함을 증명했고 이제 인간을 대상으로 성취하는 방법을 발견하는 것만이 숙제로 남았다. 이제 이론에서 실천으로 옮겨 갈 때다.

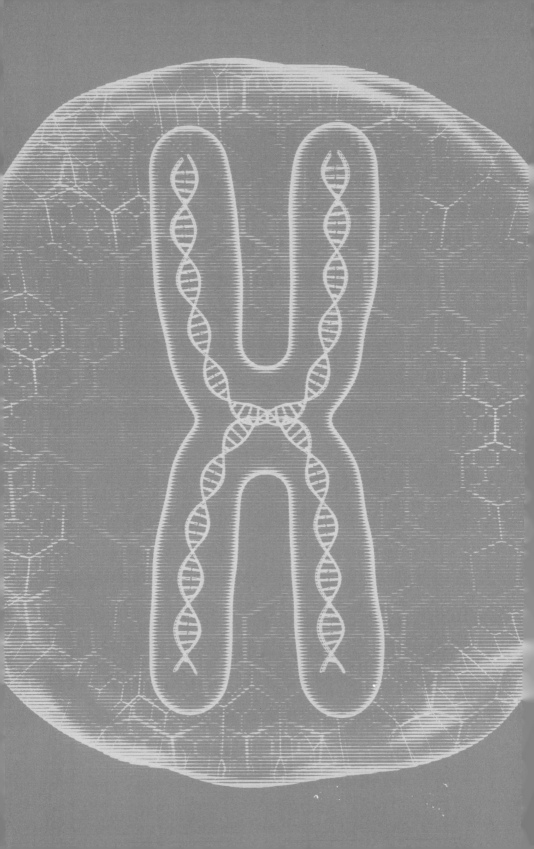

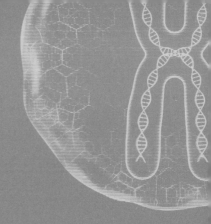

2장

노화란 무엇인가?

———

어떤 동물은 수명이 길고 다른 동물은 수명이 짧은 이유,
한마디로 수명의 길이와 죽음의 원인에 대한 조사가 필요하다.
— 아리스토텔레스, 기원전 350년경

노화는 다른 것과 마찬가지로 치료해야 하는 질병이다.
— 엘리 메치니코프, 1903년

노화는 자연스럽지 않다.
— 마리아 블라스코, 2016년

노화는 우리가 조작할 수 있는, 부자연스러운 것이다.
— 후안 카를로스 이즈피수아 벨몬테, 2016년

노화는 가장 흔한 질병이며, 적극적으로 치료되어야 한다.
— 데이비드 A. 싱클레어, 2019년

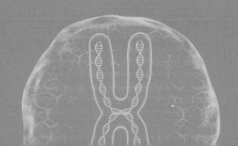

노화에 관한 과학적 연구는 비교적 최근의 것이며, 노화 역전의 과학적 연구는 더욱 최근에 이루어졌다. 조금 과장하자면 현대 노화 과학은 단지 몇십 년밖에 되지 않았으며 노화 역전 과학은 불과 몇 년밖에 되지 않았다고 말할 수 있다. 두 연구 모두 가능한 한 빠르게 인간에게 적용하는 것이 목적이지만, 실험실에서 생물을 대상으로 한 실험이 이제 막 시작되었을 뿐이다. 다행히 과학계 안팎에서 점점 더 많은 사람들이 조만간 노화를 늦추고, 멈추며, 되돌릴 수 있는 과학적 치료법을 얻을 것이라는 사실을 깨닫고 있다.

그리스 철학자 아리스토텔레스는 기원전 4세기에 식물과 동물의 노화에 관한 과학적 연구를 최초로 시작한 사람 중 한 명이었다. 2세기의 그리스 의사 갈레노스Galenos는 노화가 초기부터 신체의 변화와 악화로 시작된다는 의견을 제시했다. 13세기 영국의 철학자이자 수도사였던 로저 베이컨Roger Bacon은 '마모와 손상' 이론을 내세웠다. 19세기에 영국의 자연주의자인 찰스 다윈의 생각은 노화에 대한 진화론뿐만 아니라 노화가 처음부터 예정된 수순이라는 계획 이론과 노화는 예정되지 않은 결과라는 주장 사이에 훌륭한 논의의 문을 열었다.[1]

노화는 우연히 일어난 일

이 책의 1장에서 살펴보았듯이, 노화하지 않는 생물뿐만 아니라 인체 내에서 노화하지 않는 세포도 있다. 어떤 유기체는 뇌를 포함해 신체의 모든 부분을 완전히 재생하는 능력도 갖고 있다.[2] 다시 말해서 노화하지 않는 생명체들이 있고, 미미한 노화를 보이는 생명체들도 있기 때문에, 노화는 단일 과정 또는 유일한 과정으로 간주될 수 없다.

오늘날 우리는 또한 생식 유형에 따라 노화하거나 노화하지 않는 동일한 종의 생물이 있다는 사실을 알고 있다. 일반적으로 말해서 무성생식은 노화하지 않는 경향이 있는 반면, 유성생식은 동일한 종의 자웅동체 개체에서도 노화하기 쉽다.

또 동일한 종의 개체 간, 암컷이나 수컷 또는 자웅동체 생물들 사이에도 노화 속도의 차이가 있다. 일부 종의 암컷은 수컷과 기대수명이 다르고, 자웅동체 유기체가 있는 종에서도 마찬가지다. 꽃등에, 여왕벌, 일벌의 기대수명 차이 등 사회성을 가지고 군집 생활을 하는 곤충의 구성원 사이에도 노화 속도에 상당한 차이가 있다.

환경 조건도 기대수명에 큰 영향을 미치는데, 주로 체온을 조절하지 못하는 곤충이나 무척추동물과 같은 종에서 나타난다. 예를 들어, 기온과 먹이의 양은 벌레와 파리의 기대수명에 커다란 변화를 일으킨다. 기온을 낮추고 먹이를 제한하면 일부 종의 기대수명이 늘어난다.

선충에서 age-1과 daf-2라고 불리는 유전자와 노랑초파리의 FOXO 유전자처럼 노화 과정 일부를 조절하는 여러 유전자가 발견되었다. 이 유전자들을 포함해 이후에 과학자들이 발견한 유전자 중 일부는 포유류에도 해당하기 때문에 인간의 노화를 조절하기 위해서는 그것들이 어떻게 작용하는지 알아야 한다(오늘날 우리는 노화가 유전적으로 변형될 수 있다는 사실도 알고 있다).

시간은 상대적인 개념이지만, 그렇더라도 생존 기간이 짧거나 긴 생물이 있다는 사실은 누구나 알고 있다. 한쪽 끝에는 성충으로 하루도 살지 못하는 단명의 원시적인 곤충이 있는데, 다른 쪽의 끝에는 1세기 이상 살 수 있는 인간이 있다. 오늘날 우리는 또한 (미미한 노화를 하는 종을 포함해) 여러 세기와 수천 년 동안 생존한 생명체들이 존재한다는 것도 알고 있는데, 이 수명의 잠재적 한계는 알려지지 않았다.

아리스토텔레스가 수 세기 전에 관찰한 것처럼, 식물과 동물의 노화도 다르게 진행된다. 동물 세포와 식물 세포는 노화에 미치는 영향이 전혀 다르며, 심지어 소위 '다년생 식물' 같은 일부 종의 경우 노화하지 않거나 미미한 노화를 보여준다. 예를 들어 박테리아와 곰팡이는 생식 방식, 대칭 분열 속도, 세포 유형 및 염색체에 따라 노화할 수도, 노화하지 않을 수도 있다.

또한 단기간 생존하는 세포도 있고, 같은 생물의 체내에서도 상기간 생존하는 세포도 있다. 예를 들어 인간의 경우 정자의 기대수명은 사흘(정자를 생성하는 생식세포는 노화하지 않음), 대장 세포는 보통 나흘, 피부 세포는 2~3주, 적혈구는 4개월, 백혈구는 1년 이상, 신피질 신경세포는 평생 지속된다. 오늘날 우리는 또한 뇌의 특정 부위에도 줄기세포가 있어서 최근까지 알고 있던 것과 달리 일부 영역의 신경세포가 재생될 수 있다는 사실을 알게 되었다.[3]

대부분의 박테리아와 같이 원형 염색체를 가진 세포는 이상적인 조건에서 생물학적으로 불멸하는 반면, 다세포 생물의 체세포 대부분에서 보이는 것처럼 선형 염색체를 가진 세포는 암에 걸리거나 노화해 죽는 것이 일반적이다.

오늘날 우리는 노화하는 정상적인 체세포의 돌연변이인 암세포가 생물학적으로 불멸할 수 있다는 사실을 알고 있다. 암 줄기세포를 통해 정상적인 체세포에서도 생물학적 불멸에 대한 단서가 있는지 찾기 위한 연구가 진행되고 있다. 즉, 암세포가 악성임에도 불구하고 노화의 신비를 푸는 데 도움이 될 수 있다.

암세포는 염색체 말단에 있는 텔로미어의 길이를 증가시키기 위해 텔로머레이스를 생성한다. 많은 종의 체세포는 성체에서 텔로머레이스를 생성하지 않지만, 플라나리아와 일부 양서류의 경우처럼 세포 수준에서 지속적인 재생이 가능하다.

이런 예들은 생물학이 다양한 생명체, 다양한 종의 생물, 다양한 생식 방법, 다양한 종류의 성, 다양한 형태의 세포, 다양한 성장 패턴, 그리고 어떤 경우에는 비노화를 포함한 다양한 노화 모델을 실험하는 데 수백만 년이 걸렸다는 것을 보여준다.

루마니아의 노화학자인 앙카 이오비타Anca Iovita는 2015년 저서 《종들 간의 노화 격차The Aging Gap Between Species》를 출간했다. 이오비타는 '나무들 사이에서 숲을 찾는 것'으로 시작하며 말한다.[4]

노화는 풀어야 할 수수께끼다.

이 과정은 전통적으로 초파리, 벌레 및 생쥐와 같은 생물학적 모델에서 연구되었다. 이 종들의 공통점은 빠른 노화로, 실험실 예산에 아주 적합한 실험 모델이다. 누가 수십 년 동안 생존하는 종을 연구할 시간이 있을까?

그러나 종들 간의 수명 차이는 실험실에서 얻은 수명의 변화보다 훨씬 더 큰 규모다. 이것이 바로 내가 고도로 전문화된 연구를 책한 권에 모으기 위해 수많은 자료를 분석한 이유다. 나는 나무들 사이에서 숲을 보고 싶었다. 종 간의 노화 격차를 알기 쉽고 논리적인 순서로 보여주고 싶었다. 이 책은 바로 그러한 시도다.

노화는 불가피하다. 아니, 나는 그렇게 들었다. 나는 어떤 권위자가 말한다고 해서 결코 액면 그대로 받아들이는 사람이 아니다. 그래서 나는 노화가 모든 종에서 동일한지 의문을 품기 시작했다. 해답을 찾는 동안 노화학gerontology에서 생물학적 모델 다양성이 부족하다는 사실을 알고 놀랐다. 나는 좌절하지 않고 다른 종들의 노화 방식과 무엇이 그들을 차별화할 수 있는지에 대한 과학 논문을 찾아보았다.

반려동물을 키운 적이 있다면, 여러분은 이미 종 사이에 수명의 차이가 매우 크다는 사실을 알고 있을 것이다. 여러분의 눈에는 10년 동안 변함없어 보였던 여러분의 개나 고양이가 노화와 관련된 질병으로 고통받고 있었을지도 모른다. 동일한 종에 속하는 개체와 종 사이에도 수명의 격차가 클 수 있다. 종들 사이에 일어나는 노화 격차의 근간이 되는 메커니즘은 무엇인가?

이오비타는 자신의 저서에서 다양한 종(세균에서 고래에 이르기까지), 유형성숙(동물의 생장이 일정한 단계에서 정지하고 생식소만 성숙해 번식하는 현상), 선천성 조로증을 포함한 노화에 대한 다양한 이론과 함께 줄기세포, 암, 텔로미어, 텔로머레이스 같은 기본 주제를 포함한 노화에 관한 현재의 과학지식을 살펴보고 다음과 같이 결론을 내린다.

과학으로서 노화학은 생쥐나 벌레 같은 단명종뿐만 아니라, 해면체, 벌거숭이두더지쥐, 성게, 동굴도롱뇽붙이, 그리고 1000년 이상 사는 많은 나무와 같은 미미한 노화에 속하는 종을 연구함으로써 발전할 수 있다.

수명이 긴 종들은 종종 성체의 체세포 조직에서 텔로머레이스를 계속 생성해서, 적어도 장기의 최소 부분을 재생할 수 있게 한다. 성체의 텔로머레이스 생성에도 불구하고, 그 종들의 암 발생률이 더 높은 것은 아니다(암세포가 불멸인 것은 텔로머레이스가 활성화되기 때문이다). 그들은 아마도 세포의 통제력을 높이면서 암을 막기 위한 대체 메커니즘을 개발했을 것이다. 벌거숭이두더지쥐는 체세포의 텔로머레이스가 풍부하게 발현되었음에도 암에 걸리지 않는 종으로 간주된다.

다양한 생물종의 노화 분석은 프로젝트의 규모가 크기 때문에 이 책은 현재진행형이다. 아직도 셀 수 없이 많은 종이 새롭게 발견되고 있다. 진행해야 할 노화 실험과 이론이 많이 남아 있다. 노화는 자연의 섭리 속에서 우연히 일어난 일이다. 그리고 노화의 과학인 노화학은 이 수수께끼를 풀기 위해 탄생했다.

노화에 관한 과학적 연구의 기원

다윈에 의해 제안된 진화 혁명이 과학계에서 여전히 퍼져나가고 있었을 때, 독일의 생물학자 아우구스트 바이스만은 1892년에 생식세포의 불멸에 근거한 유전자 이론을 발전시켰다. 이 이론에서 생식질은 새로운 세포가 생장하도록 만드는 물질이다. 정자와 난자의 결합으로 구성된 이 물질은 세대를 거쳐 중단되지 않는 근본적인 연속성을 확립한다.[5]

이 이론은 당시 '바이스만설說'로 알려졌으며, 유전자 정보는 생식선의 생식세포(난소와 고환)에서만 전달되고 체세포에서는 전달되지 않는다는 사실을 확인했다. 프랑스의 생물학자 장-바티스트 라마르크Jean-Baptiste Lamarck의 이론과 달리, 정보가 체세포에서 생식세포로 전달될 수 없다는 가설을 바이스만의 장벽이라고 한다. 바이스만의 새로운 이론은 현대 유전학의 발전을 견인했다.

바이스만은 인간의 신체에서 생식세포의 불멸성을 주장했다. 나아가 죽음은 생명에 내재된 것이 아니라 진화적 발전(부적합하고 열등한 생물의 처분)에 필요해 나중에 생물학적으로 획득된 것이라고 가정했다.[6]

죽음은 생명 그 자체에 본질적으로 내재된 필수 조건이 아니라 생명의 외적 조건에 대한 양보로서 얻어진 종에게 유리한 사건으로 간주되어야 한다. 생명의 종말인 죽음이 모든 생물의 속성으로 가정되는 일은 결코 없다.

죽음 그 자체, 그리고 수명의 길고 짧음은 전적으로 적응에 달려 있다. 죽음은 생명체의 본질적인 속성이 아니다. 그것은 반드시 생식과 관련 있는 것도 아니고, 생식의 필연적인 결과도 아니다.

그 직후인 1908년 노벨생리의학상 수상자인 러시아계 프랑스 생물학자 엘리 메치니코프Élie Metchnikoff는 진화론과 불멸에 관한 몇 가지 비슷한 생각을 옹호했다. 그는 생식세포만 불멸인 게 아니라, 다세포 생물도 불멸할 수 있다고 설명했다. 당시에는 단세포 생물만이 불멸일 것이라고 여겨졌으며 다세포 생물은 그렇지 않다는 생각이 많았다. 그때 바이스만이 생식세포는 생물학적으로 불멸이지만 체세포는 필멸하며, 죽음이 생물에 꼭 필요하지는 않더라도 진화에서는 역할을 할 수 있다고 설명했다.

메치니코프는 프랑스 생물학자 루이 파스퇴르Louis Pasteur와 함께 일하면서 '노화학'이라는 신조어를 만들어냈기 때문에 노화학의 아버지로 알려져 있다. 메치니코프는 단세포 생물과 생식세포가 잠재적으로 불멸할 가능성이 있기 때문에 죽음은 생명에 필수적인 전제조건이 아니라는 바이스만의 의견에 동의했다. 그러나 메치니코프는 자연사라는 것이 진화상의 이점이 될 수 있다고는 믿지 않았다. 그에 따르면 '정상적인 노화'와 '자연사'는 자연에서 거의 일어나지 않는다. 약화된 유기체는 외부 원인(포식, 질병, 사고, 경쟁)에 의해 제거되며, '자연적으로 노화'하거나 사망할 가능성이 최소화된다. 결국 노화와 자연사라는 것이 자연에서 거의 일어나지 않는다면, 자연선택이 작용할 수 없을 뿐만 아니라 경쟁 우위를 획득하기 위한 선택도 일어나지 않는다.[7]

몇 년 후인 1912년 노벨생리의학상 수상자인 프랑스계 미국인

생물학자 알렉시 카렐Alexis Carrel은 체세포도 무한정 살 수 있음을 증명하는 실험을 했다. 카렐은 1944년 사망할 때까지 장수, 불멸의 세포, 조직 배양이나 장기 이식에 관한 연구를 멈추지 않았다. 얼마 후인 1961년 미국의 미생물학자 레너드 헤이플릭Leonard Hayflick은 다세포 생물의 체세포가 죽기 전에 일정한 횟수만큼만 분열된다는 사실을 발견했다. 헤이플릭은 생식세포(그리고 암세포, 심지어 헬라 세포도 포함)가 생물학적으로 불멸의 세포라는 것을 확인했지만 체세포는 세포와 생물의 종류에 따라 특정 횟수만큼 분열한 뒤 사망했다. 어떤 세포라도 100회의 분열에 도달한 경우는 없었는데, 이것이 오늘날 헤이플릭 한계라고 알려진 것이다.[8]

20세기 노화 연구의 역사는 정말로 흥미진진하다. 개념적 이론에서 실제 실험으로 넘어갔는데, 그중 일부는 잘못되었다. 독일, 러시아, 프랑스, 미국의 과학자들은 20세기의 노화 연구에서 최고의 선도자들이었다. 러시아-이스라엘의 연구원 일리아 스탬블러Ilia Stambler는 2014년에 출간한 저서 《20세기 수명 연장의 역사A History of Life-Extensionism in the Twentieth Century》에서 이 모든 이야기를 상세하게 설명했다.[9]

이 책은 20세기 '수명연장주의'의 역사를 탐구한다. (현재의 기대수명을 훨씬 넘어선) 수명연장주의라는 용어는 근본적인 수명 연장이 윤리적 근거에서 바람직하며 의식적인 과학적 노력을 통해 달성될 수 있다는 이념을 표현한 것이다. 이 책은 엘리 메치니코프, 버나드 쇼Bernard Shaw, 알렉시 카렐, 알렉산더 보고몰레츠Alexander Bogomolets 등 각 시대와 경향을 대표하는 이들의 저서에 초점을 맞추면서 20세기 전반에 걸친 수명 연장 사상의 주요 노선을 연대순으로 고찰한다. 그들의 업적을 주요한 정치적 변화 및 사회경제적 패턴과 연관시켜 더 커다란 현대사회 및 이념적 담론의 일부로서 살펴본다. 프랑스, 독일, 오스트리아, 루마니아, 스위스, 러시아, 미국 등 국가적 맥락도 고려한다.

이 책은 세 가지 주요 목표를 추구한다. 첫 번째는 20세기 전체에 걸쳐 수명 연장에 대한 근본적인 희망이 되었던 몇 가지 생의학적 방법을 확인하고 추적하는 것이다. 이 연구는 인간의 생명을 근본적으로 연장하려는 욕구가 단순한 희망의 차원을 넘어 생의학적 연구와 발견에 강력한 동기가 되어주었다고 주장한다. 생의학의 새로운 분야는 종종 수명 연장에 그 기원을 두고 있다는 사실이 증명될 것이다.

두 번째 목표는 급진적 수명 연장 지지자들의 이념 및 사회경제적 배경을 조사해 그 이념과 경제적 조건이 수명연장주의자들에게 어떤 동기를 부여했는지, 그리고 그것이 그들이 추구하는 과학에 어떤 영향을 미쳤는지 확인한다. 그 방법으로 몇몇 저명한 장수 옹호자들의 전기와 주요 저술을 연구한다. 특정한 이념적 전제조건(종교와 진보에 대한 태도, 인간의 완벽성에 대한 비관주의나 낙관주의, 윤리적 의무)과 사회경제적 조건(특정 사회나 경제 환경에서 연구를 수행하고 전파하는 능력)을 조사해 어떤 조건이 수명연장주의 사상을 촉진하고 또 좌절시켰는지 알아내고자 한다.

마지막 목표는 수명연장주의 작품의 목록을 광범위하게 수집하는 것이다. 이 목록을 기초 삼아 모든 방법과 이념의 다양성에도 불구하고 생명의 가치와 불변성 같은 수명연장주의를 결정짓는 공통의 특성과 목표를 확립하고자 한다. 이 연구는 생의학사에서 거의 조사되지 않았던 생의학의 발전과 관련된 최종적인 기대치를 이해하는 데 도움이 될 것이다.

21세기 노화 이론

20세기의 엄청난 발전에도 불구하고, 보편적으로 받아들여지는 노화 이론은 여전히 없다. 현재 많은 이론이 경쟁하고 있는데, 이를 여러 가지 방식으로 나눌 수 있다. 예를 들어 캘리포니아 대학교 버클리 캠퍼스의 의 한 강좌에서는 분자이론, 세포이론, 체계이론, 진화이론 등 네 개를 주요 그룹으로 만들었는데, 각 그룹은 그룹 내에서 세 개 이상의 이론을 포함하고 있다. 코돈codon:특정 아미노산을 결정짓는 mRNA 상의 세 개의 염기서열-역주 제한, 오류 파국error catastrophe, 체세포 돌연변이somatic mutation, 탈분화dedifferentiation, 유전자 조절gene regulation, 마모wear and tear, 유리기free radical, 세포 자연사apoptosis, 노화senescence, 생존율rate of living, 신경 내분비neuroendocrine, 면역학immunological, 일회용 체세포disposable soma, 길항성 다형질antagonistic pleiotropy, 돌연변이 축적 mutation accumulation의 총 12개 이상의 이론이 네 가지 주요 그룹으로 분류될 수 있다.[10]

한편 앞서 언급한 포르투갈의 미생물학자 주앙 페드로 데 마갈량이스는 손상 기반 노화 이론과 계획 이론을 연구하는데, 이는 표준 분류이기도 하다.[11] 일부 생물학자들은 주로 유전적 이론과 비유전적 이론으로 분류하며, 일부는 진화이론과 생리학적 이론(계획 이론과 확률 이론 또는 계획되지 않은 이론으로 구분)으로 구분한다. 공통점은 2005년 전 세계의 저명한 과학자 몇 명이 서명한 '노화 연구에 관한 과학자들의 공개 서한'에서 알 수 있듯이, 점점 더 많은 과학자가 노화를 체계적으로 연구해야 할 필요성을 깨닫고 있다는 사실이다.[12]

선충, 초파리, 에임스 왜소 생쥐 등 다양한 카테고리의 동물에서 노화가 더뎌지고 건강수명이 길어졌다. 따라서 근본적인 메커니즘이 있다고 가정하면, 인간의 노화를 늦추는 일도 가능해야 한다.

노화에 관한 지식이 많아지면 암, 심혈관 질환, 제2형 당뇨병 및 알츠하이머병과 같은 노화와 관련된 쇠약성 질병을 더 잘 관리할 수 있다. 노화의 근본적인 메커니즘을 겨냥한 치료법은 이러한 노화 관련 질병에 대항하는 데 중요한 역할을 할 것이다.

그러므로 이 서한은 노화의 근본적인 메커니즘과 그 연장 방법을 찾는 데 필요한 연구와 연구 자금을 촉구한다. 이 연구는 노화 관련 질병을 퇴치하기 위한 같은 수준의 노력보다 훨씬 더 큰 이익을 가져올 수 있다. 노화의 메커니즘이 점점 더 많이 밝혀지면서, 사람들의 건강하고 생산적인 수명 연장에 도움이 될 효과적인 치료법이 개발될 수 있다.

노화에 대한 논의는 러시아에서부터 중국을 거쳐 미국에 이르기까지 계속 증가하고 있으며 세계화되었다. 예를 들어 2015년 러시아 과학자 그룹이 과학 저널 〈액타 나투래Acta Naturae〉에 다음과 같은 '노화 이론: 영원히 진화하는 분야Theories of Aging: An Ever-Evolving Field'라는 제목의 논문을 발표했다.[13]

노년기는 수 세기 동안 연구의 초점이 되어왔다. 평균 기대수명을 연장하는 데 상당한 진전이 있었지만, 노화 과정은 여전히 이해하기 어려우며, 불행하게도 피할 수 없는 과정이다. 본 논문에서는 현재의 노화 이론과 그것을 이해하는 접근법을 요약하고자 했다.

또 다른 지역에서는 노스텍사스 대학교 의학센터의 과학자 쿤린 진Kunlin Jin 박사가 2010년 과학 저널 〈노화와 질병Aging and Disease〉에 '노화의 현대 생물학 이론Modern Biological Theories of Aging'이라는 제목의 논문을 발표하며, 다음과 같이 말하고 있다.[14]

최근의 분자생물학과 유전학 발전에도 불구하고 인간의 수명을 조절하는 신비는 아직 풀리지 않고 있다. 계획 이론과 오류 이론이라는 두 가지 주요 범주로 분류되는 많은 이론이 노화의 과정을 설명하기 위해 제안되었지만 모두 완전히 만족스럽지 못하다. 이러한 이론들은 복잡한 방식으로 상호작용할 수도 있다. 기존의 노화 이론과 새로운 노화 이론을 이해하고 시험함으로써 노화에 관한 신비를 풀 수 있을지도 모른다.

오래된 이론과 새로운 이론들의 홍수에 직면해서, 오브리 드 그레이는 노화에 대한 포괄적인 시스템으로 모든 정보를 편집하기 위해 20세기 말부터 체계적인 작업을 시작했다. 드 그레이는 케임브리지 대학교에서 컴퓨터 과학과 전산을 공부했고, 생물학자나 의사보다는 엔지니어나 기술자에 더 가까운 비전을 가졌다. 수명 연장에 관한 그의 접근방식은 SENSStrategies for Engineered Negligible Senescence : 미미한 노화에 관한 기술적 전략라고 불린다. 2002년 그는 브루스 에임스Bruce Ames, 줄리 안데르센Julie Andersen, 안제이 바트케Andrzej Bartke, 주디스 캄피시, 크리스토퍼 히워드Christopher Heward, 오거 매카터Orger McCarter 그레고리 스톡Gregory Stock과 같은 저명한 의사 및 생물학자들과 함께 쓴 논문에서 이를 처음 발표했다.15)

이 용어의 핵심적 의미는 생물학적으로 젊음을 유지하면서 나이를 먹을 수 있도록 인간의 생물학적 노화를 되돌리는 의학적 치료법의 개발이 가능하다는 것이다. 이를 위해 드 그레이는 노화에 관한 모든 연구를 면밀하게 검토한 결과, 노화 과정과 관련된 일곱 가지 주요 유형의 손상이 있음을 깨달았다. 또 그는 모든 유형의 손상이, 적어도 1982년 전부터 수십 년 동안 이미 알려져 있다는 사실을 발견했다.

드 그레이에 따르면, 그 이후로 생물학은 엄청난 발전을 이루었지만, 과학자들은 새로운 유형의 손상을 발견하지 못했다. 이것은 우리가 오늘날 노화 관련 질병을 해결하기 위해 핵심 문제들을 이미 알고 있음을 암시한다. 새로운 접근법은 신진대사를 위한 노화학과 질병을 위한 노인병학 사이에 있는 생명공학을 통해 손상을 공략하는 것이다. [그림 2-1]은 SENS 전략을 보여준다.

노화의 일곱 가지 원인은 무엇인가? 그것들은 모두 세포 내부와 외부의 미세한 변화로 인해 발생한다. 약간의 손상이 여러분을 해치지는 않겠지만, 시간이 지남에 따라 가속화된 속도로 쌓이는데, 이것이 사람들이 쇠약해져서 죽음에 이르는 이유다. 드 그레이는 자신의 저서 《노화 종식》에서 다음의 일곱 가지 원인을 설명한다.16)

그림 2-1. SENS 노화 역전 생명공학 연구 전략

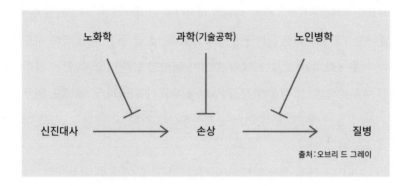

출처:오브리 드 그레이

1. 세포 내 노폐물

2. 세포 간 노폐물

3. 핵 돌연변이

4. 미토콘드리아 돌연변이

5. 줄기세포 손실

6. 노화 세포의 증가

7. 세포 간 단백질 연결의 증가

드 그레이가 처음 이 아이디어를 제시했을 때 많은 사람들이 그를 돌팔이나 미친 사람이라고 했다. 다수의 '전문가'들이 그의 생각에 과학적 근거가 없다고 주장하며 그를 공격했다. 2005년에 〈MIT 테크놀러지 리뷰MIT Technology Review〉에서 검증이 이루어졌는데, 편집자는 SENS 전략을 "너무 잘못되어 학술 토론의 가치조차 없다"는 것을 최초로 증명한 사람에게 2만 달러를 지급하겠다고 약속했다.[17] 이를 위해 오브리 드 그레이의 발표에 대한 비판을 평가할 다섯 명의 권위 있는 과학자와 의사(로드니 브룩스Rodney Brooks, 아니타 고엘Anita Goel, 비크람 쿠마르Vikram Kumar, 네이선 마이어볼드Nathan Myhrvold, 크레이그 벤터Craig Venter)로 배심원단이 구성되었다. 몇 달 동안 여러 차례 시도가 이루어졌지만, 드 그레이의 주장이 허위임을 증명할 수 있는 사람이 아무도 없었기 때문에 상금은 결국 무효가 되었다. 그럼에도 일부 '전문가'들이 개인적인 편견에 근거해 SENS 전략을 공격하는 것을 막지는 못했다.[18]

2005년 이후 세상은 많이 변했다. 최근 몇 년 동안 오브리 드 그레이의 독창적인 생각을 비판하기보다는 강화하는 커다란 과학적 발전이 있었다. 2017년 스미스소니언 과학 저널의 한 논문은 〈MIT 테크놀러지 리뷰〉에서 드 그레이에 대응해서 작성한 '생명 확장 유사과학과 SENS 계획Life Extension Pseudoscience and the SENS Plan'이라는 제목의 논문 중 하나를 언급하고 있다.[19]

아홉 명의 공동 저자인 모든 선임 노화학자들은 드 그레이의 입장을 엄중히 문제 삼았다. 논문의 서명자 중 한 명이자 매사추세츠 의대의 분자, 세포, 암 생물학 교수인 하이디 티센바움Heidi Tissenbaum은 "그는 뛰어나지만 노화 연구에 대한 경험이 없다"고 말했다. "그가 엄격한 과학적 실험 결과가 아니라 아이디어를 바탕으로 노화를 예방하는 방법을 알고 있다고 주장했기 때문에 우리는 깜짝 놀랐다."

10여 년이 지난 지금, 티센바움은 SENS를 좀 더 긍정적인 시각으로 보고 있다. "노화 연구에 관해 이야기하는 사람은 많을수록 좋다. 나는 그가 이 분야에 관심과 연구비를 가져다준 공로를 인정한다. 우리가 그 논문을 썼을 때 SENS는 단지 아이디어였을 뿐, 연구 등 실제적인 결과가 없었다. 그러나 지금은 여느 연구실처럼 기초적이고 근본적인 연구를 진행하고 있다."

어떤 사람들은 여전히 드 그레이를 돌팔이 또는 미친 사람이라고 부르지만, 그의 초기 주장을 뒷받침하는 긍정적인 결과들은 점점 더 많아지고 있다. 그는 2003년 므두셀라 재단을 공동 설립했고, 므두셀라 생쥐상을 제정해 노화를 근본적으로 지연시키고 심지어 노화를 되돌리는 연구를 장려했다. 므두셀라 상은 거의 1000년을 살았을 것으로 추정되는 성경 속 족장 므두셀라의 이름을 따왔다. 이 상과 그 밖의 장려책 덕분에 생쥐의 수명을 엄청나게 연장할 수 있었다. 예를 들어 야생 상태에서 1년, 실험실에서 2~3년 정도 생존하는 생쥐가 다양한 치료법으로 거의 5년을 생존하게 되었다.

과학자들은 다양한 종류의 치료법을 사용해서 쥐의 기대수명을 40~50%, 그리고 그 이상으로 증가시킬 수 있었다. 이 상이 지속되고 우리가 평균 수 명을 2배, 3배로 늘린 생쥐에 관해 곧 이야기할 수 있기를 바란다.

드 그레이는 또한 2009년에 세계가 노화 관련 질병을 연구하고 치료하는 방식을 재정의하는 것을 목표로 하는 SENS 언구재단을 공동 설립했다. 이 새로운 SENS 접근 방식은 특정 질병과 병리학의 전통적인 치료법과 대조되는 '살아있는 세포 및 세포 외 물질의 즉시 복구'를 목표로 한다. SENS 재단은 재생의학 분야의 다양한 연구 프로그램을 가속화하기 위해 연구 자금을 지원하고 보급 및 교육을 독려한다. 그 결과로 만들어진 치료법 중 몇 가지는 이미 적용되고 있으며,

일부는 항노화 및 노화 역전 치료를 추구하는 스타트업을 활성화하는 데 사용되고 있다.[20]

BBVA에서 운영하는 프로젝트 오픈마인드OpenMind가 2017년에 출판한 《다음 단계 : 급격히 증가하는 생명The Next Step : Exponential Life》이라는 책의 '분자와 세포 손상 복구를 통한 노화 해결'이라는 논문에서 드 그레이는 다음과 같이 설명한다.[21]

단순한 노화 지연이 아닌 노화 역전을 포함하는 SENS는 기존 노화학의 주제에서 크게 벗어난 것이다. 노화학 분야와 재생의학 분야 사이의 쉽지 않았던 상호 교육 과정 덕분에, 이제는 실행 가능 여부에 따라 노화 역전이 궁극적인 의학의 적통으로 인정받을 수 있는 지위를 획득했다. 재생의학의 기초기술이 발전함에 따라 그 신뢰도는 계속 높아질 것으로 믿는다.

마드리드에서 열린 스페인 국가연구회의Consejo Superior de Investigaciones Científicas, CSIC에서 우리가 조직한 제1차 국제 장수 및 냉동 보존 회담 기간의 어느 인터뷰에서 드 그레이는 2017년까지 SENS 전략의 발전을 요약했다. 인터뷰 참가자들은 지난 10년 동안 일어났던 엄청난 변화를 보고 다음과 같은 결론을 내렸다.[22]

낙관할 일은 많다. 10여 년 전 SENS가 제안한 아이디어는 당시에 널리 비판받았지만, 이제는 노화 과정에 개입이 가능하다는 사실이 점차 명백해짐에 따라 연구자들은 열심히 그것을 탐구하고 있다. 10년 전만 해도 조롱의 대상이었지만 이제 노화에 관한 복구 기반 접근법을 뒷받침하는 결과가 계속 증가하면서, 노화 관련 질병을 치료하기 위한 일반적인 접근법이 되어가고 있다.

그러나 인간을 대상으로 한 임상시험으로 발전하기 위해서는 아직도 노화 관련 손상에 관한 지식이 더 많이 필요하다. 노화의 주요 메커니즘에 대한 기초 연구를 지원하는 것이 우리 공동체의 최우선 과제가 되어야 하는 이유다.

노화의 원인과 근간

오브리 드 그레이의 선구적이고 혁신적인 연구 외에도, 여러 과학자가 노화에 관한 우리의 현재 이해 수준과 치료법을 체계화하려고 노력하고 있다. 2000년, 미국의 종양학자 더글러스 해너핸Douglas Hanahan과 로버트 와인버그Robert Weinberg는 권위 있는 과학 저널 〈셀〉에 암에 관한 지식을 정리하는 데 도움이 되는 도발적인 논문을 썼다. 저자들은 '암의 원인'이라는 제목으로 모든 암은 정상 세포가 암세포(악성 세포 또는 종양 세포)로 변형되게 하는 여섯 가지 공통 특성을 공유하고 있다고 주장한다. 2011년까지 이 논문은 〈셀〉 역사상 가장 많이 인용된 논문이었고, 저자들은 네 가지 추가 원인을 제시하는 개정판을 발표했다.

이전 논문의 성공을 바탕으로, 다섯 명의 유럽 과학자 그룹은 2013년 같은 저널에 '노화의 특징'이라는 제목의 논문을 실었다. 저자는 스페인의 카를로스 로페즈 오틴Carlos López-Otín(오비에도 대학교 출신), 마리아 블라스코, 마누엘 세라노Manuel Serrano(스페인 국립 암연구

센터 출신), 영국의 린다 파트리지Linda Partridge(독일 막스 플랑크 노화생
물학연구소 출신) 오스트리아의 귀도 크뢰머Guido Kroemer(프랑스 파리
5대학 출신)다.[23]

노화는 생리적 무결성이 점진적으로 손상되어 기능이 저하되고
사망에 대한 취약성이 증가하는 것이 특징이다. 이러한 악화는
암, 당뇨병, 심혈관 질환, 신경 퇴행성 질환을 비롯한 인간 병리의
주된 위험 요소다. 노화 연구는 진화 과정에서 보존된 유전적 경
로와 생화학적 과정에 의해 노화 속도가 어느 정도는 조절된다는
사실이 발견되면서, 최근 몇 년 동안 전례 없이 발전했다. 본 검토
서는 포유류 노화에 특히 중점을 두고 다양한 유기체에서 노화의
공통분모를 나타내는 아홉 가지 잠정적 특징들을 열거한다. 이러
한 특징들은 유전적 불안정성, 텔로미어 단축, 후생유전학적 변
화, 단백질 항상성 상실, 영양소 감지 및 조절 감퇴, 미토콘드리아
기능 장애, 세포 노화, 줄기세포 고갈, 세포 간 소통의 변화 등이
다. 노화학의 주요 과제는 이들의 특징과 노화에 대한 기여도 사
이의 상호 연관성을 찾아내는 것이며, 최종 목표는 부작용을 최
소화하면서 노화의 과정에서 인체 건강 향상에 제약이 되는 표적
을 식별하는 것이다.
'살아있는 생물 대부분에 영향을 미치는 시간에 따른 기능 저하'
라고 광범위하게 정의하고 있는 노화는 인류 역사 전반에 걸쳐
호기심을 불러일으키고 상상력을 자극했다. 그러나 예쁜꼬마선
충에서 처음으로 장수 변종이 확인되면서 노화 연구의 새로운 시
대가 열린 것은 불과 30년 전이다. 오늘날 생명과 질병의 분자 및

세포 기반 지식이 지속적으로 확장됨에 따라 노화는 과학적으로 탐구되고 있다. 노화 연구의 현재 상황은 과거 수십 년 동안의 암 연구와 많은 유사성을 보여준다.

과학자들은 [그림 2-2]와 같이 노화의 아홉 가지 원인을 세 가지 주요 범주로 분류한다. 상단부는 세포 손상의 근본 원인으로 간주되는 1차적 특징(유전적 불안정성, 텔로미어 단축, 후생유전학적 변화, 단백질 항상성 상실)이다. 중단에는 손상에 대한 보상 또는 적대 반응의 일부로 간주되는 길항적 특징(영양소 감지 및 조절 감퇴, 미토콘드리아 기능 장애, 세포 노화)이 있다. 이러한 반응은 처음에는 손상을 완화하지만, 만성이 되거나 악화되면 해로울 수 있다. 하단부는 통합적 특징(줄기세포 고갈, 세포 간 소통의 변화)으로 상위 두 집단의 최종 결과이며 노화와

그림 2-2. 노화의 특징 사이의 기능적 상호 연결

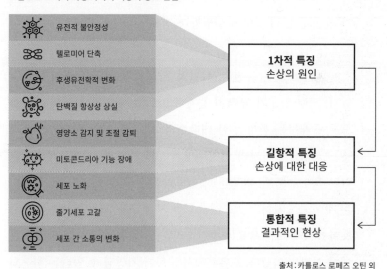

출처: 카를로스 로페즈 오틴 외

관련된 기능적 쇠퇴에 책임이 있는 궁극적인 원인이다.

이 논문은 다음과 같은 결론과 관점으로 끝을 맺는다.

노화의 특징을 규정하는 것은 노화의 분자 메커니즘에 관한 향후 연구와 인간의 건강수명을 개선하는 치료법을 설계하는 데 기여할 수 있다…. 우리는 더 정교한 접근 방식이 결국 산적한 현안을 해결할 수 있을 것으로 예상한다. 이러한 복합적 접근 방식이 노화의 메커니즘을 이해할 수 있게 해주며, 그 결과로 인간의 건강 및 수명을 개선하는 치료법의 개발을 촉진하기를 바란다.

논문 발표 1년 후, 미국 국립보건원National Institutes of Health의 지원을 받은 미국 과학자 그룹이 같은 과학 저널 〈셀〉에 '노화: 만성 질환의 공통 원인이자 새로운 치료의 대상'을 발표했다. 저자들은 질병들을 차례로 공략하는 대신 모든 관련 질병의 원인인 노화 자체를 직접 공략하는 편이 더 낫다고 설명한다.[24]

포유류의 노화는 유전적, 식이적, 약리학적 접근으로 지연될 수 있다. 고령 인구가 급격히 증가하고 있고 노화가 질병과 사망을 모두 초래하는 만성 질환 대다수의 가장 큰 위험 요인이라는 점을 고려할 때, 인간의 건강수명을 연장하기 위한 제로사이언스 Geroscience: 노화와 노화 관련 질병을 연구하는 학문-역주의 연구를 확대하는 것이 중요하다.

노화를 늦추려는 목표는 수천 년 동안 인류를 매료시켰지만, 최근에야 신뢰를 얻었다. 포유류에서 노화가 지연될 수 있다는 최근의 연구 결과는 인간의 건강한 상태를 연장할 가능성을 제기한다. 노화 연구자들 사이에서는 이것이 가능하다는 공감대가 형성되어 있지만, 기초생물학부터 중개의학translational medicine에 이르는 분야에서 목표를 달성할 수 있는 자원이 확보되어야 가능하다.

만성 질환의 치료에 대한 현재의 접근법은 부적절하고 단편적이다. 만성 질환이 진단될 무렵에는 이미 많은 손상이 발생하고 이를 되돌리기가 어렵다. 특정 질병의 고유한 특징을 파악하는 것은 훌륭한 일이고 잠재적으로 치료적 가치가 있지만, 공통 원인인 노화를 이해하는 접근법이 더 중요하다. 노화가 어떻게 질병을 일으키는지를 우리가 이해할 수 있다면, 이 질병의 공통요소를 표적으로 삼는 것이 가능할 수도 있다(그리고 그편이 심지어 더 쉽다). 노화를 표적으로 삼으면 조기 치료와 손상 회피가 가능해져 활력과 활동을 유지하는 동시에 여러 가지 만성 질환으로 인해 급증하는 고령 인구의 경제적 부담을 상쇄할 수 있다.

저자들은 또한 그들이 노화의 일곱 가지 '근간'이라고 부르는 것에 관해서도 설명한다. 미국 국립노화연구소 노화생물학부의 필리페 시에라Felipe Sierra 부장에 따르면 이 일곱 가지 근간은 다음과 같다.[25]

1. 염증
2. 스트레스 적응
3. 후생유전학과 조절 RNA
4. 신진대사
5. 고분자 손상

6. 단백질 항상성

7. 줄기세포와 재생

이 논문의 또 다른 저자인 미국 생물학자 브라이언 케네디는 다음과 같이 결론짓는다.[26]

우리의 연구에서 나온 것은 노화를 유발하는 요인들이 매우 복잡하게 얽혀 있으며 건강수명을 연장하기 위해서는 생물학적 시스템이 나이에 따라 변화한다는 사실을 깨닫고, 건강과 질병에 대한 통합적인 접근이 필요하다는 사실을 이해하는 것이다.

또 다른 관점에서, 마드리드의 세베로 오초아 분자생물학 센터의 노랑초파리 전문가인 스페인인 생물학자 히네스 모라타Ginés Morata는 2018년 인터뷰에서 다음과 같이 설명한다.[27]

죽음은 불가피한 것이 아니다. 박테리아는 죽지 않는다. 히드라도 죽지 않으며, 성장해서 새로운 히드라를 만들어낸다. 우리의 생식세포 일부는 아이들에게로 복제되어 영구적으로 존재한다. 그렇기 때문에 우리 각자의 일부가 불멸하는 것이다.

벌레의 한 종류인 선충류의 노화에 관여하는 유전자를 조작해 7배 더 오래 생존한 개체를 만들었다. 만약 우리가 이 기술을 인간에게 적용한다면 우리는 350~400년을 살 수 있을 것이다. 물론 인간을 소재로 연구할 수는 없지만 언젠가 그 수명에 도달할 수 있다는 것은 상상 불가능한 일이 아니다. 오히려 50년, 100년,

200년 후에 무슨 일이 일어날지 상상할 수 없다. 날개가 생겨서 날 수도 있고, 키가 4m나 될 수도 있다. 우리의 미래가 어떻게 될지 결정하는 것은 우리가 될 것이다.

줄기세포와 텔로미어 전문가인 미국 생물학자 마이클 웨스트 Michael West도 동의한다.[28]

인체에 여전히 남아 있는 것은 불멸의 유산, 즉 생식선이라고 불리는 혈통의 세포들이다. 이 세포들은 아기가 아기인 채로 태어나며, 그 아기들이 언젠가 그들만의 아기를 만들 잠재력을 지니고 있다는 사실로 증명된 불멸의 재생 능력을 가지고 있다.

노화의 많은 다양한 이론, 전략, 원인과 근간을 고려한 결과로써 노화란 무엇인가? 권위 있는 브리태니커 백과사전을 살펴보자. 브리태니커는 다음과 같이 정의를 시작한다.[29]

노화는 생물의 순차적 또는 점진적 변화로 인해 쇠약, 질병, 사망의 위험이 증가하는 것이다. 노화는 시간이 지남에 따라 세포, 장기, 또는 전체 유기체에서 일어난다. 그것은 모든 생명체의 성체 수명 전체에 걸쳐 진행되는 과정이다.

노화에 관한 과학이 발달하고 여러 가지 합의가 증가하고 있는 이 시기에 우리가 고려해야 할 두 가지 중요한 사항이 있다.

- 노화는 특정 시기에 점진적으로 발생한다. 따라서 우리는 이를 단계별로 나눌 수 있으며, 손상에도 순차적으로 대응할 수 있다.

- 노화는 오늘날 생물학적으로 '피할 수 없는' 또는 '되돌릴 수 없는' 것으로 간주되지 않고, 오히려 우리가 조작할 수 있는 '유연하고' '탄력적인' 과정이라는 것을 이제 알게 되었다. 이런 의미에서 노화 생물학 편람 또한 그것이 '피할 수 없는' 과정이라고 전혀 언급하지 않으며, 특히 노화하지 않는 세포와 유기체가 존재할 가능성을 인정하고 편람이 손상의 수리 가능성을 언급하듯이, 그 과정을 '되돌릴 수 없다'고 말하지도 않는다.[30]

노화의 과정에 여전히 비밀이 많지만, 이것이 우리가 치료법을 향해 나아가는 것을 막지는 못한다. 때때로 믿기 어려워 보이더라도, 그것을 해결하기 위해 모든 문제를 이해할 필요는 없다. 예를 들어 영국 의사 에드워드 제너Edward Jenner는 네덜란드 과학자 마르티누스 베이예린크Martinus Beijerinck가 1898년에 최초의 바이러스를 발견하고 바이러스학을 창시하기 1세기 이상 전인 1796년에 처음으로 효과적인 천연두 백신을 개발했다.

또 다른 잘 알려진 예는 1903년에 고졸 학력의 미국인 형제 오빌Orville과 윌버 라이트Wilbur Wright가 최초로 하늘을 날았던 경우다. 그 당시 대부분의 전문가가 불가능하다고 생각했을 뿐만 아니라 공기역학 법칙도 잘 파악되지 않았던 때였다. 과학자들이 그들을 이해하지 못했을 뿐만 아니라, 라이트 형제 본인들이 과학 지식과는 거리가 멀었다. 그러나 갈릴레오 갈릴레이가 말했듯이 "그래도 지구는 돈다."

질병으로서의 노화

최근 몇 년 동안 노화와 관련한 우리의 지식에 큰 변화가 있었고, 심지어 노화가 질병이라고 단언하기 시작한 과학자들도 등장했다. 다행히도 이 경우 노화는 치료 가능한 질병이며, 연구를 가속화하기 위해서는 모든 것이 공공 및 정치적 지원에 달려 있지만, 우리는 앞으로 몇 년 안에 치료법을 얻을 것으로 기대한다.

1893년 국제통계연구소에서 프랑스 의사 자크 베르티용Jacques Bertillon이 질병을 분류하는 최초의 국제 목록을 발표했다. 여기에는 파리에서 사용된 분류에 근거한 44개의 '사망 원인 분류'만 포함하고 있었지만, 1900년 사망 원인 분류를 위한 최초의 국제회의가 열렸을 때 200개 가까이 확대되었다. 분류에 대한 이러한 초기 시도들은 제1차 세계대전 이후 국제연맹League of Nations: 유엔의 전신에 의해 처음 채택되었고, 제2차 세계대전 말기에는 WHO가 주체가 되었다.[31]

WHO는 1948년 6차 개정판에 질병의 원인도 처음으로 포함했다. 이 목록은 현재 국제 질병 사인 분류International Statistical Classification of Diseases and Related Health Problems로 불리며, 단순히 국제 질병 분류International Classification of Diseases, ICD라고도 한다. ICD는 질병의 분류 및 부호화 그리고 다양한 징후, 증상, 사회적 상황 및 질병의 외부 원인을 결정한다. 이 시스템은 이러한 통계의 수집, 처리, 분류 및 발표에 대한 국제적 비교를 촉진하기 위해 고안되었다.

가장 최근의 ICD는 2018년 6월에 발표된 11차 개정판인 ICD-11이다.[32] 이전 20년 동안 ICD-10은 일부 국가에서 현지 수정이 이루어지긴 했지만, 국제적으로 인정받는 목록이었다. 2017년 WHO의 공개 제안 기간에 우리를 포함한 여러 전문가가 노화를 질병으로 포함하거나 적어도 과학적 연구를 시작하는 것을 지지했다. 이 노력 덕분에 WHO는 2019~2023년 전반적인 작업 프로그램에 '건강한 노화'를 포함하기로 합의했지만, 아직 노화를 공식 질병으로 포함하지는 않았다.[33]

지난 세기에 질병으로 간주되던 일부 조건들은, 질병이 아닌 다른 조건들이 질병으로 분류된 것과 달리 이제 더는 질병이 아니다. 벨기에의 스벤 불테리즈Sven Bulterijs, 스웨덴의 빅토르 C. E. 비예크Victor C. E. Björk, 영국의 라파엘라 S. 헐Raphaella S. Hull과 에이비 G. 로이Avi G. Roy로 구성된 국제 연구자 그룹은 2015년 과학 전문지 〈프런티어 인 제네틱스Frontiers in Genetics〉에 '생물학적 노화를 질병으로 분류할 때'라는 제목의 논문을 게재했다.[34]

정상으로 간주되는 것과 질병에 걸린 것으로 간주되는 것은 역사적 배경에 강한 영향을 받는다. 한때 질병으로 간주되던 문제들이 더는 그렇게 분류되지 않는다. 예를 들어 흑인 노예들이 농장에서 도망쳤을 때 그들은 '배회증'에 시달린다고 분류되었고, 그들을 '치료'하기 위해 의학적인 처치를 사용했다. 마찬가지로 자위행위는 질병으로 여겨졌으며 클리토리스를 잘라내거나 지지는 등의 치료법을 시행했다. 마지막으로 동성애는 1974년까지만 해도 질병으로 간주되었다. 질병의 정의에 관한 사회적·문화적 영향과 더불어 새로운 과학적·의학적 발견은 무엇이 질병이고 무엇이 아닌지를 수정하게 한다. 예를 들어 열은 한때 그 자체로 질병으로 보였지만. 다른 근원적인 원인이 발열로 나타나는 것이 알려진 뒤에는 질병에서 증상으로 변경되었다. 반대로 골다공증, 고립성 수축기 고혈압, 노인성 알츠하이머병 등 현재 질병으로 인정받고 있는 증상들은 과거에 정상적인 노화의 과정으로 여겨졌다. 골다공증은 1994년에야 WHO에 의해 공식 질병으로 인정받았다.

전통적으로, 노화는 자연적인 과정으로 여겨져 왔고 질병이 아니었다. 이러한 구분은 부분적으로 노화 연구를 독립된 학문으로 확립하는 과정에서 유래되었을 수 있다. 일부 저자들은 본질적인 노화 과정(1차 노화라고 함)과 노년기의 질병(2차 노화라고 함)을 구분하는 데까지 이르렀다. 예를 들어 피부과 전문의는 평생 받은 자외선으로 인해 가속화된 광노화를 병리 현상으로 이어지는 질병으로 판단한다. 이와는 대조적으로, 나이가 들어 생기는 피부 노화는 표준적인 것으로 받아들여진다. 질병과 별개로 보며, 다만 질병 발생의 위험 요인으로 간주할 뿐이다. 흥미롭게도 허친슨-길포드 조로 증후군Hutchinson-Gilford Progeria Syndrome, 베르너 증후군Werner Syndrome, 그리고 선천성 각화 이상증Dyskeratosis Congenita 같은 소위 '가속성 노화 질환'은 질병으로 본다. 즉, 조로증은 질병으로 간주되지만 80세 이상의 사람들에게도 동일한 변화가 발생할 때 그들은 정상적이고 의학적 치료를 받을 필요가 없는 것으로 본다.

연구자들은 생후 1~2년의 아이에게 발생하는 조산과 노화 촉진을 특징으로 하는 매우 희귀한 소아 유전병인 조로증에 관한 구체적인 사례를 언급하고 있다. 이 희귀질환은 신생아 700만 명 중 한 명이 앓고 있다. 조로증은 (LMNA라는 유전자의 돌연변이로 인한) 유전병이기 때문에 언젠가는 유전자 처치법으로 인한 치료법이 나오기를 기대하고 있다. 그러나 현재 이 질환에 대한 치료나 처치법은 없으며, 조로증 환자는 평균 13년밖에 생존하지 못한다(일부 환자는 거의 100세의 얼굴을 가지고 20년 조금 넘게 생존한다).

불테리즈, 비예크, 헐과 로이는 아직 인간에게 수행하지 못하는 대신 동물에게 수행하고 있는 몇 가지 성공적인 조사와 연구를 인용한 논문을 계속해서 쓴다.

"요컨대, 노화는 질병으로 특징지어질 뿐만 아니라, 그렇게 정의하는 게 자연스럽다는 운명론을 거부함으로써, 노화를 제거하거나 노화로 인해 나타나는 바람직하지 않은 상태들을 없애려는 의학적 노력을 정당화시킬 수 있다." 생체의학 연구의 목표는 사람들이 '가능한 한 오랫동안 건강하게 지내도록' 하는 것이다. 노화가 질병으로 인정되면 보조금 지원 기관들이 노화 연구에 대한 자금 지원을 늘리고 노화 과정을 늦출 수 있는 생체의학 절차를 개발할 수 있다. 실제로 엥겔하르트Engelhardt는 어떤 것을 질병이라고 부르는 행위는 의학적 개입에 대한 책임을 수반한다고 말한다. 나아가 질병으로 인정된 질환을 앓고 있는 것은 건강보험 가입자가 치료비를 환급받을 수 있다는 점에서 중요하다.

지난 25년 동안 생체의학자들은 노화의 근본적인 과정을 표적으로 삼아 벌레와 파리부터 설치류, 물고기에 이르기까지 모델생물의 건강과 수명을 개선할 수 있었다. 우리는 이제 선충의 수명을 10배 이상, 초파리와 생쥐의 수명을 2배 이상 지속적으로 향상시킬 수 있으며, 쥐와 송사리의 수명을 각각 30%와 59% 향상시킬 수 있다. 현재 인간 노화의 근본적인 과정에 대한 우리의 치료 선택권은 제한적이다. 그러나 항노화 약품, 재생의학, 정밀의료법의 개발이 진행됨에 따라 우리는 곧 노화를 지연시킬 수 있을 것이다. 마지막으로, 노화를 질병으로 인식하면 항노화 처치법이 미국식품의약국Food and Drug Administration, FDA의 규정상 미용의학에서 질병 치료 및 예방을 위한 더욱 엄격한 규정으로 전환된다는 점에 유의해야 한다.

우리는 노화가 비록 보편적이고 다양한 근원을 가진 질병이라고 해도 노화를 질병으로 보아야 한다고 믿는다. 지금의 의료 시스템은 노화 과정을 노인들에게 영향을 미치는 만성 질환의 근본 원인으로 인식하지 못하고 있다. 이 시스템은 보수적으로 설정되었고, 따라서 미국 건강보험제도의 약 32%가 만성 질환자의 마지막 2년 동안 그들의 삶의 질을 크게 향상시키지 못하고 있다. 현재 우리의 건강 보험 시스템은 재정과 건강 그리고 복지 전망 모두를 지탱할 수 없다. 노화에 관한 연구를 가속화하고, 항노화 약품과 재생 의약품의 개발을 통해 노화 과정을 최소한으로 줄이는 것만으로도 노인의 건강과 복지를 크게 개선하고, 수렁으로 빠져드는 건강보험 시스템을 구제할 수 있다.

몇 달 후, 다른 연구자들이 같은 학술지에 'ICD-11의 맥락에서 질병으로서 노화의 분류'라는 제목의 논문을 썼는데, 다음과 같이 설명하고 있다.[35]

노화를 질병으로 분류하면, 노화를 치료 가능한 상태로 만들기 위한 새로운 접근법과 비즈니스 모델로 이어질 것이며, 이는 모든 투자자에게 경제적 이익과 의료혜택 가져다줄 것이다. (…) 우리는 노화를 치료적 조치와 예방 전략을 촉진하는 ICD 코드를 가진 질병으로 분류하기 위해 WHO와 연계할 특별전문위원회를 구성할 것을 제안한다. 질병의 이름과 코드가 주어진 질환의 존재는 치료, 연구, 보상 방식에 커다란 영향을 미치기 때문에, 특정 질환이나 만성적인 과정을 질병으로 인정하는 것은 제약 산업, 학계, 건강보험 회사, 정책 입안자 및 개인에게 중요한 이정표가 된다. 그러나 질병은 그 상태 및 범위에 대한 모호한 정의 때문에 규정하기가 매우 어려운 일이다. 여기서 우리는 현재의 사회경제적 과제와 최근의 생의학 발전의 배경에서 노화를 질병으로 인정할 경우 얻을 수 있는 잠재적인 이점에 관해 살펴본다.

마침내 WHO는 2018년 ICD-11에 연령 관련 질병의 분류를 승인했지만, 노화 자체는 질병으로 인정하지 않았으며, 현재 ICD-12에서 검토하고 있다. 노화를 질병으로 분류하는 것은 질병 자체를 치유하는 데 크게 기여할 것이다. 또 막대한 자원을 노화의 증상이 아닌 원인에 투입하게 해줄 것이다. 공적 자금과 민간 자금은 결과로서의 질병이 아닌 원인의 치료법에 초점을 맞춰야 한다. 건강하고 젊다는 것의 혜택은 개인이 사회에 미치는 영향에서 배가된다. 그 혜택을 사회 전체로 보면 실로 엄청날 것이다. 노화를 질병으로 치료하면 연구와 자금 지원의 수준이 증가할 뿐만 아니라, 의료, 제약, 보험 산업의 명확한 목표를 파악할 수 있다.

항노화 및 노화 역전 산업이 곧 세계 최대 산업이 될 수 있는 잠재력을 가지고 있으므로 이것은 큰 기회다. 2019년 베스트셀러 《노화의 종말Lifespan: Why We Age–and Why We Don't Have to》의 저자인 호주의 생물학자 데이비드 A. 싱클레어를 비롯해 점점 더 많은 과학자가 노화를 질병으로 간주하기 시작했다.[36]

나는 노화가 질병이라고 생각하며, 치료 가능하다고 믿는다. 나는 우리가 일생에 걸쳐 치료할 수 있다고 믿는다. 그리고 그렇게 함으로써, 인간의 건강에 관해 우리가 알고 있는 모든 것이 근본적으로 바뀔 것이라고 믿는다.

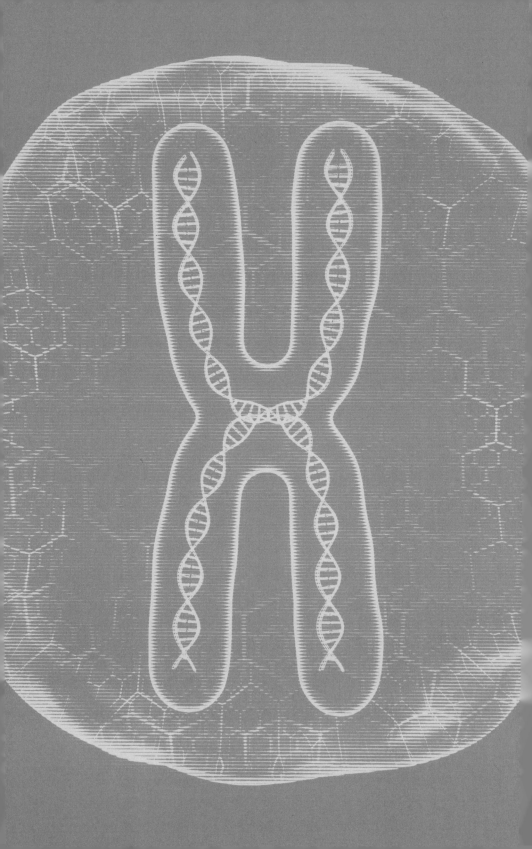

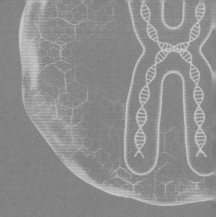

3장

세계 최대의 산업

내가 의회에 제출한 예산에는 미국을 암과 당뇨병과 같은 질병 치료에
더 근접하게 만들고, 잠재적으로 우리 모두가 자신과 가족을 건강하게
유지하는 데 필요한 개인화된 정보에 접근할 수 있도록 하는 새로운
정밀의학 계획이 포함될 것이다.
— 버락 오바마, 2015년

과학이 '수명연장론자'의 열망을 따라잡고 있는 지금, 이것은 우리가
지금까지 본 것 중 가장 커다란 화수분이다. 우리는 장수 혁명을 눈앞에
두고 있다. 앞으로 30년 안에 기대수명은 110~130세까지 늘어날 것이다.
공상과학소설 이야기가 아니다.
— 짐 멜론, 2017년

한 사람의 수명을 2년 연장하는 알약을 만들면,
1,000억 달러 규모의 기업이 될 것이다.
— 샘 알트먼, 2018년

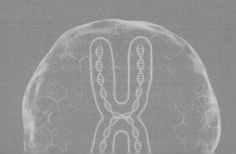

인류의 역사에서 새로운 산업들은 불가능하다고 여겨지는 기술이 현실이 된 덕분에 등장했다. 당대의 '전문가'들은 이들 산업을 불신했고, 산업들은 조롱의 대상이 되었다. 다행히도 이 산업들은 빠르게 성장해 세계 경제의 근간이 되었다. 다음의 발명품 및 발견을 예로 들어보자.

1. 기차
2. 전화기
3. 자동차
4. 비행기
5. 원자력에너지
6. 우주비행
7. 개인용 컴퓨터
8. 휴대전화

'불가능한 것'에서 '필수적인 것'으로

세상은 변하고 우리도 함께 변한다. 앞서 살펴본 여덟 가지 발명으로 인한 각 산업의 시작과 그 시대의 '전문가'들이 한 말을 간략히 살펴 보자.

1. **기차**는 많은 사람이 상상도 할 수 없었다. 일부 사회의 상류층 은 육지에서 말, 물에서 배를 이용할 수 있었지만, 수 세기 동안 인간 은 주로 걸어서 이동했기 때문이다. 19세기 초반 영국에서 몇몇 선구 적인 이들이 기차 개발에 착수했다. 그러자 영국 간행물 〈계간 비평 The Quarterly Review〉은 1825년에 다음과 같이 썼다.[1]

역마차의 2배나 되는 엄청난 속도로 달리는 기관차보다 더 터무 니없는 전망이 있을까?

2. **전화기**는 19세기 후반 스코틀랜드의 발명가 알렉산더 그레이 엄 벨Alexander Graham Bell이 보스턴에서 실험을 시작하기 전까지 대부 분의 사람들에게 상상도 할 수 없었다. 그리고 1876년 당시 세계 최대 전신회사인 웨스턴 유니언Western Union과 영국 우체국의 수석 기술자 인 윌리엄 프리스William Preece 경이 각각 다음과 같은 논평에서 보여 주듯이 전화는 실현 불가능한 것이었다.[2]

이 '전화'는 통신의 수단으로 진지하게 고려되기에는 너무 많은 단점을 가지고 있으며, 본질적으로 우리에게 아무런 가치도 없다.

미국인은 전화가 필요하지만 우리는 그렇지 않다. 우리에겐 많은 배달원이 있다.

3. 상용 **자동차**는 20세기 초반에 유럽과 미국에서 등장했지만, 자동차가 처음 발명되었을 때는 부자를 위한 제품으로 여겨졌다. 미국의 사업가 헨리 포드Henry Ford가 조립공정을 통해 산업 시스템으로 대량 생산하기 전까지는 자동차의 각 부분을 전문적으로 작업하는 기술자들이 한 대의 자동차를 조립했다.

유명한 포드 T 모델이 탄생하면서 자동차 생산량이 증가했고, 그 결과로 가격 인하와 차량 이용의 대중화가 이루어졌다. 그러나 그 당시 사람들의 시각은 포드의 명언으로 요약된다.[3]

내가 사람들에게 무엇을 원하는지 물었더라면, 그들은 더 빠른 말을 원한다고 대답했을 것이다.

4. **비행기** 또한 가능할 때까지 불가능했다. 〈뉴욕 타임스〉의 기사부터 당대 최고 권위를 가진 과학자들의 진술에 이르기까지, 비행이 불가능한 이유를 설명한 '전문가'들의 많은 의견이 있었다. 예를 들어, 켈빈 경Lord Kelvin으로 알려진 스코틀랜드 물리학자이며 수학자인 윌리엄 톰슨William Thomson은 1902년에 다음과 같이 말했다.[4]

어떤 비행기도 실제로 성공하지 못할 것이다. 공기보다 무거운 비행 기계는 불가능하다.

다행히 고등학교 3년만 마친 라이트 형제는 이런 '과학적' 발언들을 무시하고, 1903년 그럭저럭 첫 번째 비행에 성공했다. 첫 비행은 불과 몇 초였고 사람들은 그들을 비웃었지만, 그 시도는 역사가 되었다.

5. **원자력**은 20세기 초반기까지 과학적으로 불가능하다고 여겨졌다. 사실, '원자atom'라는 단어는 정확히 나눌 수 없다(그리스어로 'atomos'는 나눌 수 없다'는 뜻)는 의미다. 1923년 노벨물리학상 수상자인 로버트 앤드루스 밀리칸Robert Andrews Millikan은 1930년 학술지 〈파퓰러 사이언스Popular Science〉에서 다음과 같이 말했다.[5]

어떤 '과학적인 악동'도 원자 에너지를 방출해 세상을 날려버리지는 못할 것이다.

1921년 노벨물리학상 수상자인 알베르트 아인슈타인Albert Einstein도 1932년에 잘못된 예측을 했다.[6]

핵에너지를 얻을 가능성의 징후는 조금도 없다. 원자가 마음대로 산산조각이 나야 가능하다는 의미일 것이다.

최초의 핵분열 실험은 두 명의 노벨상 수상자를 비롯한 많은 과학자가 틀렸다는 사실을 증명하면서 1938년 독일에서 실시되었다. 그러나 최초의 원자폭탄 개발은 1945년 미국의 기밀 프로젝트인 맨해튼 프로젝트Manhattan Project를 통해서였다. 역사의 흐름을 바꾸고 태평양에서 제2차 세계대전을 종식시킨 무기였었다.

6. **우주비행**은 아마도 비행기와 원자력을 합친 것보다 훨씬 더 '불가능'해 보였을 것이다. 20세기 초 지구 안에서조차 비행을 한 사람이 아무도 없었기 때문에, 대기권 밖으로 나가는 것은 더더욱 믿어지지 않는 일이었다. 20세기 초반에는 특히 독일, 미국, 러시아에서 과학자는 물론 초보자에 이르기까지 다양한 사람들이 상상도 할 수 없는 것을 성취하는 일에 전념했다. 그럼에도, 1920년 〈뉴욕 타임스〉의 사설에서 보듯이, 비평가들은 우주로 날아가는 '미친 짓'을 계속 비난했다.[7]

로켓의 선구자인 로버트 H. 고다드Robert H. Goddard 교수는 작용과 반작용의 관계를 알지 못하며, 작용을 위해 진공보다 더 나은 무언가가 필요하다는 사실을 알지 못한다. 말하자면, 그것은 터무니없는 것이다.

제2차 세계대전이 끝나고 냉전이 한창이던 1957년 소련은 최초의 인공위성인 스푸트니크를 발사하는 데 성공했고, 뒤이어 1961년 소련의 우주비행사 유리 가가린Yuri Gagarin이 유인 우주선으로 최초의 궤도 비행을 했다. 6주 후, 미국 대통령 존 F. 케네디John F. Kennedy는 미국이 10년 안에 달에 최초로 사람을 보낼 것이라고 발표했다. 그 당시 우주비행에 대한 과학과 기술의 무지가 엄청났기 때문에, 이는 불가능해 보였다. 하지만 미국 우주비행사 닐 암스트롱Neil Armstrong은 불과 8년 후에 달에 발을 디딘 최초의 인간이 되었다. 그리고 그 유명한 말을 남겼다.[8]

한 인간에게는 작은 한 걸음이지만, 인류에게는 위대한 도약이다.

7. **개인용 컴퓨터**는 5000년 전 메소포타미아에서 발명된 주판의 후예로, 보잘것없는 시작 이후 20세기에 급격하게 발전한 또 다른 기술이다. 보도에 따르면 1943년 IBMInternational Business Machines의 사장 토머스 왓슨Thomas Watson은 다음과 같이 말했다.[9]

내 생각에 세계의 컴퓨터 시장은 다섯 대 규모일 것이다.

왓슨이 실제로 그렇게 말하지 않았더라도, 그 당시 컴퓨터는 놀라울 정도로 거대하고 비싸고 무거운 기계였다. 1949년 미국 최초의 범용 컴퓨터인 에니악ENIAC에 관한 논평에서 〈파퓰러 메카닉스 Popular Mechanics〉 학술지는 이렇게 썼다.[10]

오늘날 에니악과 같은 계산기에는 1만 8,000개의 진공관이 장착되어 있으며 무게가 30톤이지만, 미래의 컴퓨터는 1,000개의 진공관만 갖고 있으며 무게는 1.5톤밖에 되지 않을 것이다.

컴퓨터는 개인 용도로 고안된 것이 아니었고, 개인용 컴퓨터의 개념은 DECDigital Equipment Corporation : 1957년 창업한 미국의 컴퓨터 회사-역주의 공동 창업자인 켄 올슨Ken Olsen조차 상상하기 어려웠다. 그는 1977년에 다음과 같이 공개적으로 말했다.

어떤 개인도 집에 컴퓨터를 둘 이유가 없다.

다행히도, 미국의 과학자이며 사업가인 고든 무어Gordon Moore의 이름을 기리기 위해 명명된 '무어의 법칙' 덕분에, 오늘날 컴퓨터들은 2년 또는 그 이하의 기간에 성능을 2배로 증가시키는 반면, 가격은 계속 하락하고 있다.

8. **휴대전화**는 고정된 전화, 라디오, 개인용 컴퓨터 등 몇 가지 기존 기술의 융합으로 탄생했다. 당시에는 상상조차 수 없는 것들이었지만, 오늘날에는 거의 모든 사람이 원한다면 휴대전화를 가질 수 있다. 오늘날 어린이부터 노인에 이르기까지, 중국과 인도에서 생산되는 단돈 10달러의 매우 값싼 모델에서부터 1,000달러가 넘는 모델에 이르기까지 휴대전화를 가지고 있다.

이제 휴대전화는 더는 '단순한' 전화기가 아니다. 불과 10년 만에 휴대전화는 '스마트'해졌다. 그러나 〈USA 투데이USA Today〉에 따르면, 애플Apple의 아이폰iPhone이 등장해 스마트폰의 대중화를 도왔던 2007년까지만 해도 미국의 사업가 스티브 발머Steve Ballmer, 당시 마이크로소프트 사장은 콘퍼런스에서 이렇게 말했다.[11)]

아이폰이 상당한 시장점유율을 차지할 가능성은 없다.

무어의 법칙 덕분에 휴대전화는 갈수록 점점 더 똑똑해지고 있다. 오늘날의 휴대전화는 엄청난 양의 일을 하고 있는데, 전화 통화는 기능의 극히 일부일 뿐이다. 새로운 애플리케이션, 기기, 장치 덕분에 새로운 휴대전화는 카메라에서부터 첨단 의료 보조 장치까지 다양한 기능을 보유하고 있다. 몇 년 안에 새로운 스마트폰이 초고속 인터넷에 (거의) 무료로 연결되면 인간의 지식에는 한계가 없어질 것이다. 우리는 문명의 시작부터 축적된 모든 지혜의 민주화에 빠르게 다가가고 있다. BBC가 다양한 가능성을 담은 미래 지향적 기사에서 언급한 것처럼, 기술의 엄청난 발전은 통신부터 의학에 이르기까지 모든 분야에 영향을 미치게 될 것이다.[12]

2040년 여름 아침이다. 인터넷은 당신 주변 어디에나 있고, 당신의 하루는 인터넷을 통해 날아가는 데이터 흐름 덕분에 꼭 들어 맞을 것이다. 도시로 가는 대중교통은 지연을 고려해 역동적으로 일정과 노선을 조정한다. 자녀들의 데이터가 쇼핑 서비스에 그들이 원하는 것을 정확히 알려주기 때문에, 당신이 자녀에게 완벽한 생일선물을 사주는 것은 쉬운 일이다. 무엇보다도 지난달에 거의 치명적인 사고를 당했음에도 당신이 살아있는 것은 병원 응급실의 의사들이 당신의 의료 이력에 쉽게 접근할 수 있었기 때문이다.

오늘날 대다수의 사람들이 이런 산업을 현대 문명의 필수적인 요소로 생각한다고 볼 수 있지만, 다른 생각을 가지고 살기에 이런 기술들을 사용하지 않거나 심지어 원하지 않는 그룹이 있다. 예를 들어 북아메리카의 아미시 공동체와 남아메리카의 야노마미 원주민 중 많은 이들은 이러한 기술을 거부한다. 그들은 파푸아뉴기니를 비롯해 세계 곳곳에서 살고 있는 원시 부족들처럼 과거의 세계에서 살고자 한다. 이들 집단은 자신이 원하는 세상에 살 권리가 있지만, 자기 생각을 남에게 강요할 수는 없다. 또한 그들은 우리가 수백만 년 전에 진화해 아프리카 땅을 떠나기 이전부터 호모 사피엔스 사피엔스의 타고난 호기심에서 비롯되는 과학적 발전을 막을 수도 없다.

새로운 산업은 '불가능한 것'으로 태어나 '필수 불가결한 것'이 된다

우리는 기차, 전화기, 자동차, 비행기, 원자력, 우주비행, 개인용 컴퓨터, 휴대전화의 개발에 관한 역사를 통해 얼마나 많은 '전문가'들이 틀린 예측을 했는지 살펴보았다. 라디오, 텔레비전, 로봇, 인공지능, 양자컴퓨터, 나노의학, 분자조립기, 우주기지, 핵융합, 초고속 진공열차, 뇌-컴퓨터 인터페이스, 비동물배양육, 장기 이식, 인공심장, 치료용 복제, 세포와 조직의 냉동 보존, 바이오 프린팅, 그 밖에 21세기 초부터 개발된 많은 기술 목록 등 우리가 인용할 수 있는 사례는 무수히 많다. 그중에서도 가장 매혹적이며, 이 장의 주제가 되는 것은 노화 역전 산업의 탄생이다.

금세기 초부터 노화와 항노화 과정을 더 잘 이해할 수 있게 해주는 과학적 발전 덕분에 20세기까지 과학적으로 '불가능'했지만 21세기 초반에는 드디어 현실이 될 수 있는 산업이 등장하고 있다. 노화는 인류 공통의 적이기 때문에, 우리는 역사상 가장 큰 산업이 될 가능성이 있는 노화 역전 산업에 관해 이야기하고 있다. 노화 관련 질병은 대다수의 사람들, 특히 인구의 약 90%가 노화의 공포에 굴복하는 선진국의 사람들에게 가장 큰 고통을 준다. 노화의 조절 및 역전이 모두 가능하다는 믿을 만한 증거를 이미 확보한 오늘날까지도 이것은 슬픈 현실이다. 개념증명원리 또는 실현 가능성을 입증하는 일로, 신제품이나 신기술의 검증에 이용된다-역주은 세포, 조직, 장기 신체 일부뿐만 아니라 효모, 선충, 파리 및 생쥐와 같은 모델 생물에 이미 존재한다.

우리는 인류 최대의 비극을 종식시키기 위한 과학적 기회와 윤리적 책임을 처음으로 갖게 된 역사적인 순간에 살고 있다. 오늘날 우리는 노화의 치료가 가능하다는 것을 알고 있는 한편, 그것이 쉽지 않을 것이라는 사실도 알고 있다. 우리는 여전히 배우고 찾아내야 할 것이 많으며, 모든 종류의 자원(인적, 과학적, 경제적)을 엄청난 물량으로 쏟아부어야 할 것이다. 미래의 모든 문제들—그들 중 많은 것들은 여전히 예상하기 어렵고 심지어 예측할 수 없는 문제들이다—에도 불구하고, 오늘날 우리는 마침내 터널 끝에 이르렀음을 알 수 있다.

영국의 기업가 짐 멜론과 알 찰라비Al Chalabi는 2017년 《노화 역전：장수 시대의 투자Juvenescence：Investing in the Age of Longevity》라는 선구적인 저서를 출간했다. 이 책에서 저자들은 향후 20년간 평균 수명이 110~120세로 증가하고, 그 뒤에는 더 급격히 증가할 것이라고 주장한다. 그들의 주장처럼, 출생-공부-일-은퇴-죽음이라는 낡은 패러다임은 우리가 끊임없이 자신을 재창조하는 장수 시대로 대체될 것이다.[13]

저자들은 '장수가 날아오른다'라는 제목의 서문으로 책을 시작하는데, 이 서문에서 1세기 전의 항공산업과 오늘날의 노화 역전 산업을 비교한다.

1세기 전 항공기술과 마찬가지로 항노화 과학도 곧 날아오를 것이다.(…)

윌리엄 보잉William Boeing이 두 개의 좌석을 가진 첫 비행기를 만든 지 100년이 조금 넘었을 뿐이며, 라이트 형제가 키티호크에서 첫 비행으로 역사를 만든 지 겨우 120년 정도밖에 되지 않았다. 1915년에 살고 있다고 상상해보라. 우리 중 누구라도 단 100년 후에 비행기가 이렇게 발전한 모습인 것을 믿을 수 있었을까? 십중팔구 아니다. 그러나 정말 중요한 것은 1915년에 항공기가 날 수 있는 메커니즘이 발견되었고, 그 이후로는 비행할 수 있는 기계의 설계와 능력이 향상될 수밖에 없었다는 것이다.

지식은 일단 알게 되면 배우지 않을 수 없으며, 때때로 전쟁이나 기근, 전염병 등으로 인해 인간의 발전이 방해받음에도 불구하고, 오늘날 우리가 2년마다 질적으로는 아니더라도 양적으로 2배로 증가하는 지식의 거대한 정보 저장소 위에 앉아 있다는 것은 그야말로 놀라운 일이다. 물론 이러한 '지식'의 상당 부분이 그다지 유용하지는 않지만, 인터넷이 과학 데이터의 전송과 사용에서 엄청난 개선을 가져왔으며, 이것이 인류의 이익으로 연결된다는 점에는 의심의 여지가 없다.

과학기술의 축적된 지식이 항공 분야에 적용된 것과 같은 일이 노화와 장수 분야에서도 일어날 수 있다. 제2차 세계대전 전까지 노화는 기껏해야 공상과학의 영역에 머물렀으며, 이 공상과학의 영역을 넘어선 극소수의 사람들만이 인류의 대부분이 100세를 훨씬 넘게 살 것이라고 상상할 수 있었기 때문이다.

21세기 초에 인간 게놈이 공개되고 그보다 약 50년 전에 DNA의 구조가 발견되었기 때문에, 현재의 과학자들은 인간의 유전적 구조를 잘 이해하고 있다. 노화 연구자들은 이제 두 가지 핵심 쟁점과 씨름하고 있다.

1. 노화에 따라 더욱 만연하는 치명적인 질병을 어떻게 치료하고 완화시키는가?
2. 노화 자체를 단일 질병으로 어떻게 연구해야 하는가?

우리가 노화 과정을 늦추거나 멈추거나 심지어 되돌릴 수 있는지 이해하기 위해 현재 세포가 작용하는 방식을 조사하고 있다. 노화와 관련된 여러 경로가 있으며, 이를 발견하고 변화시키는 과학은 아직 초기 단계에 있지만 폭발적으로 성장하고 있는 분야다.

과학적 항노화 산업 생태계 등장

과학적 항노화 및 노화 역전 산업은 이제 겨우 시작되었다. 불행히도 수십 년, 수 세기, 수천 년, 심지어 그 이전에도 지속되고 살아남는 유사과학 산업이 오랫동안 존재해왔다. 기적의 물약, 환상적인 알약, 놀라운 로션, 마법의 크림, 기원과 기도는 태곳적부터 존재해왔으며 앞으로도 오랫동안 지속될 가능성이 크다. 다만 우리는 급격한 기술적 발전 덕분에 과학의 빛이 유사과학의 어둠을 밀어내기를 바란다.

이를 위해서는 인류의 첫 번째 위대한 꿈인 불멸(실제 나이를 잊고 평생을 젊게 사는 것)을 이루기 위해 열심히 노력하고 있는 과학자들의 연구를 뒷받침해야 한다. 이 기본 아이디어는 과학적으로나 윤리적으로 모든 인류의 커다란 적인 노화를 오늘날 인류가 받는 고통의 가장 큰 원인으로 정의하고 확실히 무찌르는 것이다.

이 주제에 관한 가장 유명한 과학자 중 한 명은 앞서 언급한 조지 처치 하버드 의과대학 유전학 교수다. 처치는 인간 게놈 프로젝트, 인간의 뇌가 어떻게 연결되어 있고 어떻게 작동하는지 이해하기 위한 브레인BRAIN, Brain Research through Advancing Innovative Neuro technologies: 혁신적인 신경 기술을 통한 뇌 연구 프로젝트와 같은 중요한 연구에 참여했으며, 멸종된 매머드의 유전자를 아시아 코끼리 게놈으로 복사하는 등 많은 프로젝트에 관여해왔다. 처치는 자신의 연구 결과를 인간에게 적용하기 위해 리주비네이트 바이오Rejuvenate Bio에서 개를 대상으로 실험하는 등 동물의 노화 역전을 위해 노력하고 있다.14) 처치는 〈워싱턴 포스트Washington Post〉에서 유전자 가위 크리스퍼를 비롯한 유전자 치료의 발전 덕분에 다음과 같이 말할 수 있었다.15)

예정된 계획은 낭포성 섬유증 같은 희귀질환뿐만 아니라, 노화와 같이 누구나 겪게 되는 질병을 치료하기 위해 모든 사람들이 유전자 치료를 받는 것이다.

지금 인류의 가장 커다란 경제 재앙 중 하나는 고령화다. 우리가 은퇴를 없애면, 세계의 경제를 바로잡기 위한 수십 년을 벌 수 있다. 백발이 성성한 노인들이 다시 일터로 돌아가 건강하고 젊다고 느낄 수 있다면, 우리는 역사상 가장 큰 경제 재앙 중 하나를 막을 수 있다.

더 젊은 사람이 당신을 대신해야 하는데, 그것이 당신인 것이다. 나는 기꺼이 그렇게 할 것이다. 나는 기꺼이 더 젊어질 것이다. 어쨌든 나는 몇 년마다 내 자신을 재창조하려고 노력한다.

이러한 주제에 전념하는 또 다른 과학자는 미국의 생화학자, 유전학자, 사업가로 셀레라 게노믹스Celera Genomics 사를 창업한 크레이그 벤터다. 그는 1999년 공공 예산의 지원 없이 게놈 서열 해독을 훨씬 더 빠르고 저렴하게 끝낼 수 있는 진보된 기술을 이용해 자신의 인간 게놈 프로젝트를 수행해 세계적으로 유명해졌다. 벤터는 또한 2010년 인공 생명체를 만들기 위해 박테리아의 게놈을 다시 쓰고 변형해 최초의 인공 박테리아를 만들어 주목받았다. 그는 그 당시에 이 박테리아를 '지구상에서 처음으로 컴퓨터를 부모로 둔 자가복제종'이라고 설명했다. 이 합성 박테리아synthetic bacterium는 이후 실험실에서 게놈을 인공적으로 재구성했다는 점을 기념하기 위해 신시아Synthia라고 명명되었다.

한편 벤터는 2014년에 인공지능과 딥러닝deep learning 기법의 지원을 받아 개인의 게놈 등 의료 자료를 분석해서 건강한 삶을 연장한다는 목표를 가지고 인간장수주식회사Human Longevity Inc., HLI를 공동 창업했다. 싱귤래리티 대학교의 공동 설립자 레이 커즈와일뿐만 아니라 HLI 공동 창업자인 피터 디아맨디스Peter Diamandis도 기술 발전 덕분에 인류의 생명이 급격히 연장되어 "죽을 필요가 없는" 시대가 곧 올 것이라고 말했다.16) HLI의 계획은 다음과 같다.17)

노화는 모든 인간 질병의 단일한 위험 요소 중 가장 큰 원인이며… 우리의 목표는 건강을 유지하고 수명을 최대한 연장시키며 노화의 양상을 바꾸는 것이다. 처음으로 인간 유전체학의 가능성, 정보학, 차세대 DNA 염기 서열화 기술, 줄기세포 발전이 이들 분야의 선구적 개척자들과 함께하는 회사 HLI에서 활용되고 있다. 우리의 목표는 의학의 실행 방식을 바꿈으로써 노화라는 질병을 해결하는 것이다.

벤터의 연구팀은 2016년에 유전자를 473개 가진 박테리아 게놈을 합성하는 데 성공했다. 이것은 전적으로 인간이 창조한 최초의 생명체로, 실험실에서 탄생했다는 의미의 미코플라스마 라보라토리움 Mycoplasma laboratorium으로 명명되었다. 이러한 연구가 약품이나 연료를 생산하는 데 필요한 특정 반응을 일으키도록 조작된 박테리아의 개발로 이어지기를 바란다. 또한 합성생물학의 이런 발전 덕분에 개인 맞춤형 의약품이 만들어질 것으로 기대된다.

벤터는 두 권의 책을 썼다. 첫 번째 책은 인간 게놈의 순서, 특히 자신의 게놈에 관한 것이며, 두 번째 책은 과학적 개척의 새로운 지평선을 다루는 《빛의 속도에서의 삶: 이중 나선 구조로부터 디지털 생명의 여명까지Life at the Speed of Light: From the Double Helix to the Dawn of Digital Life》다. 이 책은 '삶이란 무엇인가?'라는 오랜 질문에 관해 다시 한번 성찰하고, 인공생명을 창조한 최초의 인물 관점에서 '신의 역할을 하는 것'이 진정으로 무엇을 의미하는지 살펴보는 기회를 제공한다. 벤터는 유전공학의 새로운 시대와 생명 자체의 디지털화로부터 나오는 기회의 여명기를 이끄는 선구자다.[18]

또 다른 노화 전문가인 신시아 케니언Cynthia Kenyon은 미국의 분자생물학자이자 생물 노화학자로, 생물학에서 가장 널리 사용되는 모델 생물 중 하나인 (선충으로 더 잘 알려진) 예쁜꼬마선충의 노화를 이해하기 위한 유전자 연구로 잘 알려져 있다. 현재 칼리코의 노화 연구 담당 부사장인 그녀에 대한 다음과 같은 언급이 있다.[19]

1993년, 단일 유전자 돌연변이가 건강하고 생식력을 갖춘 선충의 수명을 2배로 늘릴 수 있다는 케니언의 선구적인 발견은 노화의 분자생물학에 관한 집중적인 연구를 촉발했다. 그녀의 연구 결과는, 일반적인 믿음과 달리 노화가 완전히 우연한 방식으로 '그냥 일어나지' 않는다는 것을 보여주었다. 오히려 노화의 속도는 유전적으로 조절된다. 사람을 비롯해 모든 동물은 세포와 조직을 함께 보호하고 복구하는 하위 유전자를 조정함으로써 노화에 영향을 미치는 조절 단백질을 갖고 있다. 케니언의 연구 결과는 보편적인 호르몬 신호 전달 경로가 인간을 포함한 많은 종의 노화 속도에 영향을 미친다는 사실을 깨닫게 해주었다. 그녀는 많은 장수 유전자와 그 경로를 밝혀냈으며, 신경세포와 생식세포가 동물 전체의 수명을 조절할 수 있다는 것을 처음으로 발견했다.

케니언은 자신의 연구를 바탕으로 강력한 주장을 펼쳤으며, 〈샌프란시스코 게이트San Francisco Gate〉와의 인터뷰에서 설명했듯이 생물학적 불멸의 가능성까지 제기했다.[20]

원칙적으로 물건을 복구하는 메커니즘을 이해한다면 그것을 무한정 유지할 수 있다.
나는 '불멸'이 가능할 수도 있다고 생각한다. 그 이유는 다음과 같다. 어떤 의미에서 세포의 수명은 파괴의 힘과 예방·유지·복구의 힘인 두 벡터의 적분이라고 생각할 수 있다. 동물 대부분에서 여전히 파괴가 우위를 점하고 있다. 여기에 유지에 관한 유전자를 약간만 부딪쳐보면 어떨까? 유지 수준을 조금만 더 높이면 된다.

훨씬 더 높을 필요는 없다. 파괴력을 상쇄할 정도만 높이면 된다. 그리고 생식세포는 불멸이라는 점도 잊지 말자. 따라서 적어도 원칙적으로는 불멸이 가능하다.

케니언은 '노화의 마지막 개척지'라는 제목의 논문에서 다음과 같이 설명한다.[21]

사람들은 수명을 연장하기 위해 근육의 강도, 주름, 치매 등에 영향을 미치는 유전자를 포함해 많은 유전자가 바뀌어야 한다고 생각할 수도 있다. 그러나 벌레와 생쥐를 대상으로 한 연구에서 상당히 놀라운 사실을 발견했다. 일부 유전자의 변형으로 한꺼번에 특정 동물 전체의 노화를 늦출 수 있다.

케니언을 포함해 처치와 벤터는 권위 있는 기관에서 항노화 및 노화 역전 문제를 연구하면서 이런 주장을 공개적으로 펼치는 것을 두려워하지 않는 과학자들이다. 앞서 언급한 포르투갈의 미생물학자 주앙 페드로 데 마갈량이스와 같은 새로운 세대의 과학자들이 그들의 뒤를 따르고 있다.[22]

장수와 관련된 많은 과학 연구 프로젝트 가운데 마갈량이스는 그린란드 고래 게놈의 염기서열을 분석했으며, 벌거숭이두더지쥐의 게놈 분석에도 기여했다. 두 포유류 모두 수명이 매우 길고 암에 대한 저항력이 뛰어나다. 그는 자신의 웹사이트에 다른 사람들에게 동기를 부여할 수 있는 글을 남겼다.[23]

나는 senescence.info를 통해 사람들에게 노화 문제를 인식시키고자 한다. 노화는 당신과 당신이 사랑하는 사람들을 죽일 것이다. 위대한 예술가, 과학자, 스포츠맨, 사상가들이 죽는 주된 이유이기도 하다. 우리 사회와 종교는 노화와 죽음의 필연성을 받아들이도록 만든다. 만약 사람들이 죽음에 관해, 그리고 그것이 얼마나 끔찍한지 더 많이 생각한다면, 죽음을 피하기 위한 생의학 연구에 더 많이 투자하며, 특히 노화를 이해하는 데 더 큰 노력을 기울일 것이라고 믿는다.

더 젊은 세대 중에는 뉴질랜드 태생의 미국 과학자이며 투자자인 로라 데밍Laura Deming이 있다. 1994년 뉴질랜드에서 태어난 그녀는 집에서 부모님에게 교육을 받았다. 여덟 살 때 그녀는 노화라는 주제에 관심을 갖게 되었고, 열두 살 때 유전공학을 통해 선충의 수명을 10배로 증가시킨 신시아 케니언의 캘리포니아 연구실에서 인턴으로 일하기 시작했다. 열네 살에 MIT에 입학했지만 2011년에 중퇴하고 10만 달러를 스타트업 자금 지원하는 피터 틸의 첫 수혜자 중 한 명이 되었다.[24]

데밍은 노화와 수명 연장에 초점을 맞춘 벤처 캐피털인 장수펀드 The Longevity Fund의 협력자이며 설립자다. 그녀는 과학이 인간의 생물학적 불멸을 이루기 위해 사용될 수 있다고 믿으며, 노화를 끝내는 것이 '생각보다 훨씬 더 가까운 일'이라고 말했다. 그녀의 회사 웹사이트에도 그렇게 적혀 있다.[25]

장수에 투자하기:

20세기에, 우리는 건강한 수명이 가변적이라는 것을 배웠다. 이러한 효과의 이면에 있는 과학적 경로들은 믿을 수 없을 정도로 복잡하고 정확하게 통제하기 어렵지만, 그것들을 조작하는 것은 노화 관련 질병의 새로운 치료법으로 이어질 수도 있다. 우리는 가능한 한 빨리 이러한 치료적 발전을 환자에게 안전하게 적용하기를 원한다.

장수펀드는 5억 달러 이상의 후속 자금을 모았으며, 그 결과 2018년에는 노화 관련 질병을 되돌리기 위한 최초의 기업이 기업공개IPO, initial public offering를 하고, 노화 관련 질병을 되돌리거나 예방하기 위한 여러 프로그램이 임상에서 시행되고 있다.

마갈량이스와 데밍은 연구자들의 경력이나 과학적 신뢰도를 파괴할 수 있기에 금기시되는 주제인 항노화 및 노화 역전을 다루는 데 주저하지 않고 더 많은 연구를 진행함으로써 마법의 항노화나 기적적인 노화 역전을 주장하는 유사과학 지지자의 오명을 벗은 훌륭한 사례다.

과학과 과학자, 투자 유치와 투자자

최근 수십 년 동안 과학의 발전은 더 많은 연구비를 필요로 하게 되었고 이를 위해 투자자들을 끌어들이기 시작했다. 이제 과학과 과학자들이 실질적인 결과를 얻기 시작했으므로, 비록 벌레나 생쥐와 같은 생물 수준이라고 하더라도 운명의 수레바퀴가 구르기 시작했다. 또는 루비콘강을 건널 때 로마의 카이사르Caesar가 말한 것처럼 "주사위는 던져졌다!"

공공 투자와 함께, 우리는 더 많은 연구를 수행하기 위해 민간 투자를 모색해야 하며, 곧 동물에서 긍정적인 결과를 얻어 최초의 인간 임상시험을 할 수 있기를 바란다. 그 결과 경제에서 가장 큰 시장을 차지하고, 죽음의 필연성 이전과 이후로 인류 역사를 변화시킬 잠재력을 가지고 있는 항노화 및 과학적 노화 역전 산업이 탄생할 것이다.

몰도바의 드미트리 카민스키Dmitry Kaminskiy는 노화 역전 기술 개발을 가속화해 상용화를 목표로 하는 세계적 선도 기업 롱제비티 인터내셔널Longevity International을 이끌고 있다.

그들은 다른 기관들(현재 영국에 기반을 노화분석기관Aging Analytics Agency, 생물공학연구재단Biogerontology Research Foundation 및 심층지식생명과학Deep Knowledge Life Sciences)과 협력을 시작한 뒤 2014년부터 시간이 지남에 따라 성장, 개선 및 증가된 인상적인 일련의 보고서를 발표하고 있다. 현재 이 보고서는 영어로만 제공되지만, 2013년에 발간이 시작된 이래로 업계의 발전을 이해하고자 하는 모든 사람에게 필수적인 자료다.[26] 그중에서도 특히 2017년에 발표된 보고서는 장수 산업을 다루고 있는데, 개요를 잠깐 살펴보자.[27]

특히 생명공학과 항노화 과학은 바야흐로 건강 관리에서 항생제, 현대분자약리학, 녹색혁명의 출현보다 인간의 상태를 더 심도 있게 개선할 수 있는 정보과학으로 변화시킬 과학의 '캄브리아기 대폭발'에 들어서고 있다. 이 중요한 진화적 전환점이 언제 찾아올지, 또 나를 포함한 사람들이 이러한 혁신의 혜택을 받을 수 있을 만큼 오래 살 수 있을지는 오늘날 과학 및 투자자들의 선택에 달려 있다.

보고서는 대형 공기업과 민간 기업, 항노화 및 노화 역전 기술을 연구하는 스타트업, 연구센터, 재단, 대학교의 종합적인 분석을 포함해 기업 차원의 장수 상황에 대한 종합적인 개요를 보여준다. 롱제비티 인터내셔널의 상호적 시스템은, 예를 들어 국제 투자 흐름 관찰, 과학자와 투자자 간의 연결에 관한 연구, 증가하는 국제 데이터베이스에서 빅데이터의 사용, 특정 관심사를 가진 네트워크 생성, 서로 다른 기관 간의 연결 지도 생성, 집단과 군집의 시각화 등 다양한 유형의 분석을 가능하게 한다.

일반 과학 전망 및 이와 관련된 잠재적 사업의 전망도 얻을 수 있다. 이 보고서에는 앞서 언급한 조지 처치, 오브리 드 그레이, 주앙 페드로 데 마갈량이스, 신시아 케니언 등의 선도적 과학자들과, 제프 베이조스, 드미트리 카민스키, 짐 멜론, 피터 틸 등의 주요 투자자 및 세르게이 브린, 래리 엘리슨, 레이 커즈와일, 래리 페이지, 크레이그 벤터 등 주요 인플루언서 리스트가 포함되어 있다. 또한 일반적으로 '항노화 과학'과 관련된 콘퍼런스, 도서, 간행물 및 행사 리스트도 포함하고 있다. 세계경제포럼World Economic Forum과 영국의 경제 전문지 〈이코노미스트Economist〉가 여러 가난한 나라에도 해당되는, 인간의 고령화로 인해 다가올 심각한 경제 위기를 해결하기 위해 노화 및 노화 방지 가능성을 주제로 한 행사를 조직하기 시작했다는 점을 언급할 만하다.

또한 롱제비티 인터내셔널의 첫 보고서는 노화의 원인이 아닌 결과에 대응하는 데 드는 천문학적 비용도 지적한다. 예를 들어 암 치료 비용은 전 세계적으로 연간 약 9,000억 달러이며, 그다음으로 치매는 8,000억 달러, 심혈관 질환은 5,000억 달러, 그리고 다른 노화 관련 질병의 경우 수천억 달러가 된다. 보고서는 보건 시스템이 건강 관리에서 질병 관리, 그리고 기본적으로 노화질병 관리로 바뀌었다고 설명한다.

롱제비티 인터내셔널은 활동을 계속하면서, 2018년에 장수 산업에 관한 보고서 세 개를 추가했다. 그중 첫 번째 보고서는 재생의학, 유전자 치료법, 노화 생체표지자bio-marker: 단백질이나 DNA, RNA, 대사물질 등을 이용해 몸 안의 변화를 알아낼 수 있는 지표-역주, 줄기세포 치료법, 항노화 기능식품, 장수를 위한 인공지능 및 블록체인, 새로운 규제 시스템까지, 기술적인 부분에 초점을 맞추고 있다. 두 번째 보고서는 전 세계의 노화 관련 지역 격차를 살펴본다. 마지막 보고서는 은퇴자가 증가하면서 직장 생활과 은퇴 후 생활의 격차와 다가오는 고령화 위기에 대한 재정적 해결책을 제시한다. 오늘날의 보험과 연금 제도는 실업 연수와 막대한 의료 비용의 격차에 대처할 준비가 되어 있지 않다. 노화 산업을 이용하고, 세금 격차를 해소하고, 인간의 노화를 역전시키기 위해서는 새로운 전략과 금융상품이 필요하다. 벤처 캐피털 펀드, 헤지 펀드, 신탁 펀드 등 새로운 제도들이 향후 수년간 노화 역전 및 새로운 경제로의 전환을 위한 자금 조달을 목적으로 제안되고 있다.

한편 2020년과 2021년의 보고서에서는 인류 역사상 가장 크고 복잡한 산업으로서의 장수 산업에 대한 정의를 내리고 장수의 열쇠가 되는 생체표지자에 관해 정리했다.

이 모든 보고서에는 엄청난 양의 데이터가 포함되어 있으며, 이

를 더 빠르고 저렴하고 효율적으로 분석하기 위해 인공지능이 필요할
것이다. 롱제비티 인터내셔널 웹 플랫폼은 글로벌 장수 생태계를 모
니터링하기 위해 정보를 지속적으로 업데이트한다. 이 웹사이트는 데
이터를 분석하고 2022년 초까지 2만 개 이상의 기업, 9,500명 이상
의 투자자, 1,000개 이상의 연구개발센터가 담긴 '마인드맵'을 만들었
다. 이것은 불과 10년 전에는 거의 존재하지 않았던 생태계의 놀라운
성장을 보여준다. 이제 국가, 지역, 기업, 수익, 자금, 투자자, 정부기관,
연구개발센터, 기술 부문, 금융 부문, 개인정보 등으로 정보 검색이 가
능해졌다.28)

장수 산업의 놀라운 성장을 모니터링하기 위해 2020년 7월에
창간한 웹 출판물 〈장수 시장 시가총액 뉴스레터Longevity Market-cap
Newsletter〉에 따르면, 2021년에 공시된 자금 기준으로 총 30억 달러의
자금이 조달되었다. 또 1억 달러 이상의 신규 벤처 투자 다섯 건을 발
표하는 등 10년 만에 놀라운 성장을 이루었다.29)

2011년 로라 데밍은 400만 달러를 모금해 최초의 장수 캐피털
펀드를 설립했다. 10년 뒤인 2021년에만 카이주 테크놀러지 캐
피털Kizoo Technology Capital을 포함한 다섯 개의 벤처 펀드나 벤처
빌더가 각각 1억 달러 이상의 신규 펀드와 공약을 발표했다.

또한 비타다오VitaDAO가 이더리움Ethereum에서 500만 달러를 모
금한 것도 언급할 가치가 있다. 이는 장수 연구에 자금을 지원하고 상
용화하기 위해 탈중앙화 기술인 웹 3.0이 중요한 이정표가 되어준다
는 방증이다.

제프 베이조스, 유리 밀너 등이 참여한 알토스 랩스의 2021년 자금 조달과 거래소 플랫폼 코인베이스Coinbase의 창업자이자 CEO인 브라이언 암스트롱Brian Armstrong이 투자한 뉴 리미트New Limit를 포함해 현재 수십억 달러가 장수에 쏟아지고 있다. 이러한 투자는 장수 산업에 자금을 조달하기 위한 암호화폐의 등장을 의미하며, 비트코인Bitcoin에 이어 두 번째로 큰 암호화폐인 이더리움의 러시아-캐나다 공동 설립자인 비탈릭 부테린Vitalik Buterin을 포함해 많은 부자들이 암호화폐를 이용해 건강과 장수에 투자하고 있다.

장수 산업은 금세기 초 수백만 달러에서 오늘날 수십억 달러로, 2030년대와 2040년대에는 확실히 수조 달러로 성장할 것이다. 독일의 인터넷 기업가이자 영원한 건강 재단Forever Healthy Foundation의 설립자인 마이클 그레베Michael Greve가 2021년 〈레드 불Red Bull〉과의 인터뷰에서 설명했듯이, 이것은 곧 세계 역사상 가장 큰 산업이 될 것이다.[30]

나는 컴퓨터가 없던 시대에서 컴퓨터의 시대로 전환되는 모습, 인터넷, 모바일, 클라우드 서비스의 출현, 그리고 우리의 세상을 완전히 변화시킨 이 모든 것들을 보았다. 노화 혁명은 이러한 디지털 혁명과 비슷하지만 훨씬 더 큰 변화가 될 것이다. 노화 역전은 우리 역사상 가장 근본적인 변화가 될 것이다. 이것이 역사상 가장 큰 사업이라는 사실을 깨닫기 위해 필요한 것은 약간의 수학이다. 전 세계에 40대 이상인 40억 명의 사람들이 있고, 그들이 한 달에 10달러씩 장수에 투자한다면, 매년 4,800억 달러가 된다. 보통 시가총액이 매출의 10배라는 점을 고려하면 이는 5조 달러의 기업 가치라고 말할 수 있다. 이것이 장수 산업의 크기이며, 우리는 단지 하나의 근본 원인에 관해 이야기하고 있을 뿐이다.

글로벌 차원에서는 이미 과학, 금융, 기업, 정부 등 국내외 선도자들이 협업하는 장수 생태계가 새롭게 등장했다. 우리는 지역 차원에서 세계적인 차원으로 전환하고 있으며, 변화의 속도는 선형에서 기하급수적으로 흐르고 있다. 아직은 취약한 이 생태계를 세계 최대의 산업, 즉 죽음의 죽음으로 우리를 이끌 산업으로 기하급수적으로 성장시키기 위해 노력해야 할 때다.

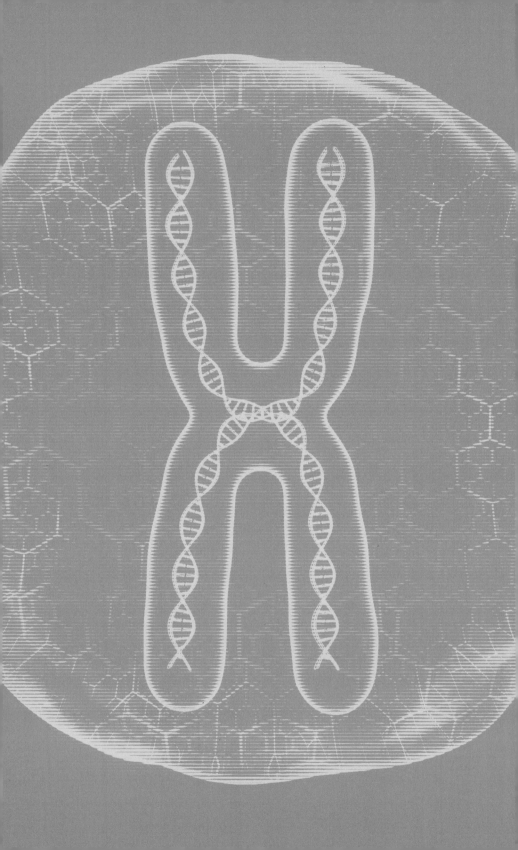

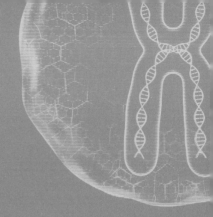

$$\boxed{4장}$$

선형적 세계에서 기하급수적인 세계로

———

우리는 단기적으로는 신기술의 영향을 과대평가하는 경향이 있지만,
장기적으로는 그것을 과소평가한다.
— 로이 아마라의 법칙, 1970년

2029년이 되면 우리는 수명 탈출 속도에 도달할 것이다.
— 레이 커즈와일, 2017년

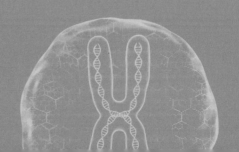

인류가 시작된 이래 과학기술은 변화와 혁신을 위한 주요 촉매제였다. 과학과 기술은 인간이라는 종과 다른 동물을 구별하는 기준의 하나다. 불, 바퀴, 농업 및 글쓰기와 같은 발명품, 창조물과 발견은 호모 사피엔스 사피엔스의 발전을 아프리카 사바나에 있는 원시 조상으로부터 최초의 우주비행에 이르기까지 가능하게 했다. 기하급수적 변화 덕분에 우리는 곧 인간의 노화를 조절하고 되돌릴 수 있을 것이다.

농업혁명은 약 1만 2,000년 전 인류 최초의 위대한 혁명이었다. 산업혁명은 인쇄술의 발명과 사회의 산업화를 가능하게 한 과학적인 발전 이후에 일어났다. 오늘날 우리는 정보혁명, 지식혁명, 4차 산업혁명 등 많은 이름을 얻은 혁명인 인류의 세 번째 혁명 시대를 살고 있다.

싱귤래리티 대학교의 공동 설립자 겸 구글의 기술 책임자인 레이 커즈와일 같은 미래학자들은 세계가 과학기술의 인상적인 기하급수적 발전 덕분에 인간이 훨씬 더 발전하는 시대를 향해 빠르게 나아가고 있다고 말한다. 이러한 근본적인 변화는 유인원에서 인간으로의 진화라는 엄청난 변화와 유사할 수 있는 '기술적 특이점'으로 설명되어 왔다. 우리는 수명 연장뿐만 아니라 삶의 확장에서도 계속 전진할 것이다.

과거에서 미래로

18세기까지 인류는 영국의 성직자이며 경제학자 토머스 로버트 맬서스Thomas Robert Malthus가 묘사한 이른바 '맬서스 덫'에 의해 제한되었다. 1798년 맬서스는 자신의 저서 《인구론Essay on the Principle of Population》를 출판했는데, 이 책에서 그는 '공간과 식량을 위한 끊임없는 투쟁'을 설명하며 다음과 같은 결론을 내렸다.[1]

> 인구는 억제하지 않으면 기하학적으로 증가한다. 생계는 산술적 비율로만 증가한다.
> 이것은 생계가 어려운 상황에서 인구에 대한 강력하고 지속적인 억제 정책이 필요하다는 의미다. 이런 어려움은 어딘가에 있으며 반드시 인류의 대다수가 심각하게 느껴야 한다.

그의 이론은 오늘날 맬서스주의Malthusianism로 알려져 있으며, 가장 현대적인 형식은 신맬서스주의Neo-Malthusianism다. 맬서스주의는 산업혁명 기간에 개발된 인구통계학적, 경제적, 사회정치적 이론으로, 인구 증가율은 기하학적으로 진행하는 반면, 생존을 위한 자원의 증가율은 산술적 발전으로 진행한다는 것이다. 맬서스에 따르면 이러한 이유로 기아, 전쟁, 전염병 등 억제력 있는 장애물이 없는 상황에서 새로운 생명의 탄생은 인류의 점진적인 빈민화를 증가시키고 (맬서스식 재앙이라고 불리는) 멸종을 유발할 수 있다. 맬서스가 산술적 증가라고 부르는 것은 오늘날 일부 사람들이 선형적 증가라고 부르는 것이며, 기하학적 증가는 현재의 기하급수적 증가라고 할 수 있다.

맬서스가 자신의 대표작을 집필하던 18세기 말에 영국의 인구는 아직 1,000만 명이 되지 않았지만, 그는 그 당시 인구가 너무 많아서 인구 과잉 상태라고 확신했다. 영국에서 산업혁명이 막 시작되던 그 당시에 그의 주장은 매우 커다란 영향을 주었기 때문에, 영국 정부는 역사상 최초로 현대적 인구 조사를 시행하기로 했다. 인구 조사 결과, 1801년 영국과 웨일스에 890만 명, 스코틀랜드에 160만 명, 총 1,050만 명의 인구가 있는 것으로 추산되었다. 또 1804년 세계 인구는 10억 명에 달할 것으로 추정되었다.

맬서스에게 이러한 수치들은 너무 많아 보였고, 그 당시 세계의 낮은 기술 수준을 고려하면 그의 생각이 그 시대에는 옳았을지도 모른다. 다행히도 산업혁명 덕분에 세계는 많은 발전을 이루었고, 이제 우리는 오늘날의 가난한 사람들이 2세기 전에는 상상할 수 없었던 생활 방식으로 인해 과거의 부유한 사람들보나 더 잘산다고 말할 수도 있다. 또 평균 기대수명은 18세기 말에서 21세기 초까지 거의 3배 증가했다. 소수의 맬서스주의자를 제외하고, 오늘날 대부분의 사람들은 그 당시보다 지금 더 오래, 더 잘살고 있다는 것에 동의할 것이다. 그것은 1651년 영국의 철학자 토머스 홉스Thomas Hobbes가 그의 저서 《리바이어던Leviathan》에서 설명했던 맬서스의 덫에서 벗어날 수 있

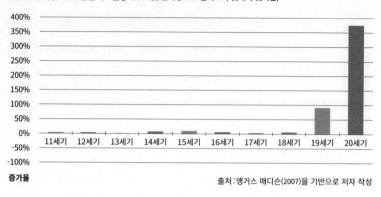

출처 : 앵거스 매디슨(2007)을 기반으로 저자 작성

게 해준 인류의 위대한 발전 덕분이다.2)

예술도 없고, 문자도 없고, 사회도 없다. 무엇보다도 최악인 것은
지속적인 공포, 폭력적인 죽음의 위험과 고독하고 가난하고 지저
분하고 잔인하고 짧은 인간의 삶이다.

[그림 4-1]은 경제 성장이 거의 없던 18세기까지 인류의 슬픈 현
실을 1인당 소득 또는 1인당 GDP로 측정한 수치로 보여준다. 영국 경
제사학자 앵거스 매디슨Angus Madison의 최신 수치에 따르면 그 시절
의 1인당 소득은 연간 약 1,000달러로 부자는 더 많이, 가난한 사람은
더 적게 가졌지만, 당시 사람들은 모두 경제적으로 가난했고 설상가
상으로 수명이 짧았다. 대다수는 어렸을 때, 심지어 태어날 때 죽었고,
그 시대의 흔한 비명횡사를 극복하고 더 오래 산 사람들은 홉스가 수
세기 전에 설명한 것처럼, 오늘날 우리가 가난하고 지저분하고 잔인
하고 짧다고 생각하는 삶을 살았다

산업혁명과 함께 시작된 경제 성장은 정말 놀라웠다. 싱귤래리티 대학교와 HLI의 공동 설립자인 미국 기업가 피터 디아맨디스는 우리가 세계 경제를 근본적으로 변화시키는 기하급수적인 변화를 경험하고 있다고 지적한다.[3]

향후 10년 안에 우리는 지난 세기에 창출된 것보다 더 많은 부를 창출할 것이다

《어번던스:혁신과 번영의 새로운 문명을 기록한 미래 예측 보고서Abunance:The Future Is Better Than You Think》에서 디아맨디스와 공동 저자 스티븐 코틀러Steven Kotler는 우리가 어떻게 희소성의 세계를 뒤로하고 풍요의 세계로 진입하고 있는지를 설명한다.[4] 실제로 기술 변화의 가속화 덕분에 향후 20년 동안 지난 2000년보다 더 많은 변화가 일어날 것으로 예상된다.

[그림 4-2]는 경제 발전 과정이 어떻게 가속화되었는지 보여준다. 인류 역사상 최초로 1인당 소득을 체계적으로 2배로 늘린 나라는 산업혁명을 주도한 영국으로, 1780년에서 1838년까지 58년이 걸렸다. 두 번째 국가는 미국으로, 1839년부터 1887년까지 47년 만에 소득을 2배로 늘렸다. 그리고 일본이 1885넌부터 1919년까지 34년이라는 빠른 속도로 달성했다. 일본은 또한 선진국에 진입한 최초의 비서양 국가로, 유럽 국가와 선진국만이 발전할 수 있다는 당시의 편견을 뒤엎었다.

그림 4-2. 경제 성장의 급속한 가속화 _국가 GDP가 2배가 된 기간

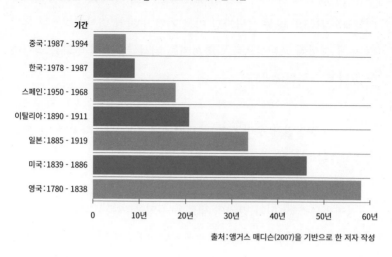

출처: 앵거스 매디슨(2007)을 기반으로 한 저자 작성

중국은 20세기 말에 10년 이내에 1인당 소득을 2배로 늘릴 수 있다는 사실을 입증하면서 경제 성장에 관한 세계 기록을 세웠다. 다른 국가들도 이러한 사례를 따르고 있기에 전 세계에 매우 긍정적인 소식이다. 인도가 빠른 속도로 성장하기 시작했고, 아프리카와 라틴 아메리카의 국가들도 그 뒤를 따르고 있다. 이러한 경험은 국가들이 빈곤에서 벗어나지 못할 변명의 여지가 더는 없음을 보여주며, 이것이 바로 세계은행World Bank이 2030년까지 전 세계의 극심한 빈곤을 종식시키겠다는 목표를 세운 이유다.[5] 유엔의 지속가능개발목표 Sustainable Development Goals, SDGs 역시 2030년까지 이를 달성하는 것을 목표로 하고 있다. 가장 좋은 점은 역사상 처음으로 전 세계의 극심한 빈곤을 종식시킬 실질적인 가능성이 생겼다는 것이다.[6]

[그림 4-3]은 19세기 초부터 20세기 말까지 세계 각지의 경제 성장률을 보여준다. 18세기까지만 해도 1인당 평균 소득은 전 세계적으

그림 4-3. '기하급수적' 경제 성장률
시간 경과에 따른 가격 변동(인플레이션)과 국가 간 가격 차이에 맞게 조정된 1인당 GDP
(2011년 기준 국제 달러로 측정)

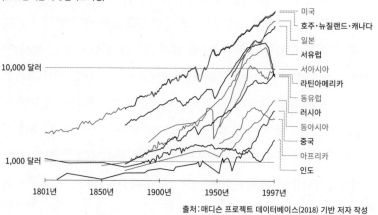

출처: 매디슨 프로젝트 데이터베이스(2018) 기반 저자 작성

로 연간 약 1,000달러에 불과했다. 산업혁명은 이러한 비극적인 상황을 바꾸고 막대한 부를 창출했다. 산업화를 이룬 국가들이 먼저 성장했고, 이러한 현실은 한 세기의 대부분 동안 유지되었다. 다행히도 이제 최빈국들이 앞서 성장한 국가들의 속도보다 더 빠르게 성장하기 시작해 그들을 따라잡고 있다. [그림 4-3]의 세로축은 18세기까지 1,000달러 수준이었던 소득이 기하급수적으로 증가해 많은 국가에서 약 1만 달러 이상으로 증가했음을 보여준다. 오늘날 가장 부유한 국가에서는 10만 달러 이상으로 증가했다. 일부 사람들은 여전히 믿으려 하지 않지만 우리는 분명히 희소성에서 풍요로움으로 나아가고 있다. 또한 적은 자원으로 더 많은 것을 생산할 수 있는 능력 덕분에 많은 재화의 가격도 하락하고 있다. 따라서 우리는 '더 높은' 소득과 '더 낮은' 가격의 미래로 나아가고 있다고 할 수 있다.

캐나다계 미국인 심리학자 스티븐 핑커Steven Pinker는 우리가 "살기에 가장 좋은 시대"에 살고 있다고 설명하며, 그 이유에 관해 "육안으로는 믿기 어렵지만 인류 역사상 가장 평화로운 시대에 살고 있기 때문"이라고 덧붙인다. 2012년에 쓴 책 《우리 본성의 선한 천사The Better Angels of Our Nature : A History of Violence and Humanity》에서 핑커는 인류의 첫 조상인 호모 사피엔스 사피엔스가 아프리카에 등장한 이후 전 세계적으로 폭력이 감소했다고 설명한다.[7] 핑커는 2018년 저서 《지금 다시 계몽Enlightenment Now》에서 인류의 진보를 위한 이성, 과학, 휴머니즘의 중요성에 관해 설명하며 자신의 이론을 지속적으로 입증하고 옹호하고 있다.[8]

인구통계학적 위기를 향하고 있지만
많은 사람이 두려워하는 위기는 아니다

매일 접하는 수많은 비극적인 뉴스를 고려할 때, 인류가 발전하고 있고 우리가 점점 더 번영하는 세상에 살고 있다는 사실을 믿기 어려운 경우가 많다. 그러나 디아맨디스는 좋은 소식보다 나쁜 소식에 우선순위를 두는 것은 진화의 결과라고 설명한다. 나쁜 소식을 무시하면 그 나쁜 소식이 우리에게 해를 끼쳐 삶의 종말로 이어질 수도 있다. 하지만 좋은 소식을 놓치더라도 그 소식이 우리에게 해를 끼치는 일은 없다. 뇌에는 편도체라는 샘이 있는데, 편도체는 나쁜 소식에 주의를 기울이고 관심을 배가시키는 기능을 한다.[9]

편도체는 우리의 위험 감지 기관이며, 조기 경보 시스템이다. 편도체는 말 그대로 모든 감각 정보를 샅샅이 뒤져 어떤 종류의 위험이 있는지 찾아내서 높은 경계 태세를 유지한다. (…) 신문과 텔레비전에 나오는 뉴스의 90%가 부정적인 내용인 이유는 우리가 주목하는 것이 바로 그것이기 때문이다. (…) 미디어가 이것을 잘 이용하기에 "피가 흐르는 곳에 특종이 있다"는 유명한 격언이 만들어졌다.

많은 사람들은 세계 인구가 비약적으로 증가하고 있으며 이것이 인류를 재앙으로 이끌고 있다고 생각한다. 맬서스가 이러한 이론을 제기한 것은 2세기 전의 일이므로 새로운 생각이 아니다. 오늘날 우리는 맬서스가 산업혁명으로 시작된 기술 변화를 고려하지 않았기 때문에 그가 틀렸다는 것을 알고 있다. 18세기 영국은 인구가 약 1,000만 명에 달해서 너무 많다고 생각되었을지 모르지만, 이는 식량과 기타 재화 및 서비스를 생산할 기술이 부족했기 때문이다.

시간을 훨씬 더 거슬러 올라가면 5만 년 전에는 그 당시 기술 수준으로 아프리카에서 100만 명 이상의 인구가 생존할 수 없었던 것으로 추정된다. 수렵과 채집만으로는 아프리카 대륙에서 100만 명 이상의 인구를 부양할 수 없었다. 다행히 1만 년 전에 농업이 발명되어 식량을 생산하고 저장할 수 있게 되면서 사람들은 생계를 유지할 수 있게 되었다. 그 후 인류의 조상은 식량을 찾아 떠돌아다니는 유목 생활을 그만두고 식량이 보장된 최초의 도시를 건설했다. 농업이 발명되기 전까지 우리 조상들은 또 다른 '맬서스의 덫'에 빠져 살았지만, 다행히 농업과 기타 기초 기술 덕분에 이 덫은 해결되어 산업혁명의

18세기에 도달할 수 있었다.[10)]

세계 인구 문제는 특히 가장 강력한 국가들에 항상 중요한 문제였다. 1945년 제2차 세계대전이 끝나자 유엔은 장기 인구 예측을 시작했다. 2050년까지 한 세기에 걸친 첫 번째 예측에서는 당시 세계의 높은 출산율로 인해 인구가 최대 200억 명에 이를 것이라는 수치가 나왔다. 1950년 지구 인구는 25억 명 정도였지만, 높은 출산율이 유지된다면 2050년까지 세계 인구가 200억 명에 달할 수 있을 것으로 예상했다. 그러나 출산율이 국가별로 감소하고 있어 인구 전망치도 200억 명에서 180억 명, 150억 명, 120억 명으로 수년에 걸쳐 감소하고 있으며, 현재 시점에서는 2050년에 100억 명 미만으로 추정되고 있다.

미국의 생태학자 폴 에를리히Paul Ehrlich는 1968년에 집필한《인구 폭탄The Population Bomb》이라는 제목의 세계적인 베스트셀러에서 다음과 같이 말했다.[11)]

모든 인류를 먹여 살리기 위한 전쟁은 이미 종말을 맞았다. 1970년대와 1980년대에 수억 명이 굶어 죽을 것이며, 지금 어떤 인구 감소 프로그램이 시작되더라도 마찬가지다. 이 시점에서 세계 사망률의 엄청난 증가를 막을 수 있는 것은 아무것도 없다.

다행히도 에를리히가 완전히 틀렸다. 1970년대에 수억 명이 사망하는 일은 일어나지 않았는데, 이는 농업 분야의 녹색혁명과 같은 지속적인 기술 발전으로 농산업 생산성이 향상되고 출산율이 지속적으로 감소한 덕분이다. 그러나 에를리히는 세계가 인구 과잉 상태로

신 맬서스적 재앙이 우리를 기다리고 있다는 주장을 굽히지 않았으며, 기술이 발전하고 인구 증가율이 계속 하락하는 동안 항상 틀린 것으로 판명되는 예측을 계속해서 말하고 썼다.

수천 년 전 농업의 발명과 2세기 전 맬서스의 두려움에 직면했을 때 이루어진 산업혁명, 수십 년 전 에를리히의 두려움에 직면해서 이루어진 녹색혁명을 통해 달성한 인구통계학적 전환은 4차 산업혁명 기술이 바꿔줄 우리의 미래를 짐작할 수 있게 해준다. 앞으로 몇 년 안에 생명공학, 나노기술, 로봇공학, 인공지능 등 맬서스와 에를리히뿐만 아니라 동시대 많은 사람이 놀랄 만한 흥미로운 기술이 발전할 것이다. 또한 이러한 기술 변화는 선형적인 것이 아니라 기하급수적으로 빠르게 진행되고 있다는 점도 잊지 말아야 한다.

오늘날 많은 국가의 인구가 안정화되고 감소하기 시작하는 것이 현실이다. [그림 4-4]는 1950년 이후의 인구 변화와 2050년까지의

그림 4-4. '선형' 인구 증가 - 2100년까지의 세계 인구 예상치
2100년까지의 예상 인구는 유엔 중기 인구 시나리오를 기반으로 함

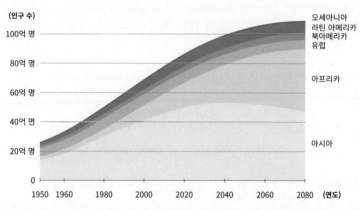

출처 : www.ourworldindata.org HYDE 데이터베이스(2016) 및 유엔 세계 인구 전망(2019) 기준

세계 지역별 인구 예측을 보여준다. 2017년 유엔의 평균 추정에 따르면 2050년 세계 인구는 98억 명, 2100년에는 112억 명에 달할 것으로 예상된다. 또 2023년에는 세계 인구가 80억 명, 2037년에는 90억 명에 달할 것이라는 전망도 있다.[12]

한편, 미국 인구조사국도 2017년에 예측을 수정했는데 유엔보다 다소 보수적이다. 2026년 80억 명, 2042년 90억 명, 2050년 94억 명으로 예측한 것이다.[13] 미국 인구조사국은 현재 2050년 이후의 전 세계 인구 전망치를 발표하지 않았지만, 이보다 온건한 전망치가 현실에 더 가까운 경향이 있다.

어쨌든 우리는 이미 세계 여러 지역의 인구가 안정되고 감소하기 시작했다는 사실을 알 수 있다. 독일, 일본, 러시아와 같은 국가가 그렇다. 유엔의 수치를 보면 현재 일본 인구는 추정치의 평균에 따라 2018년 1억 2,720만 명에서 2100년 8,450만 명으로 감소할 것이다. 가장 극단적인 시나리오에서는 일본 인구가 5,430만 명으로 감소하며, 이 추세가 계속된다면 한 세기 후에는 섬의 인구가 모두 사라질 수도 있다. 인구가 급격히 감소하는 이유는 신생아 수가 적고 일본의 평균 연령이 40세를 넘어서면서 많은 여성이 임신에 어려움을 겪고 있기 때문이다. 요컨대, 현재 상황에서는 거의 되돌릴 수 없는 현상이다. 다행히도 세상은 새로운 기술 덕분에 급격하게 변할 것이며, 일본과 같은 국가는 명백한 이유로 인해 노화 방지 및 역전 문제에 가장 관심을 가질 것이다.

독일의 인구는 평균 추정치에 따르면 2018년 8,230만 명에서 2100년에는 7,010만 명으로 감소할 것이 예상되며, 극단적인 시나리오에서 4,730만 명으로 줄어든다. 러시아의 경우 2018년 1억

4,400만 명의 인구가 평균 전망에서는 2100년에 1억 2,400만 명으로, 극단 시나리오에서는 7,720만 명으로 감소가 예상된다. 스페인과 이탈리아 같은 가톨릭 국가에서도 비슷한 추세가 관찰된다. 스페인의 인구는 2018년 4,640만 명에서, 평균 전망에 따르면 2100년에 3,640만 명으로, 극단 시나리오에서는 2,400만 명으로 감소할 것이 예상된다. 이탈리아의 인구는 2018년 5,930만 명에서 평균 전망에 따르면 2100년에 4,780만 명으로, 극단적인 시나리오에서는 3,190만 명으로 감소할 것이 예상된다. 만약 독일, 스페인, 이탈리아와 같은 국가의 인구 감소 속도가 예상보다 느리다면 이는 토착 인구의 출생률 감소를 어떤 식으로든 보상해주는 이민 덕분이다.

세계에서 가장 극적인 사례는 아마도 수십 년 동안 강제적으로 시행된 '한 자녀' 정책으로 인해 중국 인구가 크게 감소한 사건일 것이다. 중국에서는 오늘날 시민 대부분이 외동 자녀를 부모로 둔 외동 자녀이며, 이로 인해 많은 사회적 왜곡이 발생했다. 또한 아들을 선호하는 성 차별적 문화에서 여성 영아 살해로 인해 여성보다 남성이 더 많다. 그 결과 인류 역사상 평시에는 볼 수 없었던 인구의 잔인한 붕괴가 발생했다. 유엔에 따르면 중국의 인구는 2018년 14억 1,510만 명에서 2100년에는 평균 전망에 따르면 10억 2,070만 명으로, 극단 시나리오에서는 6억 1,670만 명으로 감소할 것이 예상된다. 이러한 비극적인 인구 전망으로 인해 중국은 노화 방지 및 역전에 관심이 높아지고 있는 국가 중 하나다.

다가오는 인구학적 위기는 이제 인구 과잉이 아니라 인구의 정체와 감소다. 지난 2세기 동안 세계가 그토록 발전한 이유를 분석해보면, 그 주된 이유 중 하나가 바로 인구 증가다. 더 많은 사람들이 생각하고, 더 많은 사람들이 일하고, 더 많은 사람들이 창조하고, 더 많은 사람들이 혁신하고, 더 많은 사람들이 발견하고, 더 많은 사람들이 발명한다. 사람은 단순히 먹는 입과 배변을 위한 엉덩이만 가지고 세상에 나오는 것이 아니라 뇌를 가지고 세상에 나오며, 뇌는 알려진 우주에서 가장 복잡한 구조로 여겨진다. 뇌는 거의 모든 것을 상상하고 창조할 수 있는 능력을 가진 놀라운 기관이다.

한편 아프리카와 아시아의 일부 가난한 국가에서 인구가 여전히 증가하고 있는 것은 사실이다(다만 출산율은 감소 추세다). 가난한 국가의 사람들이 세계 경제에 편입되는 비율이 늘어나면 긍정적인 효과를 가져올 것이다. 더 적은 자원으로 더 많은 일을 하는 방법을 아는 사람들이 바로 가난한 사람들이기 때문이다. 지구 경제에 통합될 새로운 인력의 이런 자세 덕분에 세계의 생산성이 높아질 것이다. 그러나 최빈국에서도 인구는 향후 수십 년 동안 안정화될 것이다.[14]

그림 4-5. 실제 인구통계학적 위기(인구 대비 비율, %)

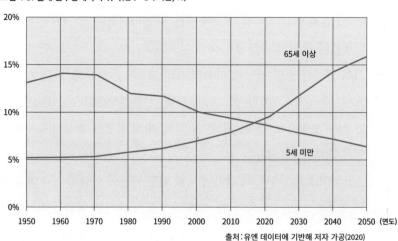

출처: 유엔 데이터에 기반해 저자 가공(2020)

[그림 4-5]는 5세 미만 인구의 급격한 감소와 65세 이상 인구의 급격한 증가세를 보여준다. 이는 세계적인 추세로, 전 세계가 급속도로 고령화되고 있다. 젊은 층은 줄어들고 노년층은 늘어나는 이 현상은 소위 부유한 국가와 빈곤국으로 분류되는 국가 모두 예외가 없다. 역사적으로 사람들은 어릴 때 폭력이나 전염병 같은 원인으로 사망하고는 했다. 이제 사람들은 오랫동안 지속적이고 끔찍한 개인적 고통을 겪은 후 노화와 관련된 질병으로 사망한다.

　　[그림 4-6은] 더는 피라미드가 아니라 직사각형이지만, 과거에 '인구 피라미드'라고 불렸던 것을 보여준다. 현재의 일본, 가까운 미래의 중국과 같이 가장 극단적인 경우에는 피라미드가 밑변이 아래쪽인 삼각형에서 역삼각형으로 반전되고 있다. [그림 4-6]은 또한 세계 인

그림 4-6. 인구 피라미드의 변화하는 형태

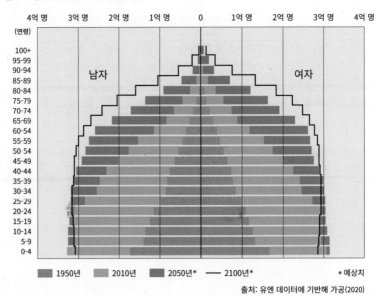

출처: 유엔 데이터에 기반해 가공(2020)

구가 얼마나 빠르게 안정화 및 고령화되고 있는지를 보여준다. 인구는 세대별로 점점 줄어들 것으로 예상된다.

세계 인구의 고령화는 심각한 경제적 붕괴뿐만 아니라 인간과 사회에도 큰 영향을 미친다. 연령이 계속 높아짐에 따라 일하는 사람은 줄어들고 은퇴자나 연금 수급자는 늘어날 것이다. 한편 의료비는 대체로 나이가 들면서 급격히 증가하며, 그 대부분이 인생의 마지막 몇 년 동안 발생한다. 따라서 많은 환자가 막대한 개인적, 사회적 비용을 부담한 후 결국 사망한다. 반면, 흥미롭게도 슈퍼 에이저(super agers : 암, 치매, 심장병, 당뇨병이 없이 95세까지 사는 사람)이라고 불리는 사람들은 '압축 이환율'을 보이며 큰 의료 비용을 들이지 않고 빨리 사망하는 경향이 있다.

다행히도 대안이 있다. 오늘날 우리는 조상들이 맞은 것 같은 비극적인 최후를 맞이할 필요는 없다. 이제 우리는 노화 과정을 과학적으로 늦추고, 멈추고, 되돌릴 수 있다는 것을 알고 있다. 우리의 역사적 도전은 그 어느 때보다 중요하다. 인류의 가장 큰 공동의 적인 노화를 종식시키는 것이다.

이제 인류의 미래를 향한 새로운 길을 열어야 할 때다. 무한한 젊음을 향한 환상적인 여정을 시작할 때다. 의심할 여지 없이 위험이 따르는 여정이지만 기회도 가득하다. 인류가 가장 갈망하는 꿈에 도달하기까지 여러 다리를 건너야 하는 여정, 현재의 선형적 세계에서 미래의 기하급수적 세계로 나아가는 여정이다.

환상적인 항해

2004년, 발명가이자 장수 전문가인 레이 커즈와일은 그의 동료인 의
사 테리 그로스먼과 함께《환상적인 항해 : 영원히 살 수 있을 만큼 오
래 살기Fantastic Voyage : Live Long Enough to Live Forever》를 저술했다 이
책의 제목은 20세기 폭스20th Century Fox가 1966년에 제작한 미국의
공상과학 영화에서 따온 것이다. 이 영화는 소형화 센터에서 크기를
줄인 유인 잠수함을 타고 인간의 몸속으로 여행을 떠나는 환상적인
이야기다.

　　이 영화는 아카데미상 두 부문을 수상했으며 러시아계 미국인 작
가 아이작 아시모프Isaac Asimov의 동명 소설, 만화 시리즈, 심지어 스
페인 화가 살바도르 달리Salvador Dalí의 동명 그림에 영감을 주었다. 미
국의 영화 제작자 제임스 캐머런James Cameron과 멕시코의 기예르모
델 토로Guillermo del Toro가 새로운 버전의 영화 제작에 관심을 보이기
도 했다.

　　《환상적인 항해》는 커즈와일의 두 번째 건강 관련 책이다. 1993년
에 출간된 첫 번째 책《건강한 삶을 위한 10% 솔루션The 10% Solution for
a Healthy Life》에서 커즈와일은 45세에 당뇨병을 완치하고 식단의 칼로
리, 지방, 설탕 함량을 줄이는 등의 변화를 통해 심장마비와 암의 위험
을 최소화하는 방법을 설명한 바 있다.

　　커즈와일의 두 번째 건강서이자 그로스먼과 함께 쓴 이 책에서
저자는 심장병, 암, 제2형 당뇨병과 같은 건강 문제를 설명한다. 저혈
당 식단, 칼로리 제한, 운동, 녹차 및 알칼리성 물 마시기, 특정 보충제
사용, 기타 일상생활의 개선과 같은 생활 습관 변화를 장려한다.

《환상적인 항해》는 이러한 변화가 수명 연장을 목적으로 하며, 평화롭고 여유로운 삶에서 건강을 얻고 유지하는 데 있다고 말한다. 저자들은 앞으로 수십 년 안에 기술이 노화 과정의 대부분을 정복하고 퇴행성 질환을 제거할 정도로 발전할 것이라고 믿는다. 이 책은 생명공학, 나노기술 및 인공지능과 같은 미래 기술이 우리 삶의 방식을 변화시킬 것이라고 설명하면서 현재의 연구가 어떻게 수명 연장으로 이어지는지 보여주는 부록으로 가득 차 있다.

요약하자면, 이 책은 무한한 생명으로 가는 세 개의 '다리'에 관한 설명으로 시작된다. 이 세 다리를 우리는 다음과 같이 해석해 정보를 단순화하고 업데이트해보았다.

1. 첫 번째 다리는 2010년까지 이어지며, 기본적으로 어머니나 할머니가 알려주는 것(잘 먹고, 잘 자고, 운동하고, 담배를 피우지 않는 것 등)에 의학 지식을 더해 실천하는 것으로 구성된다. 이 다리는 '레이와 테리의 장수 프로그램(커즈와일과 그로스먼의 이름에서 따옴)'에 해당하며, 두 번째 다리의 완공까지 건강하게 살아갈 수 있는 현재의 요법과 지침을 포함한다.[15]

2. 두 번째 다리는 생명공학 혁명과 함께 2020년대에 강력하게 성장할 것이다. 생물학의 유전자 코드를 계속 연구하면서 질병과 노화에서 벗어나 인간의 잠재력을 완전히 개발할 방법을 발견할 수 있을 것이다. 이 두 번째 다리는 세 번째 다리로 우리를 안내한다.

3. 세 번째 다리는 주로 2030년대에 해당하며 나노기술과 인공지능 혁명에 힘입어 현실화될 것이다. 이러한 기술 혁명의 융합을 통해 우리는 분자 수준에서 몸과 마음을 재구성할 수 있을 것이다. 늦어도 2045년에는 생물학 및 컴퓨터와 관련(마음을 읽고 복제할 수 있는 능력)한 기술적 특이점과 불멸에

도달할 것이다.

인간 게놈의 염기서열이 밝혀지면서 생물학과 의학의 디지털화가 가능해졌기 때문에 《환상적인 항해》는 두 번째 다리를 다음과 같이 설명한다.[16]

생물학적 과정에서 정보가 어떻게 변환되는지 알게 되면서 질병과 노화 과정을 극복하기 위한 많은 전략이 등장하고 있다. 여기서는 몇 가지 유망한 접근법을 살펴본 뒤, 다음 장에서 더 많은 사례를 논의할 것이다. 강력한 첫 번째 방법은 생물학의 정보 중추인 게놈에서 시작하는 것이다. 유전자 기술을 통해 우리는 이제 유전자가 어떻게 발현되는지 알고 제어할 수 있는 단계에 이르렀다. 궁극적으로는 유전자 자체를 바꿀 수 있게 될 것이다.

우리는 이미 다른 종에 유전자 기술을 적용하고 있다. 유전자 재조합 기술이라는 방법이 새로운 의약품을 만드는 데 상업적으로 사용되고 있으며, 박테리아에서 농장의 가축에 이르기까지 다양한 유기체의 유전자가 인간의 질병과 싸우는 데 필요한 단백질을 생산하도록 변형되고 있다.

또 다른 주요 전략은 세포, 조직, 심지어 장기 전체를 재생해서 수술 없이 우리 몸에 삽입하는 것이다. 이 치료용 복제 기술의 주요 이점 중 하나는 젊은 세포 버전으로 새로운 조직과 장기를 만들 수 있다는 것인데, 이는 노화 역전 의학의 새로운 분야로 떠오르고 있다.

기하급수적인 기술은 향후 10년간 나노기술과 인공지능의 발전을 가속화할 것이며, 2030년대에 첫 상용 애플리케이션이 등장해 우리를 제3의 다리로 이끌 것이다.

생물학을 '리버스 엔지니어링(완성된 제품을 역으로 추척해 제품의 설계 방식과 적용 기술을 파악하고 재현하는 것)'함으로써 필요한 곳에 신기술을 적용해 신체와 두뇌를 증강하고 재설계할 것이다. 이로써 수명을 획기적으로 연장하고 건강을 증진하며 지능과 경험을 확장할 것이다. 이러한 기술 개발의 대부분은 1970년대 K. 에릭 드렉슬러K. Eric Drexler가 세상에서 가장 작은 100나노미터(10억분의 1미터) 미만의 물체를 연구하면서 만든 용어인 '나노기술'에 대한 연구의 결과물이 될 것이다. 1나노미터는 대략 탄소 원자 다섯 개의 지름과 같은 크기다.

나노기술 이론가인 로버트 프레이타스 주니어Robert A. Freitas Jr.는 다음과 같이 말했다. "20세기와 21세기 초에 엄청나게 공들여서 얻어낸 인간의 분자 구조원자들의 화합 결합에 의해 만들어지는 분자의 모양-역주에 관한 포괄적인 지식은 21세기에 의학 능동형 현미경 기계를 설계하는 데 사용될 것이다. 이러한 기계는 주로 순수한 발견을 위한 항해에 투입되기보다는 세포 검사, 치료, 재생 등의 임무에 투입되는 경우가 많을 것이다."

프레이타스는 "수백만 개의 자율 나노봇(nanobot:분자 단위로 만들어진 혈액 세포 크기의 로봇)을 몸 안에 넣는다는 아이디어가 놀랍고 심지어 이상하게 보일 수도 있지만, 사실 우리 몸은 이미 수많은 모바일 나노 디바이스로 가득 차 있다"고 지적한다. 생물학 자체가 나노기술이 실현 가능하다는 증거를 제공한다. 미국 국립

과학재단National Science Foundation의 리타 콜웰Rita Colwell 이사는 "생명은 나노기술이 작동하는 것"이라고 말했다. 대식세포(백혈구)와 리보솜(RNA 가닥의 정보에 따라 아미노산 가닥을 만드는 분자 '기계')은 본질적으로 자연선택을 통해 '설계'된 나노봇이다. 생명체를 수리하고 생물학을 확장하기 위해 우리가 직접 나노봇을 설계할 때, 생물학의 도구 상자에 제약을 받지 않을 것이다. 생물학적으로 생물은 체내에서 스스로 만든 제한된 단백질 집합을 사용하는 반면, 우리는 더 강하고 빠르며 복잡한 구조를 만들 수 있다.

《환상적인 항해》는 우리의 건강을 개선하고 두 번째 다리에 살아서 도달하기 위한 일련의 권장 사항을 제공한다. 이 책의 후속작인 《트랜센드Transcend》에서 커즈와일과 그로스먼은 '트랜센드'라는 단어의 각 글자에 따라 9단계로 구성된 더 완벽해진 프로그램을 제안한다.17)

의사와 상담 Talk with your doctor

휴식 Relaxation

평가 Assessment

영양 Nutrition

보충제 Supplements

칼로리 제한 Calorie Restriction

운동 Exercise

신기술 New Technologies

해독 Detoxification

앞 장에서 언급한 멜론과 찰라비의 저서 《노화 역전 : 장수 시대투자》에는 무기한 장수를 향한 세 번째 다리, 즉 저자들이 말하는 새로운 과학인 '젊음'의 기술을 계속 개발할 때 염두에 두어야 할 첫 번째 다리와 두 번째 다리를 결합한 일련의 권고사항도 포함되어 있다. 이 권고사항에 따르면 우리의 건강뿐만 아니라 세계 경제와 개인 재정에도 도움이 될 인류 최고의 산업이 등장할 10년 혹은 그 이상의 시기까지, 우리 스스로 수명 탈출 속도longevity escape velocity에 도달할 수 있도록 노력해야 한다.[18]

수명 탈출 속도

커즈와일과 그로스먼의 《환상적인 항해》의 부제는 매우 암시적이다. '영원히 살 수 있을 만큼 오래 살기.' 이 문구에는 앞으로 몇 년 동안 세 개의 다리를 건너 노화 역전에 도달할 때까지 충분히 오래 살 수 있다면, 사고나 재난, 예를 들어 터널 끝에서 기차와 충돌하거나 피아노가 머리 위로 떨어지지 않는 한, 우리가 원한다면 무기한으로 살 수 있다는 생각이 내포되어 있다.

이 아이디어는 본래 오브리 드 그레이와 함께 므두셀라 재단을 설립한 미국 사업가이자 자선가인 데이비드 고벨David Gobel이 제기한 '수명 탈출 속도'로 알려져 있다. 이 개념은 발사체나 로켓과 같은 물체가 중력을 극복하고 지구를 떠날 수 있는 '행성 탈출 속도'에 기반한다. 여기에는 초속 11.2km의 속도가 필요한 것으로 계산되었으며, 시속으로 환산하면 4만 320km에 해당한다. 물리학에서 이를 지구의 행

성 탈출 속도라고 한다.[19)]

수명 탈출 속도는 기대수명이 수명이 경과하는 시간보다 더 빠르게 연장되는 상황을 의미한다. 예를 들어, 우리가 수명 탈출 속도에 도달하면 기술 발전으로 인해 기대수명이 매년 1년 이상 증가할 것이다.

치료 전략과 기술이 향상되면서 기대수명은 매년 조금씩 증가하고 있다. 하지만 현재 기대수명을 1년 늘리는 데는 1년 이상의 연구 시간이 필요하다. 이 비율이 역전될 때 수명 탈출 속도에 도달하므로, 기대수명의 증가 속도가 지속 가능하다면 언젠가 연구 기간 1년에 기대수명은 1년 이상 증가하게 될 것이다.

그런 일이 언제쯤 일어날까? 역사를 되돌아보면 수천 년 동안 기대수명이 거의 증가하지 않았다는 것이 분명하다. 기대수명이 크게 늘어난 것은 19세기 이후부터였다. 처음에는 며칠, 그다음에는 몇 주, 그리고 지금은 몇 달로 늘어났다. 오늘날 선진국에서는 1년을 살 때마다 기대수명을 3개월씩 늘릴 수 있는 것으로 추정된다.[20)]

데이터는 세계 주요 국가의 기대수명이 매년 3개월씩 증가했음을 보여준다.

즉 살아서 해를 넘기면 기대수명에 3개월이 더 추가된 것이다. 커즈와일에 따르면 2029년까지 우리는 수명 탈출 속도에 도달할 것이다. 이는 그 순간부터 우리가 무기한으로 살 수 있음을 의미한다.[21)] 커즈와일과 그로스먼이 말했듯이 "영원히 살 수 있을 만큼 오래 사는 것이다."

오브리 드 그레이는 나이에 따라 기대수명을 계산할 수 있는 간

단한 수치로 이를 표현한다. 안타깝게도 현재 100세인 사람들의 전망
은 그리 희망적이지 않다. 80대의 전망도 마찬가지다. 그러나 [그림
4-7]에서 볼 수 있듯이 50세 이하의 사람들은 수명 탈출 속도에 도달
할 가능성이 크다.

수명 탈출 속도에 도달하는 시점에 관해서는 매우 빠르다는 의견
부터 아예 도달하지 못할 것이라는 의견까지 다양한 견해가 있지만,
기하급수적으로 발전하고 있는 기술 덕분에 2029년이 합리적인 시
점으로 보인다. 실제로 영원히 살 수 있을 만큼 오래 살기 위해서는 두
번째 다리에서 세 번째 다리로 살아서 도착해 건강수명을 늘려야 한
다.22)

드 그레이는 또한 '므두셀라리티(미국 기업가 폴 하이넥Paul Hynek의
독창적인 아이디어)', 즉 일종의 므두셀라 특이점을 기술 특이점과 비교
하는 개념을 대중화했다23)

그림 4-7. 수명 탈출 속도(또는 므두셀라리티)

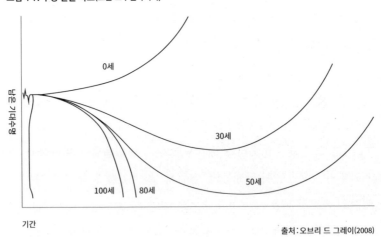

출처: 오브리 드 그레이(2008)

수많은 유형의 분자 및 세포 붕괴의 복합물인 노화는 점진적으로 패배할 것이다. 나는 이러한 일련의 발전이 임계점에 도달할 것이라고 예측해왔으며, 이 임계점을 '므두셀라리티'라고 명명했다. 이 시점에 도달하면 이후에는 나이가 들면서 노화와 관련된 원인으로 인한 사망하는 위험을 줄이는 데 필요한 노화 방지 기술의 개선 속도가 점진적으로 감소할 것이다. 여러 논평가는 이러한 예측이 굿Good, 빈지Vinge, 커즈와일 등이 기술 전반(특히 컴퓨터 기술)에 관해 예측한 것과 유사하다는 사실을 확인했다. 바로 '특이점'이다.

므두셀라리티는 인간을 죽음에 이르게 하는 모든 질병이 사라지고 사고나 타살에 의해서만 사망이 발생하는 미래의 순간을 말한다. 즉, 수명 탈출 속도에 도달해 노화 없이 무기한으로 살 수 있는 시대가 오는 것이다.[24]

선형에서 기하급수적 증가로

인텔Intel의 공동 창립자이자 과학자인 고든 무어는 1965년 컴퓨터가 약 12개월마다 성능이 2배로 증가한다는 내용의 기사를 썼고, 이후 2년으로 수정되어 컴퓨팅 및 관련 기술에 광범위한 영향을 미쳤다.[25]

최소 부품 비용에 대한 복잡성은 매년 약 2의 비율로 증가했다…. 물론 단기적으로는 이 속도가 계속 증가하지는 않더라도 계속 증가할 것으로 예상할 수 있다.

이런 관계를 '무어의 법칙'이라고 하는데, 1975년 무어가 수정한 이 법칙에 따르면 마이크로프로세서의 트랜지스터 수는 약 2년마다 2배로 증가한다. 이 법칙은 물리학 법칙이 아니라 경험적 관찰에 의한 것이다. 이 법칙은 현재 컴퓨터와 휴대전화에 적용된다. 그러나 이 법칙이 공식화될 당시에는 마이크로프로세서(1971년 발명)도, 컴퓨터(1980년대 대중화)도, 휴대전화나 이동전화(실험 단계에 불과했던)도 아직 없던 시기였다.

레이 커즈와일은 자신의 저서 《특이점이 온다The Singularity Is Near:When Humans Transcend Biology(2005)》에서 무어의 법칙은 훨씬 더 긴 역사적 추세의 일부일 뿐이며 미래에 대한 더 많은 기대가 있다고 말한다.26) [그림 4-8]은 커즈와일이 수익률 가속화의 법칙Law of Accelerating Returns이라고 부르는 것을 보여주는데, 무어의 법칙은 현재 지배적인 다섯 번째 패러다임에 해당하는 한 부분일 뿐임을 알 수 있다. 커즈와일은 2001년에 수익률 가속화의 법칙을 공식화해 설명했다.27)

따라서 21세기에는 100년의 진보가 아니라 2만 년의 진보(오늘날의 속도)를 경험하게 될 것이다.

그리스 철학자 헤라클레이토스Heraclitus는 기원전 5세기에 이미 "변화 외에 불변하는 것은 없다"고 말했다. 오늘날 사람들이 그다지 실감은 못 하지만, 우리는 변화가 가속화되고 있음을 알고 있다. 커즈

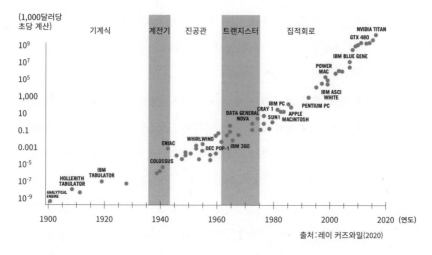

그림 4-8. 수익률 가속화의 법칙

(1,000달러당
초당 계산)

기계식　　계전기　　진공관　　트랜지스터　　집적회로

10^9
10^7
10^5
1,000
10
0.1
0.001
10^{-5}
10^{-7}
10^{-9}

NVIDIA TITAN
GTX 480
IBM BLUE GENE
POWER MAC
IBM ASCI WHITE
IBM PC
CRAY 1
PENTIUM PC
APPLE MACINTOSH
DATA GENERAL NOVA
SUN1
WHIRLWIND
ENIAC
DEC POP-1
IBM 360
COLOSSUS
IBM TABULATOR
HOLLERITH TABULATOR
ANALYTICAL ENGINE

1900　　1920　　1940　　1960　　1980　　2000　　2020 (연도)

출처:레이 커즈와일(2020)

와일은 앞서 언급한 저서에서 다음과 같이 설명한다.[28]

미래는 널리 오해받고 있다. 우리 선조들은 자신들의 현재가 과
거와 크게 달라지지 않았다는 점에서 볼 때 미래 역시 크게 달라
지지 않는 수준일 것이라고 예상했다

변화의 속도 자체가 가속화되고 있다는 사실의 의미를 진정으로
깨달은 관찰자는 거의 없기에 미래는 대부분의 사람들이 생각하
는 것보다 훨씬 더 놀라운 일이 될 것이다.

기하급수적인 변화를 강조하는 커즈와일은 기술에는 변화의 속
도를 가속화하는 긍정적인 피드백이 존재한다고 설명한다.[29]

기술은 단순한 도구 제작을 넘어 기존의 혁신적인 도구를 사용해

더 강력한 기술을 만들어내는 과정이다.

기술의 진화는 긍정적 피드백을 통해 이루어진다.

한 단계의 진화를 통해 얻은 더 나은 방법은 다음 단계를 만드는데 사용된다.

최초의 컴퓨터는 종이에 설계하고 수작업으로 조립했다. 오늘날 컴퓨터는 컴퓨터 워크스테이션에서 설계되어 컴퓨터가 차세대 컴퓨터의 설계의 많은 세부 사항을 스스로 해결한 다음, 사람의 개입이 제한적인 완전 자동화된 공장에서 생산된다.

커즈와일은 기술이 발전함에 따라 2029년에는 인공지능이 튜링 테스트Alan Turing's Test (대화하는 상대가 사람인지 인공지능인지 판별하는 실험으로, 1950년에 앨런 튜링이 제안했다)를 통과하고 2045년에는 '기술적 특이점'(간단히 정의하자면 인공지능이 모든 인간의 지능과 동등해지는 순간)에 도달할 것이라고 예측한다. 튜링 테스트와 기술적 특이점은 이 책의 주제가 아니지만, 관심이 있는 독자를 위해 커즈와일의 저서 《마음의 탄생How to Create a Mind》에서도 인공지능의 기하급수적인 발전에 관해 설명하고 있음을 밝혀둔다.[30]

미국의 사업가이자 자선가인 빌 게이츠는 스위스 다보스에서 열린 세계경제포럼에서 기하급수적인 변화가 처음에는 매우 느리게 보이지만 빠르게 가속화되고 있다고 지적했다.[31]

사람들 대부분은 1년 안에 할 수 있는 일을 과대평가하고 10년 안에 할 수 있는 일을 과소평가한다.

또한 대부분의 연간 예측은 1년에 일어날 수 있는 일을 과대평가하고 시간의 흐름에 따른 추세의 힘을 과소평가한다. 디아맨디스와 코틀러는 2016년에 출간된 《볼드 Bold : How to Go Big, Create Wealth and Impact the World》에서 기술 변화의 과정이 여섯 가지 D를 거친다고 설명했다.32)

> 여섯 가지 D는 기술 발전의 연쇄 반응으로, 항상 엄청난 격변과 기회로 이어지는 급속한 발전의 로드맵이다.
> 기술은 전통적인 산업 프로세스를 파괴하고 있으며, 이러한 변화는 과거로 결코 회귀하지 않을 것이다.
> 여섯 가지 D는 디지털화(digitalization), 기만(deception), 파괴(disruption), 수익화(demonetization), 탈물질화(dematerialization), 대중화(democratization) 등이다.

디아맨디스와 코틀러에 따르면 디지털화가 가능한 모든 기술은 기하급수적인 변화를 겪을 것이며, 현재 디지털화의 한가운데 있는 의학, 생물학을 비롯한 각 산업을 근본적으로 변화시킬 것이다. 기하급수적 변화의 여섯 가지 D는 디지털화와 기만에서 서서히 시작되어 모든 사람이 사용할 수 있는 기술의 탈물질화 및 대중화가 가속화되면서 절정에 이른다. 대표적인 예로 처음에는 매우 비싸고 느렸지만, 지금은 매우 빠르고 저렴해진 컴퓨터를 들 수 있다. 휴대전화도 마찬가지로 전 세계적으로 대중화되어 오늘날 세계 어디에서든 원한다면 누구나 휴대전화를 사용할 수 있게 되었다.

생물학과 의학에 적용된 예로 1990년 전 세계 15개국에서 수천

명의 과학자가 참여한 인간 게놈 시퀀싱을 들 수 있다. 커즈와일의 설명에 따르면 7년 차였던 1997년에 밝혀진 인간 게놈의 염기서열은 1%에 불과했다.[33]

1990년 인간 게놈 스캔이 시작되었을 때 비평가들은 당시 게놈 스캔 속도를 고려할 때 프로젝트를 완료하는 데 수천 년이 걸릴 것이라고 지적했다. 하지만 15년으로 예정되었던 이 프로젝트는 이보다 더 빠른 2003년에 첫 번째 초안이 완성되었다.

그 이유는 매우 간단하다. 1997년에는 전체 염기서열의 1%만 밝혀졌지만, 결과가 매년 2배씩 늘어났기 때문에 7년 뒤에는 100%에 도달할 수 있다는 뜻이었다. 인간 게놈 시퀀싱은 시간과 비용 모두에서 기하급수적인 기술이 활약한 인상적인 사례다. [그림 4-9]는 첫 번째 인간 게놈 시퀀싱에 약 30억 달러가 소요되고 13년이 걸렸다면, 두 번째 인간 게놈 시퀀싱은 4년 후인 2007년에 약 1억 달러의 비용으로 완료되었음을 보여준다.

2018년에 처음으로 약 1,000달러와 5일이라는 비용에 도달했으며, 10년 이내에 전체 게놈을 1분에 10달러 정도의 비용으로 시퀀싱할 수 있을 것으로 예상하고 있다. 디아맨디스와 코틀러의 용어에 따르면, 이를 통해 여섯 개의 D 중 첫 번째인 디지털화에서 마지막 D인 대중화로 나아갈 수 있을 것이다. 2020년대 말에는 전 세계의 사람들이 자신의 전체 게놈의 염기서열을 분석해 특정 유전질환에 걸리기 쉬운 유전적 소인과 이를 예방하는 방법을 알게 될 것이다. 또한 암의 게놈을 분석해 돌연변이의 원인을 파악하고 직접 공격할 수 있다. 화학 요법이나

그림 4-9. 인간 게놈 시퀀싱에 소요된 시간과 비용

연도	비용(US$)	시간
2003	30억 달러	13년
2007	1억 달러	4년
2008	100만 달러	2달
2012	1만 달러	4주
2018	1,000달러	5일
2023	100달러	1시간
2029	10달러	1분

출처 : 언론 자료 및 기타 예측을 바탕으로 한 저자의 추정치

방사선 치료와 같은 절차를 넘어서 고도의 정밀의학으로 암 종양을 직접 찾아 제거할 수 있게 되면, 현대 의학이라고 할 수 있는 화학 요법과 방사선 요법이 곧 원시 의학이 될 것이다.

인공지능의 도움

인공지능은 생물학을 이해하고 의학을 개선하는 데 기여할 주요 기술 중 하나가 될 것이며, 기하급수적으로 발전할 것이다. 인공지능 시스템은 이미 체스(1997년부터), 〈제퍼디Jeopardy〉와 같은 TV 퀴즈 프로그램(2011년부터), 바둑(2016년부터), 포커 (2017년부터), 읽기 압축 테스트(2018년부터)에서 인간을 이겼다.[34]

IBM은 1997년 세계 체스 챔피언 게리 카스파로프Garry Kasparov를 이긴 딥 블루Deep Blue 프로그램과 2011년 TV 카메라 앞에서 〈제퍼디〉 챔피언을 이긴 왓슨Watson 등의 인공지능을 개발한 선구자 중 하나였다. 이후 IBM은 왓슨을 닥터 왓슨Doctor Watson이라는 이름으로

의료 분야에 활용하기 시작했으며, 암 진단 및 방사선 분석 등의 분야에서 인간 수준에 도달하고 있다. IBM은 인공지능의 개발을 다음과 같이 설명한다.[35]

우리의 목적은 건강 분야의 리더, 지지자, 그 밖의 영향력 있는 사람들이 놀라운 결과를 달성하고, 발견을 가속화하고, 필수적인 연결을 만들고, 세계 최대의 건강 문제를 해결하는 과정에서 자신감을 얻을 수 있도록 지원함으로써 그들에게 권한을 부여하는 데 있다.

이전의 구글과 현재의 알파벳Alphabet은 인공지능이 건강을 포함한 인간의 삶을 개선하도록 하는 것이 자신들의 우선 과제라고 확신하고 있다. 알파고AlpaGo와 알파제로AlpaZero 등을 만든 계열사인 딥마인드DeepMind에서 개발한 바둑 인공지능이 곧 임상 적용될 예정이다. 순다르 피차이Sundar Pichai 구글 CEO가 2018년 한 콘퍼런스에서 설명한 것처럼, 인공지능의 힘은 정말 놀랍다.[36]

인공지능은 인류가 연구하고 있는 가장 중요한 것 중 하나로, 전기나 불보다 더 심오한 것이다.

이 발표에서 피차이는 알파벳 산하의 다른 두 회사에 관해서는 직접 언급하지 않았다. 바로 칼리코와 베릴리Verily(이전 구글 XGoogle X 생명과학)로, 모두 건강 분야의 회사다. 이들 기업들은 구글의 딥러닝 기술 및 기타 소스를 적용해 비즈니스 목표를 가속화할 것으로 예상된다. 미국의 유전학자이자 베릴리의 사장인 앤드루 콘래드Andrew Conrad는 베릴리가 아직 구글 X 생명과학이었을 때인 2014년에 과학 저널리스트 스티븐 레비Steven Levy와의 인터뷰에서 칼리코와 베릴리의 차이점을 설명했다.[37]

콘래드 : 구글 X 생명과학의 사명은 의료 서비스를 사후 치료에서 사전 예방으로 바꾸는 것입니다. 궁극적으로는 질병을 예방하고 그 결과로 평균 수명을 연장해 사람들이 더 건강하게 오래 살 수 있도록 하는 것입니다.
레비 : 이 사명은 구글의 또 하나의 건강 기업인 칼리코와 약간 겹치는 것 같네요. 칼리코와 협력하고 있나요?
콘래드 : 차이점을 말씀드리겠습니다. 칼리코는 노화를 예방하는 방법을 개발해 사람들이 더 오래 살 수 있도록 최대 수명을 늘리는 것을 사명으로 삼고 있습니다. 우리의 임무는 대부분의 사람들이 더 오래 살 수 있도록 하기 위해 조기 사망의 원인인 질병을 없애는 것입니다.
레비 : 기본적으로 칼리코의 제품이 효과를 발휘할 수 있을 만큼 오래 살 수 있도록 도와주는군요.
콘래드 : 맞아요. 여러분이 충분히 오래 살 수 있도록 도와서 칼리코의 기술을 적용받을 수 있게 만드는 것이죠.

2020년, 딥마인드에서 개발한 알파폴드AlphaFold라는 인공지능 네트워크는 생물학에서 가장 복잡한 문제 중 하나인 '단백질 접힘생물 을 구성하는 기본인 단백질은 3차원 구조로, 구조화되는 과정, 즉 접히는 과정에서 건강에 관한 많은 정보가 담긴다. 그런데 단백질마다 고유의 접힘 구조를 갖고 있기 때문에 이를 예측하기가 쉽지 않다-역주'을 해결하는 데 성공했다. 이는 저명한 과학 저널인 〈네이처Nature〉가 '모든 것을 바꿀 것'이라고 표현할 정도로 획기적인 사건이었으며, 그해 최고의 과학적 진보 중 하나로 알파폴드가 선정되었다.[38] 단백질이 어떻게 접히는지 아는 것은 생물학이 어떻게 작동하는지 이해하는 기본이 된다. 이 비밀을 파헤친 인공지능은 생물학에 대한 우리의 이해를 가속화하고 있다.

커즈와일과 그로스먼의 용어를 빌리자면, 베릴리는 무기한 수명으로 가는 두 번째 다리, 칼리코는 세 번째 다리라고 단순화할 수 있다. IBM과 구글 외에 아마존, 애플, 메타, 제네럴 일렉트릭General Electirc, GE, 인텔, 마이크로소프트와 같은 기술 기업들도 곧 임상 적용이 가능한 인공지능을 개발하고 있다. 이미 인구 고령화 문제를 겪고 있는 일본과 중국의 기업들도 마찬가지다. 일본에서는 소니Sony와 도요타Toyota 같은 대기업이 로봇을 건강 도우미와 간호사로 활용하고 있으며, 중국에서는 바이두(중국의 구글로 알려져 있음)와 BGI(2008년까지 베이징 게놈 연구소로 알려졌으며 현재 선전에 위치)와 같은 기업이 질병 감지 및 게놈 시퀀싱에 중점을 둔 인공지능을 개발하고 있다.[39]

중국은 상대적으로 경제적으로 풍요로워지지 않은 상태에서 인구가 고령화되기 시작했다는 또 다른 문제에 직면해 있다. 선진국이 부유해진 뒤에 고령화되었다면, 중국은 그 반대의 현상이 일어나고 있다. 부유해지기 전에 인구가 고령화되기 시작한 것이다. 인구통계학적 예측에 따르면 중국은 한 자녀 정책으로 인해 인구가 급격히 감소할 것으로 예상된다. 일본도 마찬가지인데, 일본에서는 출산 제한 정책이 없었는데도 향후 수십 년 동안 인구가 급격히 감소할 것이다.

그렇기 때문에 전 세계가 각자의 인구학적 위기와 관련해 일본과 중국의 경험으로부터 배우는 것이 중요하다. 다행히도 인구의 미래는 정해져 있지 않다. 향후 몇 년 안에 개발될 노화 방지 및 역전 기술 덕분에 현재의 추세를 되돌릴 수 있으며, 그중 많은 부분이 중국과 일본에서 개발될 것으로 기대된다.

인공지능은 서양과 동양 모두에서 빠르게 발전하고 있으며, 가장 먼저 적용된 분야 중 하나가 건강, 의학 및 생물학이다. 시장 조사 기관인 CB인사이트CB Insights의 최근 보고서에 따르면, 인공지능 적용 분야에서 가장 빠르게 성장하고 있는 것이 보건 분야로, 가장 많은 투자와 벤처 자금이 집중되고 있다. 의료용 센서를 비롯한 새로운 개인용 의료센서의 확산으로 빅데이터를 활용할 수 있게 된다. 그 결과 더 많은 정보를 분석해 의료 진단의 품질을 개선할 수 있다. 대기업과 소규모 스타트업이 딥러닝 기술을 비롯한 인공지능 덕분에 의료 분야에 진출하고 있다. [그림 4-10]은 인공지능과 관련된 새로운 의료 벤처의 초기 생태계를 보여준다.

CB인사이트 보고서에 따르면, 기존 의료 분야에 지각 변동을 일으키고 있는 기하급수적인 기술을 활용하는 스타트업 덕분에 의료 분야의 성장이 가속화되고 사람들의 건강이 크게 개선될 것으로 전망된다.40)

> 우리는 다양한 분야에서 머신러닝machine learning 알고리즘과 예측 분석을 적용해 신약 개발 시간을 단축하고, 환자에게 가상 의료 서비스를 제공하며, 의료 영상을 처리해 질병을 진단하는 100개 이상의 기업을 확인했다.

2025년까지 인공지능 시스템은 사람들의 건강 관리부터 특정 환자의 질문에 답할 수 있는 디지털 아바타에 이르기까지 모든 분야에 활용될 수 있다.

인도계 미국인 엔지니어이자 사업가인 선마이크로시스템스Sun Microsystems의 공동 창립자 비노드 코슬라Vinod Khosla는 스탠퍼드 대학교 의과대학 콘퍼런스에서 기하급수적인 변화가 다가올 것이라고 설명했다.[41]

그림 4-10. 의료용 인공지능의 초기 생태계

AI 의료 혁신 스타트업 106곳

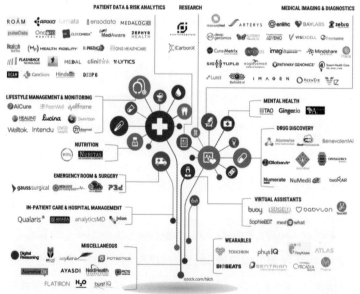

출처 : CB 인사이트(2020)

모든 산업 분야에서 소프트웨어의 혁신 속도는 다른 어떤 것보다 더 빠르다. 제약 산업과 같은 전통적인 의료에서 이런 혁신 주기가 느린 이유는 여러 가지가 있다.

의약품을 개발하고 실제로 시장에 출시하는 데는 10~15년이 걸리며, 실패율도 매우 높다. 안전성이 가장 큰 문제이기 때문에 그 과정을 탓할 수는 없다. 나는 이것이 정당하다고 생각하며 FDA도 적절하게 신중을 기한다. 하지만 디지털 의료는 안전에 미치는 영향이 적고 2~3년 주기로 반복될 수 있기 때문에 혁신의 속도는 상당히 빨라진다.

향후 10년 동안 데이터 과학과 소프트웨어는 의학 분야에서 모든 생물과학을 합친 것보다 더 많은 기여를 할 것이다.

여러 정부가 인공지능, 센서, 빅데이터 및 기타 신기술을 건강 개선의 새로운 가능성에 활용하겠다고 발표했다. 영국 정부가 여러 기업의 지원을 받아 2020년부터 영국 바이오뱅크UK Biobank를 통해 50만 명의 게놈을 무료로 시퀀싱하겠다고 발표한 것이 대표적인 사례다.[42] 미국 정부도 국립보건원을 통해 100만 명의 게놈을 시퀀싱하고 2022년부터 '정밀의학 이니셔티브'를 시작하겠다고 발표했다.[43] 아이슬란드 정부는 1996년 디코드deCODE라는 회사를 통해 이러한 계획을 최초로 시작했으며, 이후 에스토니아, 카타르 등 다른 국가도 유사한 계획을 시행하고 있다. 이제 치료 의학에서 예방 의학으로 전환해야 할 때가 왔으며, 인공지능은 이를 달성하기 위한 기본적인 도구다.

기술 투자 회사인 딥 놀리지 벤처스Deep Knowledge Ventures가 2018년 초에 발표한 또 다른 보고서에 따르면, 인공지능은 건강 분야에서 놀라운 발전을 가져올 것이다.[44]

헬스케어는 4차 산업혁명을 선도하는 분야가 될 것이며, 변화를 이끄는 주요 촉매제 중 하나는 인공지능이 될 것이다.

의료 분야의 인공지능은 기계가 감지하고, 이해하고, 행동하고, 학습해서 관리 및 임상 의료 기능을 수행할 수 있도록 지원하는 여러 기술의 집합을 의미한다. 단순히 인간의 업무를 보완하는 알고리즘(도구)일 뿐인 기존 기술과 달리, 오늘날의 의료 인공지능은 인간의 활동을 진정으로 증강할 수 있다.

인공지능은 이미 치료 계획 설계부터 반복적인 업무 지원, 약물 관리 및 생성에 이르기까지 의료 분야에서 혁신을 일으킬 수 있는 여러 영역을 발견했다. 이것은 시작에 불과하다.

인공지능은 우리의 건강을 개선하고, 치료법을 혁신하고, 새로운 의약품을 발견하고, 의료 시스템을 최적화하는 핵심이 될 것이다. 우리는 인공지능의 모든 이점을 이해하고 활용하기 위해 세심하고 개방적인 자세를 가져야 한다. 일부 사람들은 인공지능에 두려움을 느끼지만, 이를 위험으로 보지 말고 오히려 큰 기회로 생각해야 한다. 인공지능은 인간의 지능을 대체하는 것이 아니라 보완하고 향상할 것이다. 근본적인 문제는 인공지능이 아니라 인간의 어리석음이며, 불행히도 인간은 태어날 때부터 상당히 어리석다. 우리는 인공지능의 도움으로 인간의 지능을 향상 및 심화하고 고령화라는 당면 과제를 극복할 수 있다고 믿는다.

수명 연장에서 삶의 확장으로

그리스 신화에 등장하는 티토노스는 트로이의 왕 라오메돈의 아들이
자 프리아모스의 형제다. 눈부시게 아름다운 티토노스를 본 새벽의
여신 에오스는 사랑에 빠졌다. 그녀는 티토노스를 불멸의 존재로 만
들어달라고 제우스에게 간청했고, 신들의 아버지는 이를 허락했다.
그러나 에오스 여신은 영원한 젊음을 구하는 것을 잊어버렸기 때문에
티토노스는 점점 늙어 주름이 생기고 쪼그라들었다. 그리스 신화의
다양한 판본 중 어떤 것에서는 티토노스가 매미나 귀뚜라미로 변해
영원히 쪼그라들고 주름진 모습으로 끝난다.[45]

    이 책에서 우리는 무한히 늙는 것이 아니라 무한히 젊어질 수 있
도록 하는 수명 연장을 지지한다. 티토노스처럼 쪼그라들고 주름진
채로 살아남는 것이 아니라 최대한 충만한 삶을 사는 것이다. 이를 명
확히 하기 위해서는 수명 연장에서 생명 확장으로 발상의 전환이 필
요하다.

    이 책의 서문에서 이스라엘 역사가 유발 하라리를 언급했다. 그
는 두 번째 저서인 《호모 데우스Homo Deus: A Brief History of Tomorrow》
에서 불멸을 21세기의 첫 번째 위대한 프로젝트로 꼽았다. 하라리는
이어 두 번째 프로젝트로 인류가 사후세계가 아닌 현재의 삶에서 행
복을 찾는 것을 목표로 삼아야 한다고 강조했다.[46]

    우리의 목표는 삶의 질과 양을 모두 높이는 것이어야 한다. 이

는 역사를 통틀어 일어나고 있는 일이다. 수천 년 전의 평균 수명은 20~25년 정도였다. 삶의 전체 시간 중 3분의 1은 수면 시간(24시간 중 8시간 수면 가정)이었고, 나머지는 주로 생존을 위해 일했다. 선사시대에는 정규 교육이 없었고(연장자와 함께 일하면서 배웠으며, 생계를 위한 노동에 중점을 두었다) 자유 시간도 많지 않았다. 이러한 상황은 수천 년 동안 거의 변하지 않았다. [그림 4-11]에서 볼 수 있듯이 고대 로마 시대에도 기대수명은 25년 정도에 머물렀다.

기대수명이 과거 사반세기(25년)에서 20세기 초 약 반세기(50년)로 늘어나는 데는 몇 세기가 걸렸다. 21세기 초에 우리는 평균 수명이 약 4분의 3세기(75년)에 도달했으며, 지금과 같은 속도라면 몇 년 안에 1세기 수명에 도달할 것이고, 그 후 수명 탈출 속도에 도달하면 수명은 무한히 늘어날 것이다.

최근 몇 세기 동안의 이러한 큰 변화를 통해 기대수명이 늘어났을 뿐만 아니라, 교육 및 기타 활동에 사용할 수 있는 시간도 단순한 생계를 위한 노동을 넘어 훨씬 더 늘어났다. 또한 역사를 통틀어 자유 시간이 점차 증가했다는 점도 중요하다. 수천 년 전에는 먹을 것을 찾지 않으면 굶어 죽었다. 동물로부터 자신을 보호하지 않으면 다른 종의 먹이가 될 수도 있었다. 토요일이나 일요일도 없었다.

농업이 발명되고 최초의 도시가 세워진 뒤 인류는 유목민에서 정착민으로 바뀌었고, 많은 종교에서 신에게 거룩한 날을 바쳤다. 따라서 지역 신에게 바치는 특별한 날이 탄생했는데, 일부 문화권에서는 토요일이나 일요일 또는 다른 날을 사용했다. 산업혁명으로부터 이틀의 휴무일로 이루어진 주말이 만들어질 때까지(보통 토요일과 일요일) 수 세기가 걸렸다. 이제 21세기에는 근무일을 주 4일로 줄이거나 주

그림 4-11. 역사에 따른 기대수명의 변화(활동별 연도)

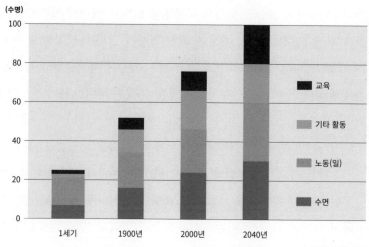

출처: 저자(2022)

당 근무 시간을 30시간 또는 35시간으로 단축하는 접근 방식이 처음으로 등장했다. 수천 년 전 아프리카의 조상들에게는 상상도 할 수 없는 일이었을 것이다.

우리는 역사를 통틀어 수명의 연장과 함께 삶의 확장에서도 먼 길을 걸어왔다. 지난 몇 세기 동안 우리의 기대수명은 크게 늘어났고, 다른 창의적인 활동에 할애할 수 있는 시간도 늘었다. 오늘날 우리는 조상들이 누렸던 것보나 미술, 음악, 조각 및 기타 많은 예술 활동에 더 많은 시간을 할애할 수 있다. 미국 심리학자 에이브러햄 매슬로 Abraham Maslow의 이론에 따르면, 우리는 인간 욕구의 피라미드를 계속 올랐으며, 자아실현 욕구에 점점 더 집중하기 위해 생리적 욕구를 뒤로하고 있다. 이러한 역학 관계는 앞으로도 계속될 것이며, 삶의 양과 질은 더욱 향상될 것이다.[47]

마리-장 앙투안 니콜라 드 카리타Marie-Jean-Antoine Nicolas de Caritat는 말년에 프랑스 혁명의 격동기를 맞이한 위대한 선각자였다. 그의 저서 《인간 정신의 진보에 대한 역사적 그림 스케치Sketch for a Historical Picture of the Progress of the Human Mind》는 다가올 가능성으로 가득 찬 세상의 미래를 인상적으로 엿볼 수 있는 책이다.48)

이러한 발전이 무한한 진전을 이룰 수 있다고 가정하고, 죽음이 특별한 사고나 생명력의 쇠퇴(세대를 거치면서 점점 더 더뎌지는)로 인한 것일 뿐이라고 가정하고, 사람이 태어나서 이 쇠퇴 시점까지 시간을 할당하는 것이 의미 없는 일이라고 가정하는 것이 터무니없는 일일까?

인간은 수백만 년 전 다른 선행 인류로부터 진화했고, 그보다 더 오래된 조상으로부터 진화하기 수십억 년 전에는 미미한 박테리아로 막 탄생했을 뿐이다. 그렇다면 인류의 미래는 어떻게 될까? 느린 생물학적 진화에서 빠른 기술 진화로 나아가고 있는 지금, 유발 하라리가 말한 것처럼 우리는 신에 가까운 존재가 될까? 영국 작가 윌리엄 셰익스피어William Shakespeare는 그의 유명한 작품 〈햄릿Hamlet〉에서 이를 잘 표현하고 있다.49)

우리는 우리가 무엇인지 알지만, 우리가 무엇이 될 수 있는지는 알지 못한다.

인간은 '존재'할 뿐만 아니라 '될 수 있는' 잠재력을 가지고 있다.

180

인간은 합리적인 수단을 사용해 인간의 조건과 외부 세계를 개선할수 있으며, 몸부터 시작해 우리 자신을 개선하는 데도 사용할 수 있다.이러한 모든 기술적 기회는 사람들이 더 오래, 더 건강하게 살고, 지적·신체적·정서적 능력을 향상하는 데 활용되어야 한다.

역사에서 알 수 있듯이 인간은 항상 신체적, 정신적 한계를 초월하기를 원했다. 기하급수적으로 발전하는 기술이 사용되는 방식은우리 사회의 성격을 크게 변화시킬 것이며, 우리 자신에 관한 비전과생명의 진화라는 거대한 계획에서 우리의 위치를 돌이킬 수 없을 정도로 바꿀 것이다. 우리는 큰 기회와 위험으로 가득 찬 미래를 향한긴 여정을 시작하고 있다. 미국의 공상과학 작가 데이비드 진델David Zindell이 그의 소설《부서진 신The Broken God》에서 말한 것처럼 우리는 지능적으로, 그러나 두려움 없이 앞으로 나아가야 한다.

'그렇다면 인간이란 무엇인가?'

'씨앗'

'씨앗?'

'나무로 자라기 위해 자신을 파괴하는 것을 두려워하지 않는 도토리.'

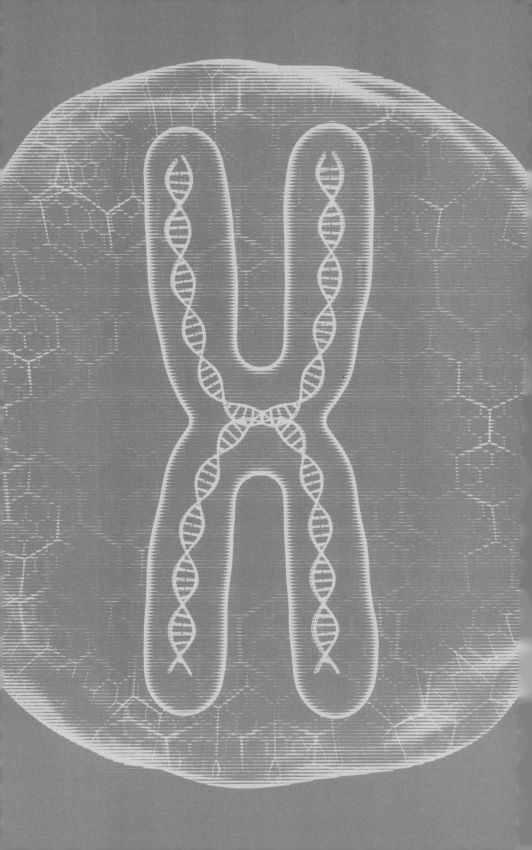

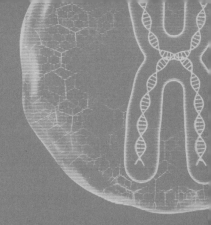

5장

수명 연장이 경제에 미치는 영향

생명을 소중히 여기지 않는 사람은 생명을 누릴 자격이 없다.
— 레오나르도 다빈치, 1518년

한순간을 위한 나의 모든 소유물.
— 엘리자베스 1세, 1603년

기술은 초기에는 부유층의 값비싼 전유물이고 잘 작동하지 않는다.
다음 단계에서는 조금 비싸고 조금 더 잘 작동할 뿐이다. 그다음 단계에서는
꽤 잘 작동하고 저렴하다. 궁극적으로는 거의 무료가 된다.
— 레이 커즈와일, 2005

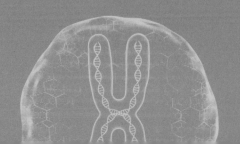

기대수명이 늘어날 가능성에 관한 사람들의 우려 중 하나는 수명 연장으로 인해 노년기의 쇠약 및 질병과 관련된 지출이 추가로 증가하지 않을까 하는 점이다. 이는 특히 사회가 고령화되고 있는 지금 매우 심각하게 고려해야 할 문제다.

일본에서 미국까지: 급속한 인구 고령화

전 일본 총리의 손자이자 2008년 9월부터 2009년 9월까지 총리를 지낸 일본의 저명한 정치인 아소 다로麻生太郎는 이러한 우려를 여러 차례 직접 표명했다. 총리 재임 기간에 아소는 다른 대륙의 정치인으로는 최초로 버락 오바마Barack Obama 미국 대통령을 백악관에서 예방한 바 있다. 또한 이 기간에 아소 총리는 전 세계에 반향을 일으킨 성명을 발표했는데, 그 내용은 잦은 치료가 필요한 사회집단인 연금 수급자의 의료 비용에 들어가는 세금 부담에 관한 불만이었다.[1]

나는 동창회에 가면 병원에서 끊임없이 어슬렁대는 60대 후반 노인들을 만난다. 먹고 마시기만 하고 아무런 노력도 하지 않는 사람들을 위해 왜 내가 돈을 내야 하는가?

2012년 12월 소속 정당이 정권을 잃고, 당 지도부가 사임한 후 아소는 부총리 겸 재무상이라는 두 가지 직책을 맡았다. 한 달 후 그는 〈가디언The Guardian〉에 보도된 성명에서 인구 고령화 비용 문제를 다시 언급했다.[2]

아소 다로 재무상은 월요일에 국가에 부과되는 의료비의 압박을 완화하기 위해 노인들이 '어서 죽을 수 있게' 허용해야 한다고 말했다.
"죽고 싶을 때도 억지로 살아야 한다면 천국에 갈 수 없다"며 그는 사회 보장 개혁 협의회에서 "내 치료비를 정부에서 모두 지급하고 있다는 사실을 알면 점점 더 기분이 나빠질 것"이라고 말했다. "그들이 어서 죽을 수 있게 내버려 두지 않는 한 문제는 해결되지 않을 것이다."
특히 노인 복지 비용의 증가는 소비세를 기존 5%에서 10%로 향후 3년간 2배 인상하기로 한 결정의 배경이 되었으며, 아소 부총리가 속한 자민당은 이를 지지했다. 그는 스스로 식사할 수 없는 노인 환자들을 '튜브인간'이라고 언급해 모욕감을 더했다.

기자는 병에 걸렸을 때를 대비한 아소 총리의 계획에 관해서도 보도했다

부총리를 겸하고 있는 72세의 그는 임종 치료를 거부하겠다고 말했다. 현지 언론이 인용한 논평에 의하면 "나는 그런 종류의 치료가 필요하지 않다"고 말했으며, 가족에게 수명 연장 치료를 거부하도록 지시하는 메모를 작성했다고 덧붙였다.

2009년과 2012년, 두 차례 모두 정치적 이유로 인해 아소는 자신의 공개 발언을 재빨리 번복해야 했다. 그의 측근들은 인구 비율 및 정치 참여율이 가장 큰 일본 노인 유권자들로 구성된 대규모 그룹의 지지를 잃을 가능성을 우려했다. 연금 수급자들에게 "어슬렁댄다"는 표현이 너무 무례했기에 아소 총리는 이 표현도 사과해야 했다. 그는 누구의 감정도 상하게 하고 싶지 않았다고 주장했다. 오히려 건강에 해로운 생활 습관으로 인한 질병 탓에 급증하는 의료 비용에 대한 주의를 환기시키려 한 것이라고 변명했다. 그의 말은 대부분 모욕적이고 틀렸지만, 한 가지만은 생각할 거리를 제공한다. 자신이 선택한 생활 방식을 존중해야 하지만, 그 선택으로 인해 의료 비용이 무한정 상승하는 것을 무시할 수는 없다는 점이다.

아소의 발언은 수십 년 전(1984년) 덴버에서 열린 공개 회의에서 콜로라도 주지사 리처드 램Richard Lamm이 한 발언을 연상시킨다. 램 주지사의 발언은 〈뉴욕 타임스〉에 보도되었다.[3]

불치병에 걸린 노인들은 인위적인 방법으로 생명을 연장하려고

노력하는 대신 "죽어서 길을 비켜줄 의무"가 있다고 콜로라도 주지사 리처드 램이 화요일에 말했다.

주지사는 세인트 조지프 병원에서 열린 콜로라도 보건변호사협회 회의에서 인위적으로 생명을 연장하지 않고 죽는 사람들은 "나무에서 잎이 떨어져 다른 식물이 자랄 수 있도록 부엽토가 되는 것"과 비슷하다고 말했다.

48세의 주지사는 "죽어서 비켜줄 의무가 있다"고 말했다.

램의 우려는 기본적으로 아소의 우려와 같았다.

말기 환자들의 수명을 연장하도록 하는 치료 비용이 국가 경제를 망치고 있다.

사회는 개인의 자유에 제한을 가하기 위해 집단적인 결정을 내린다. 예를 들어 도로 교통 사고로 인한 의료 비용을 줄이기 위해 모든 사람이 차 안에서 안전띠를 착용하도록 한다. 하지만 기대수명 증가로 인한 의료 비용은 어떻게 할까? 오래 사는 결과 비용만 증가한다면 우리는 정말 더 오래 살 권리가 있을까?

곧 죽을 것이라는 희망

노인이 '어서 죽는 것이 최선'이라는 주장은 여러 정치인뿐만 아니라 미국의 저명한 의학자 이지키얼 이매뉴얼Ezekiel Emanuel도 미묘한 표현을 사용해 옹호했다. 2014년 10월, 그는 '자연이 신속하고 즉각적으로 제자리를 찾으면 사회와 가족, 그리고 여러분 모두가 더 나아질 것이라는 주장'이라는 부제가 붙은 기사를 〈애틀랜틱Atlantic〉에 기고했다. 기사 제목은 부제보다 훨씬 더 놀라웠다. 1957년생인 이매뉴얼은 '내가 75세에 죽기를 희망하는 이유'라는 문구를 선택했다. 즉, 이매뉴얼이 2032년경에 소리소문없이 죽기를 희망한다는 뜻이다.[4]

나는 75세까지 살고 싶다.

이런 생각이 내 형제와 자녀들을 힘들게 만든다. 친구들도 내가 제정신이 아니라고 생각한다. 세상에는 봐야 할 것과 해야 할 일이 너무 많기 때문에 그들은 내가 하는 말이 진심이 아니라고 생각한다. 그들은 나를 설득하기 위해 75세 이상이면서 잘살고 있는 무수한 사람들을 열거한다. 그들은 내가 75세에 가까워질수록 죽기 원하는 나이를 80세, 85세, 심지어 90세까지 미룰 것이라고 확신한다.

나는 내 입장을 확신한다. 의심의 여지 없이 죽음은 손실이다. 그것은 우리에게서 경험과 이정표, 가족과 함께 보내는 시간을 박탈한다. 요컨대 우리가 소중히 여기는 모든 것을 박탈한다.

하지만 우리 중 많은 사람이 거부하는 단순한 진리가 있다. 너무 오래 사는 것도 손실이라는 것이다. 오래 사는 것은 사람들을 퇴화한 상태로 만들어, 죽음보다는 덜하더라도 상당한 박탈감을 느끼게 한다. 또 창의성과 일, 사회 및 세상에 기여할 수 있는 능력을 빼앗아 간다. 사람들이 우리와 관계를 맺고, 우리를 기억하는 방식을 변화시킨다. 노인이 되면 더는 활기차고 참여적인 존재가 아니라, 나약하고 비효율적이며 심지어 한심한 존재로 기억된다.

이매뉴얼의 경력은 인상적이다. 그는 미국 국립보건원 임상센터의 생명윤리 과장, 펜실베이니아 대학교 의료윤리 및 보건정책학과장 및 부총장을 역임했으며, 오바마 대통령의 의료 정책을 강력하게 옹호한 저서인 《미국 의료 재창조Reinventing American Health Care》의 저자로 유명세를 떨친 바 있다.[5]

이매뉴얼은 해박한 지식을 보유한 노화 수용 패러다임의 중요한 옹호자다. 그의 관점은 우리가 주목할 가치가 있다. 그는 의사였던 아버지 벤저민 이매뉴얼Benjamin Emanuel의 사례를 언급하며 자신의 주장을 뒷받침한다.

아버지의 사례가 상황을 잘 설명해준다. 약 10년 전, 77세 생일을 앞두고 아버지는 복부에 통증을 느끼기 시작했다. 다른 훌륭한 의사들처럼 아버지는 그것이 큰 병이 아니라고 계속 부인했다. 하지만 3주가 지나도 호전되지 않자 우리의 설득 끝에 그는 병원을 찾았다. 그리고 결국 심장마비를 일으켜 스텐트 시술과 관상동맥 우회술을 받았다. 그 뒤로 그는 예전 같지 않았다.
활동성의 대명사였던 아버지는 걷는 속도, 말하는 속도, 유머 감각이 갑자기 느려졌다. 그는 지금도 여전히 수영하고, 신문을 읽고, 전화로 아이들에게 잔소리를 하며, 어머니와 함께 살고 있다. 하지만 모든 것이 느리다. 심장마비로 돌아가시지는 않았지만, 누구도 그가 활기찬 삶을 살고 있다고 말하지 않는다. 아버지는 나와 그 이야기를 나누었다. "내가 엄청나게 느려진 건 부인할 수 없어. 더는 병원에서 회진하거나 가르칠 수도 없고…"

이매뉴얼의 결론은 다음과 같다.

지난 50년 동안 의료 서비스는 죽음의 시점을 늦추는 것만큼 노화의 과정을 늦추지는 못했다. 그리고 아버지의 사례에서 알 수 있듯이 현대의 임종 과정은 오히려 더 길어졌다.

요점은 기대수명이 길어짐에 따라 건강이 악화되는 기간도 길어진다는 것이다. 이매뉴얼은 자신의 관점을 뒷받침하는 정량적 데이터를 언급한다.

최근 수십 년 동안 수명의 증가는 장애의 감소가 아닌 증가를 동반한 것으로 보인다. 예를 들어, 서던 캘리포니아 대학교의 연구원인 아일린 크리민스Eileen Crimmins와 동료는 국민건강 면접조사 데이터를 사용해 성인의 신체 기능을 평가했다. 즉, 사람들이 400m 걷기, 열 계단 오르기, 2시간 동안 서 있거나 앉아 있기, 특수 장비 없이 일어서거나 구부리거나 무릎 꿇기 등을 할 수 있는지를 분석했다. 그 결과 나이가 들어감에 따라 신체 기능이 점진적으로 약화되는 것으로 나타났다. 더 중요한 사실은 1998년에서 2006년 사이에 노인의 기능적 이동성 상실이 증가했다는 것이다. 1998년에는 80세 이상 미국 남성의 약 28%가 기능적 제한을 겪었지만, 2006년에는 그 비율이 42%에 육박했다. 여성의 경우 그 결과는 더욱 심각해서 80세 이상 여성의 절반 이상이 기능적 제한을 겪고 있었다.

뇌졸중 통계를 고려하면 노년기에 불행을 겪을 확률은 더욱 높아진다.

뇌졸중을 예로 들어보겠다. 좋은 소식은 뇌졸중으로 인한 사망률을 줄이는 데 큰 진전이 있었다는 것이다. 2000년에서 2010년 사이에 뇌졸중으로 인한 사망자 수가 20% 이상 감소했다. 나쁜 소식은 뇌졸중에서 살아남은 약 680만 명의 미국인 중 상당수가 마비나 언어 장애로 고통받고 있다는 것이다. 그리고 '조용한' 뇌졸중에서 살아남은 것으로 추정되는 1,300만 명 이상의 미국인 중 상당수는 사고 과정, 기분 조절, 인지 기능의 이상과 같은 더 미묘한 뇌 기능 장애로 고통받고 있다. 그보다 더 심각한 문제는 향후 15년 동안 뇌졸중으로 인한 장애를 겪는 미국인의 수가 50% 증가할 것으로 예상된다는 것이다.

또한 치매의 문제도 고려해야 한다.

치매 및 기타 후천적 정신 장애를 안고 살아간다는 가장 무서운 가능성에 직면하면 상황은 더욱 심각해진다. 현재 약 500만 명의 65세 이상 미국인이 알츠하이머병을 앓고 있으며, 85세 이상 미국인 세 명 중 한 명이 알츠하이머병을 앓고 있다. 그리고 향후 수십 년 안에 이 수치가 바뀔 가능성은 크지 않다. 최근 알츠하이머병을 늦추거나 예방하기 위한 수많은 약물 임상시험이 비참하게 실패하면서 연구자들은 질병 패러다임 전체를 재고하고 있다. 가까운 미래에 치매를 치료할 수 있을 것이라는 예측 대신, 2050년까지 치매를 앓는 노인의 수가 300% 가까이 증가할 것이라는 치매 쓰나미를 경고하는 사람들이 늘어나고 있다.

고령화의 비용

이매뉴얼의 견해는 일본계 미국인 정치학자이자 스탠퍼드대 교수인 프랜시스 후쿠야마Francis Fukuyama가 2003년에 발표한 의견과 일맥상통한다. 후쿠야마는 '미래 노화 연구의 가능성과 함정은 무엇인가?'라는 제목의 SAGE 크로스로드 토론회에서 다음과 같이 말했다.[6]

> 수명 연장은 부정적 외부효과, 즉 개인에게는 합리적이고 바람직하지만 사회에는 부정적일 수 있는 비용을 초래하는 것의 완벽한 예라고 생각한다.
> 85세가 되면 약 50%의 사람들이 어떤 형태로든 알츠하이머병에 걸리는데, 이 질병이 폭발적으로 증가하는 이유는 단순하다. 의학의 발전 덕분에 사람들이 이 고약한 질병에 걸릴 수 있을 정도로 오래 살게 된 탓이다.
> 우리 어머니도 생의 마지막 몇 년을 요양원에 계셨는데, 사랑하는 사람이 죽기를 바라는 사람은 아무도 없기에 도덕적으로 상당히 문제가 되는 일이지만, 요양원에 있는 사람들을 보면 그들은 자신의 삶을 통제할 능력을 잃은 상황에 처한 것이다.

미국의 연구자인 베르하누 알레마예후Berhanu Alemayehu와 케네스 E. 워너Kenneth E Warner는 2004년에 한 사람이 일생 의료 서비스에 투자한 지출의 비율(인플레이션에 따라 조정)이 인생의 어느 단계에 해당하는지를 연구해서 그 결과를 '의료 비용의 평생 분포'라는 보고서에 발표했다.[7] 연구진은 미시간주 건강보험 가입자 약 400만 명의 의료 서비스 지출과 건강보험 수혜자 설문조사, 의료비 지출 패널 조사, 미시간주 사망률 데이터베이스, 미시간주 요양원 환자 수 등의 데이터를 분석했다.

그 결과를 보면 노인을 위한 의료 서비스 지출 증가는 여러 가지 요인이 작용했음을 이해할 수 있다.

- 나이가 들어감에 따라 '동반 질환'이라고 하는 두 가지 이상의 질환에 동시에 걸리기 쉽다.
- 동반 질환이 있는 환자는 여러 건강 상태 간에 복잡한 상호 작용으로 인해 이미 국가 의료비 지출의 상당 부분을 차지하고 있다.
- 동반 질환이 없더라도 노인은 신체가 약하고 회복력이 떨어지기 때문에 표준 치료법에 빠르게 반응할 가능성이 작다.
- 의학의 발달로 노인의 수명은 과거보다 더 길어질 수 있지만, 노인의 건강 악화에 따른 치료 기간 역시 길어져 비용이 더 많이 든다.

이러한 패턴은 우리가 때때로 '인구통계학적 위기'라고 부르는 더 광범위한 패턴에도 부합한다.

- 가족당 자녀 수가 감소한다.

- 고령자의 수명이 길어진다.
- 일하는 사람의 비율은 지속적으로 감소하는 반면, 일하지 않고 더 많은 의료 비용을 발생시킬 가능성이 있는 사람들은 지속적으로 증가하고 있다.
- 실질적인 변화가 없다면 의료 서비스의 수요가 증가해 국가 경제는 파산 위험에 직면할 것이다.

이매뉴얼은 안락사, 조력자살 등을 옹호하지 않으며, 실제로 그러한 정책에 강력히 반대해온 오랜 이력을 가지고 있다. 그가 염두에 두고 있는 것은 그런 것이 아니다. 그가 제안하는 것은 다음과 같다.

75세까지 살면 건강 관리에 대한 접근 방식이 완전히 바뀔 것이다. 나는 적극적으로 삶을 끝내지는 않을 것이다. 하지만 생명을 연장하려고 노력하지도 않을 것이다. 오늘날 의사가 검사나 치료, 특히 수명 연장을 위한 치료를 권고할 때 이를 거부하려면 정당한 이유를 제시하는 것이 우리의 의무가 되었다. 의학과 가족이라는 추진력이 결합해 이런 권고는 우리가 그대로 따라야 하는 것이 된다.

나는 이 과정을 뒤집으려 한다. 나는 윌리엄 오슬러William Osler 경이 세기말 고전 의학 교과서인《의학의 원리와 실제The Principles and Practice of Medicine》에 쓴 글에서 지침을 얻었다:"폐렴은 노인의 친구라고 할 수 있다. 갑작스럽고 빨리, 그다지 고통스럽지 않은 질병으로 인해 세상을 떠나게 된 노인은 자신과 친구들에게 너무나 고통스러운 '쇠약의 차가운 과정'을 피할 수 있다."

오슬러 경에게서 영감을 받은 나의 철학은 바로 이것이다. 75세를 기점으로 나는 정기적인 예방 검사, 선별 검사 또는 치료를 받지 않겠다. 만약 내가 통증이나 다른 장애를 겪고 있다면 통상의 치료가 아닌 완화요법만 받아들일 것이다.

이는 대장내시경 및 기타 암 선별 검사가 75세 이전에 끝난다는 사실을 뜻한다. 57세인 현재 암 진단을 받더라도 예후가 매우 나쁘지 않다면 치료를 받을 수 있을 것이다. 하지만 65세가 마지막 대장내시경 검사가 될 것이다. 어떤 연령이 되어도 전립선암 검진은 없다(내가 관심 없다고 말했는데도 비뇨기과 의사가 전립선특이항원PSA 검사를 해주고 결과를 알려주겠다고 전화했을 때, 나는 그가 말하기도 전에 전화를 끊었다. 나는 그에게 나를 위해서가 아니라 자신을 위해서 검사를 지시했음을 지적했다). 75세 이후에 암에 걸리면 치료를 거부할 것이다. 마찬가지로 심장 스트레스 검사도 없다. 심장 박동조율기나 이식형 제세동기도 안 된다. 심장 판막 교체나 우회술도 받지 않는다. 폐 공기증 또는 이와 유사한 질병이 생기고 악화가 잦아져 병원에 입원해야 하는 경우, 질식감으로 인한 불편함을 개선하기 위한 치료는 받겠지만 병원으로 이송되는 것은 거부한다.

간단한 치료에 관해 말하자면, 독감 예방 주사는 맞지 않는다. 물론 독감이 대유행한다면 아직 삶의 초기인 젊은이들은 백신이나 항바이러스제를 맞아야 한다. 큰 문제는 폐렴이나 피부 및 비뇨기 감염 등에 사용하는 항생제다. 항생제는 저렴하고 감염을 치료하는 데 효과적이다. 우리는 이것을 거부하기가 정말 어렵다. 실제로 수명 연장 치료를 원하지 않는다고 확신하는 사람들도 항생제를 거부하기가 쉽지 않다. 하지만 오슬러는 만성 질환과 관련된 노쇠와 달리 이러한 감염으로 인한 사망은 빠르고 비교적 고통스럽지 않다는 점을 상기시켜준다. 따라서 항생제는 안 된다.

인공호흡기, 투석, 수술, 항생제, 기타 약물, 의식이 있지만 정신적 능력이 없는 경우에도 완화 치료를 제외한 모든 약물을 투여하지 않겠다는 의료지시서를 사전에 작성하고 기록해두어야 한다. 즉, 연명 치료는 하지 않겠다는 것이다. 나에게 무슨 일이 닥치든 나는 죽을 것이다.

패러다임의 충돌

이매뉴얼의 관점은 용감하고 이타적인 것으로 묘사될 수 있다. 또한 그가 세상을 해석하는 데 사용하는 패러다임과도 일치한다.

- 고령화로 인해 의료 비용은 계속 상승하고 있으며 사회는 이러한 비용을 감당할 능력이 점점 줄어들고 있다.
- 치매와 같은 질병을 치료할 수 있을 것이라는 오랜 희망은 근거 없는 것으로 드러났다.
- 노화 관련 질병으로 오래 고통받는 노인들은 삶의 질이 떨어진다.
- 사회는 한정된 의료 자원을 배분하기 위한 합리적이고 인도적인 전략이 필요하다.
- 노인들은 이미 인생 최고의 시기를 넘겼고, 생산성과 창의성이 극대화되는 순간을 보냈다.

마지막 요점과 관련해서 이매뉴얼은 유명한 과학자 아인슈타인의 말을 인용한다.

하지만 사실 75세가 되면 창의성, 독창성, 생산성은 대다수의 사람에게서 거의 사라진다. 아인슈타인은 "30세 이전에 과학에 큰 공헌을 하지 않은 사람은 그 이후에도 결코 공헌하지 못할 것"이라는 유명한 말을 남겼다.

이매뉴얼이 아인슈타인의 이 말을 즉각 반박하고 나서, 자신의 의견을 덜 급진적으로 되풀이하는 것은 흥미롭다.

아인슈타인의 평가는 극단적이었다. 그리고 틀렸다. 나이와 창의성에 관한 저명한 연구자인 캘리포니아 대학교 데이비스 캠퍼스의 키스 시몬튼Keith Simonton 학장은 수많은 연구를 종합해서 전형적인 연령-창의성 곡선을 보여주었다. 그에 의하면 창의성은 경력이 시작되면서 급격히 상승하고, 약 20년 차인 40~45세에 정점을 찍은 뒤 연령에 따라 서서히 감소하는 곡선을 그린다. 분야마다 약간의 차이는 있지만, 큰 차이는 없다. 현재 노벨 물리학상을 받은 물리학자들의 평균 수상 연령은 48세다(수상이 아닌 성과를 거둔 시점). 이론 화학자와 물리학자는 경험적 연구자보다 공헌의 연령이 조금 더 낮다. 마찬가지로 시인은 소설가보다 일찍 정점에 도달하는 경향이 있다. 시몬튼이 클래식 작곡가에 관해 연구한 바에 따르면 일반적인 작곡가는 26세에 첫 번째 주요 작품을 작곡하고 40세경에 최고의 작품과 최대 생산량으로 정점에 도달한 뒤 쇠퇴해 52세에 마지막 중요한 음악을 작곡한다.

그러나 이매뉴얼은 그 뒤에도 몇 가지 반대되는 사례를 인용할 수밖에 없었다.

약 10년 전, 나는 곧 80세가 될 저명한 보건경제학자와 함께 일하기 시작했다. 우리의 협업은 매우 생산적이었다. 우리는 의료 개혁을 둘러싸고 진화하는 논쟁에 영향을 준 수많은 논문을 발표했다. 내 동료는 훌륭하고 주요한 공헌을 계속하고 있으며 올해 90세 생일을 맞았다. 하지만 그는 매우 드문 예외적인 인물이다.

이매뉴얼은 뇌의 복잡성과 소위 '뇌 가소성뇌세포 일부분이 죽더라도 그 기능을 다른 뇌세포에서 일부 대신할 수 있게 되는 것-역주'의 감소로 인해 이러한 예외가 매우 드물다고 주장한다.

연령에 따른 창의성 곡선, 특히 그 감소세는 문화와 역사에 걸쳐 지속되며, 이는 아마도 뇌 가소성과 관련된 생물학적 결정론이 깊숙이 내재해 있음을 시사한다.
신경세포 간의 연결은 강렬한 자연선택의 과정을 거친다. 가장 많이 사용되는 신경 연결은 강화되고 유지되는 반면, 사용되지 않는 신경 연결은 시간이 지남에 따라 위축되고 사라진다. 뇌 가소성은 일생 지속되지만, 신경세포가 완전히 다시 연결되는 일은 없다. 나이가 들면서 우리는 평생의 경험, 생각, 감정, 행동, 기억을 통해 확립된 매우 광범위한 연결망을 구축한다. 이런 연결망은 우리가 누구였는지에 따라 달라진다. 기존 네트워크를 대체할 수 있는 새로운 신경 연결망을 개발하지 못하기 때문에 새롭고 창의적인 생각을 만들어내는 것이 불가능하지는 않더라도 매우 어렵다. 노인이 새로운 언어를 배우는 것은 훨씬 더 어렵다. 이러한 모든 정신적 퍼즐은 우리가 가진 신경 연결의 침식을 늦추기 위한 노력이다. 초기 경험을 통해 구축된 신경망에서 창의성을 짜내고 나면, 내 동료처럼 뛰어난 가소성을 가진 소수의 노년층을 제외하고는 혁신적인 아이디어를 창출할 수 있는 강력한 새로운 뇌 연결을 개발할 가능성이 거의 없다.

왜 의학이 더 많은 사람들에게 그가 예외로 하는 '동료'처럼 창의성과 생산성 향상을 경험하게 할 수 없는지에 관한 질문에 이매뉴얼은 자신의 패러다임 요점 중 하나, 즉 '치매와 같은 질병을 치료할 수 있을 것이라는 오랜 희망은 근거 없는 것으로 드러났다'는 점에 다시한번 의존한다.

패러다임 전환

패러다임의 여러 지점이 서로 잘 맞고 서로를 강화하는 것은 놀라운 일이 아니다. 이것이 바로 패러다임이 힘을 얻는 이유다. 노인의 의료비 지출을 줄이고자 하는 목표는 노화 역전의 패러다임을 통해 매우 색다른 방식으로 달성할 수 있다. 지능적이고 집중적인 의학 연구가 노화의 시작과 결과를 (아마도 무기한으로) 지연시킬 수 있다는 것이 사

실로 밝혀진다면 사회는 큰 이익을 얻을 것이다. 실제로 많은 사람들
이 다음과 같은 이익을 얻는다.

- 노화 및 쇠약 방지.
- 노화 관련 질병(나이가 들수록 발병 소지와 심각성이 증가하는 암, 심혈관 질환과 같은 질병 포함)에 더는 희생되지 않는다.
- 장기 질환으로 인한 장기 의료 서비스의 소비가 줄어든다.
- 계속해서 활동적이고 생산적인 노동력의 일부가 되어 활력과 열정을 유지할 수 있다.

따라서 상대적으로 단기적인 이 투자가 건강 개선과 노화 지연을
이루어 상당한 경제적, 사회적 이득을 가져올 것이다. 이를 '장수 배당
금'이라고 한다.

'장수 배당금'이란?

장수 배당금의 개념은 2006년 과학 저널인 〈사이언티스트Scientist〉의
'장수 배당금 추구'라는 기사에서 소개되었다. 이 기사는 다양한 노화
분야에서 두각을 나타내는 연구자 네 명이 저술했다. 일리노이 대학
교 시카고 캠퍼스의 역학 및 생물통계학 교수인 S. 제이 올샨스키S. Jay
Olshansky, 워싱턴 DC에 있는 노화연구연합Alliance for Aging Research의
전무이사였던 대니얼 페리Daniel Perry, 미시간 대학교의 병리학 교수
인 리처드 밀러 Richard A. Miller, 뉴욕 국제장수센터International Longevity

Center의 사장 겸 CEO인 로버트 N. 버틀러 Robert N. Butler가 그들이다. 이 기사에는 긴급한 요청이 포함되어 있다.[8]

노화를 늦추기 위한 공동의 노력은 생명을 구하고 연장하며 건강을 개선하고 부를 창출할 수 있으므로, 즉시 시작할 것을 제안한다.

그중 마지막 이유는 노화를 늦추려는 노력이 부를 창출할 수 있다는 것이다. 이 기사의 저자들은 노화 방지의 과학적 관점에 대해 낙관적이다.

최근 수십 년 동안 생물노화학자들은 노화의 원인에 관해 상당한 통찰력을 얻었다. 이들은 삶과 죽음의 생물학에 대한 대중의 이해 수준을 혁신적으로 변화시켰다. 노화와 노화의 영향에 관한 오랜 오해를 불식시키고, 수명 연장과 개선의 가능성에 관한 실질적이며 과학적인 근거를 처음으로 제시했다.
노화 관련 질병이 유전자와 행동 위험 요인에 의해 영향을 받으며, 개선할 수 없다는 생각은 유전학이나 식이 요법 개입이 거의 모든 노년기 질병을 동시에 지연시킬 수 있다는 증거에 의해 불식되었다. 단순한 진핵생물부터 포유류에 이르기까지 다양한 모델에서 제시된 여러 증거에 따르면, 우리 몸에는 노화 속도에 영향을 미치는 '스위치'가 있을 수 있다. 하지만 이 스위치는 고정불변이 아니라 잠재적으로 조정할 수 있다.
노화가 진화에 의해 이미 완성된 불변의 과정이라는 믿음은 이제 잘못된 것으로 알려져 있다. 최근 수십 년 동안 노화가 어떻게,

왜, 언제 일어나는지에 관한 지식이 크게 발전해서 많은 과학자는 이러한 연구가 충분히 촉진된다면 오늘날 살아있는 사람들에게 도움이 될 수 있다고 믿고 있다. 실제로 노화 과학은 약물, 수술, 행동 교정이 할 수 없는 일을 해낼 잠재력을 가지고 있다. 즉, 젊음의 활력을 연장하는 동시에 노년기에 나타나는, 큰 돈이 들고 장애를 일으키며 치명적인 모든 질환을 연기할 수 있는 잠재력을 가지고 있다.

결과적으로 네 명의 연구자들은 '막대한 경제적 이익'을 포함한 많은 이점을 기대한다.

명백한 건강상의 이점 외에도 건강수명을 연장해 막대한 경제적 이익을 발생시킬 것이다. 노화를 저지해 신체적, 정신적 능력을 발휘할 수 있는 기간이 연장되면 사람들이 노동력을 더 오래 유지해 개인 소득과 저축이 증가한다. 또 노령 연금 프로그램이 인구 통계 변화로 인한 압박을 덜 받게 되며, 국가 경제가 번영할 것이라고 믿을 만한 근거가 있다. 노화 과학은 개인과 인류를 위한 사회경제적 건강 보너스의 형태로 '장수 배당금'이라는 것을 만들어낼 잠재력을 가지고 있으며, 이 배당금은 현재 살아있는 세대부터 시작해 다음 세대로 계속될 것이다.

저자들은 건강한 수명 연장이 개인과 사회 모두에 부를 창출하는 다양한 방법을 나열한다.

- 건강한 노인은 질병으로 고통받는 노인보다 저축과 투자를 더 많이 한다.
- 사회에서 생산성을 계속 유지하는 경향이 있다.
- 금융, 관광, 서비스업 등으로 실버산업이 확장되어 경제 호황을 불러온다.
- 건강 상태의 개선은 학교와 직장의 결석률을 낮추어 전반적인 교육 수준 향상과 소득 증가로 이어진다.

그러나 저자들은 자원 부족 등의 이유로 노화 역전에 관한 연구가 매우 느리게 진행되는 대안 시나리오도 소개했다. 이 시나리오에서는 노화 관련 질병으로 인해 사회가 점점 더 많은 지출을 요구한다.

그렇지 않을 때 어떤 일이 일어날지 생각해보자. 예를 들어 대표적 노화 관련 질환인 알츠하이머병의 경우 현재 이 질환을 앓는 미국인의 수가 400만 명인데, 인구통계학적 변화 외에 다른 요인이 없다면 21세기 중반에는 1,600만 명까지 늘어날 것이다. 즉, 2050년에는 현재 네덜란드 전체 인구보다 더 많은 미국인이 알츠하이머병에 걸릴 것이다.

전 세계적으로는 2050년까지 알츠하이머 유병률이 4,500만 명으로 증가하고, 알츠하이머 환자 네 명 중 세 명이 개발도상국에 거주할 것으로 예상된다. 현재 미국의 경제적 손실은 800억~1,000억 달러에 달하지만 2050년에는 알츠하이머병 및 치매에 매년 1조 달러 이상이 지출될 것으로 예상된다. 이 단일 질병의 영향은 치명적일 것이며, 더 무서운 것은 그저 한 가지 사례에 불과하다는 점이다.

심혈관 질환, 당뇨병, 암 및 기타 노화 관련 질환으로 인해 '간병'

에만 수십억 달러가 낭비되고 있다. 노인의 건강 관리에 관한 공식적인 교육이 거의 없거나 전혀 없는 많은 개발도상국의 문제를 상상해보라. 예를 들어, 중국과 인도에서는 21세기 중반에 노인 인구가 현재 미국 전체 인구보다 많을 것이다. 이런 인구통계학적 흐름은 전 세계적인 현상으로, 의료 재정을 심연으로 끌고 들어가는 것처럼 보인다.

네 연구자는 이지키엘 이매뉴얼이 예견한 것과 같은 금융 위기가 닥칠 것으로 예상한다. 그러나 이매뉴얼이 특정 연령, 예를 들어 75세에 도달하면 값비싼 의료 지원을 (자발적으로) 중단할 것을 권장한 것과 달리, 이들은 노화 방지의 과학이 의료 지원의 중단보다 더 나은 해결책을 제공할 수 있다고 믿는다.

국가는 노년기의 질병과 노화를 마치 서로 무관한 것처럼, 계속 별도로 대처하고 싶은 유혹을 받을 수 있다. 이것이 오늘날 대부분의 의료가 시행되고 의학 연구가 수행되는 방식이다. 미국의 국립보건원은 특정 질병과 장애를 개별적으로 공격한다는 전제하에 조직되어 있다. 그리고 국립노화연구소는 예산의 절반 이상을 알츠하이머병에 투입하고 있다. 그러나 알츠하이머처럼 치명적인 장애를 유발하는 질병에 걸리기 쉬운 근본적인 변화는 노화 과정에서 발생한다. 따라서 노화를 지연시키는 것이 최우선 과제 중 하나가 되어야 하는 것은 당연한 일이다.

이 최우선 과제가 이 책의 주제라는 사실은 분명하다. 우리는 머지않아 건강한 기대수명을 무한정 연장할 수 있는 치료법이 개발될 것이라는 예측을 지지한다. 장수 배당을 주장하는 사람들은 수명이 무기한 연장되지 않더라도, 예를 들어 7년만 더 건강하게 살 수 있다면 경제적 관점과 인도주의적 관점 모두에서 매우 긍정적일 것이라고 말한다.

우리는 현실적으로 달성 가능한 목표를 구상하고 있다. 모든 노화 관련 질환을 7년 정도 늦출 수 있을 정도로 노화 속도를 완만하게 감소시키는 것이다. 7년인 이유는 사망을 포함해 노화로 인한 대부분의 부정적인 특성이 성인 기준으로 수명에 따라 기하급수적으로 증가하는 경향이 있는데, 약 7년 동안 2배로 증가하기 때문이다. 따라서 7년 늦추는 것만으로 암이나 심장 질환을 치료할 때 얻을 수 있는 것보다 더 큰 건강 및 장수 혜택을 얻을 것이다. 그리고 우리는 이미 태어나서 살아가고 있는 세대를 위해 이 목표를 달성할 수 있다고 믿는다.

노화를 7년 늦추는 데 성공하면 모든 연령대에서 연령별 사망, 허약, 장애 위험이 약 절반으로 감소할 것이다. 미래에 50세가 되는 사람은 현재의 43세에 해당하는 건강 가능성과 질병의 위험을 얻게 되고, 60세가 되는 사람은 현재의 53세와 비슷해질 것이다. 마찬가지로 중요한 것은 이 7년 지연이 달성되면 오늘날 국가 대부분에서 태어난 어린이들이 동일한 예방 접종의 혜택을 누리는 것과 마찬가지로 모든 후속 세대가 동등한 건강 및 장수 혜택을 누릴 수 있다는 점이다.

장수 배당금 정량화하기

장수 배당금에 관한 반대 의견으로는 일반적으로 세 가지 논거가 주로 고려된다.

1. 어떤 연구가 축적되더라도 인간의 건강수명을 7년까지 연장할 수 없다는 절대주의적 입장이다. 이 입장은 얼마를 투자하든 과거와 유사한 획기적 개선이 현재에 반복될 수 없다고 주장한다.
2. 이러한 연구에 막대한 비용이 들기 때문에 건강수명 연장으로 인한 경제상의 잠재적 이익이 막대한 비용으로 인해 상쇄될 것이라는 주장이다.
3. 장수 배당금의 혜택이 일시적일 뿐이라는 주장으로, 노년층의 막대한 의료비 지출이 취소되는 게 아니라 연기될 뿐이라는 것이다.

우리는 건강한 장수와 관련해서 '더 이상 획기적인 발전이 이루어지지 않을 것'이라는 첫 번째 주장을 완전히 거부한다. 오히려 '얼마나 많이' '얼마나 빨리' '얼마나 큰 비용이 드느냐'가 관건이다.

이제 두 번째 논쟁으로 넘어가자. 두 번째는 더 많은 관심을 기울일 필요가 있는 주장이라서 우리는 수치를 정량화해서 검증하고자 했다. 이 주장을 검증할 수 있는 수치는 미국 학자 데이나 골드먼Dana Goldman과 데이비드 커틀러David Cutler 등이 '고령화 지연으로 인한 건강 및 경제적 측면의 실질적 이익이 의학 연구를 새로운 초점에 맞추도록 한다'라는 제목으로 작성한 논문에서 찾을 수 있다. 골드먼은 서던 캘리포니아 대학교의 공공 정책 및 약학 경제학 교수이자 셰퍼 보건 정책 및 경제 센터의 책임자이며, 커틀러는 하버드 대학교의 경제

학 교수다.[9]

　이 두 저자는 의료 시스템이 현재의 궤도를 계속 유지할 경우, 노인의료보험(65세 이상 미국인에게 의료보험 서비스를 제공하는 건강보험)에 대한 지출이 2012년 미국 GDP의 3.7%에서 2050년에는 7.3%로 크게 증가할 것이라고 말한다. 이는 노년층이 질환을 가진 상태로 보내는 시간이 과거에 비해 더 길어진다는 사실을 반영한다.

　청년층과 중장년층의 경우 질병 치료로 수명이 연장되었지만, 노년층에서는 건강수명이 연장되지 않을 수 있다는 증거가 있다. 기대수명의 증가와 함께 질환 발생률이 증가하면서 건강수명은 과거와 비교해 변함없거나 오히려 더 짧아지고 있다.

　사람들이 나이가 들어감에 따라 과거와 비교해 단일 질병에 걸릴 확률은 훨씬 낮아졌다. 그 대신 심장 질환, 암, 뇌졸중, 알츠하이머병 등 생물학적 노화와 관련성이 높은 사망 원인이 노년기에 접어들면서 한 개인에게 집중적으로 발생하고 있다. 이러한 질환은 사망 위험을 높이고 노년기에 수반될 수 있는 질환과 노쇠를 유발한다.

　저자들은 네 가지 시나리오를 연구한다. 이 시나리오는 모두 2010~2050년 의료 발전의 범위와 속도에 따라 달라진다.

- 현상 유지 시나리오 : 해당 기간에 질병 사망률이 변하지 않는 시나리오
- 암 발생 지연 시나리오 : 2010~2030년에 암 발생률이 25% 감소한 후 일정하게 유지

- 심장병 지연 시나리오 : 2010~2030년에 심장병 발생률이 25% 감소한 후 일정하게 유지
- 노화 지연 시나리오 : 외상이나 흡연 같은 외부 위험 요인이 아닌 나이로 인한 사망률이 2050년까지 20% 감소

이 시나리오 중 네 번째 시나리오가 이 책이 옹호하는 아이디어에 부합한다. 저자의 설명을 조금 더 살펴보자.

이 시나리오는 질병에 걸렸을 때의 영향에 변화를 주었지만, 노화라는 근본적인 생물학을 다루었기 때문에 질병 예방 시나리오와 다르다. 이 시나리오는 노화 질환의 대부분이 발생하는 50세이상에서 수명이 연장될 때마다 사망률과 만성 질환(심장 질환, 암, 뇌졸중 또는 일과성 허혈 발작, 당뇨병, 만성 기관지염 및 폐기종, 고혈압) 및 장애 발병 확률을 1.25%씩 감소시켰다. 이러한 감소는 2010년에 0%를 시작으로 2030년에 1.25%가 감소할 때까지 선형적으로 증가해 20년에 걸쳐 단계적으로 이루어진다.

세 가지 개입 시나리오 모두 기대수명이 증가한다. 2030년에 51세인 사람의 기대수명은 35.8년(현상 유지 시나리오), 36.9년(암 지연 시나리오), 36.6년(심혈관 질환 지연 시나리오) 또는 38.0년(노화 지연 시나리오)가 될 수 있다. 노화 지연 시나리오는 연령과 관련된 모든 질병에 영향을 미치기 때문에 기대수명이 가장 많이 연장되는 시나리오이며, 나머지 두 시나리오에서는 특정 질환 외에는 모든 질병에 취약한 상태로 남는다.

기대수명의 증가는 특정 질병 시나리오에서는 약 1년, 노화 지연 시나리오에서는 2.2년으로 미미한 수준이다. 그러나 놀라운 것은 각 시나리오에서 나타나는 경제적 결과다. 노인을 위한 의료 서비스, 취약계층을 위한 의료 서비스, 장애 보험료, 사회 보장 보험료 등과 같이 공공 프로그램에서 발생하는 예상 비용에 더해 생활 환경의 개선으로 인한 생산성 향상 추정치를 포함하면 노화 지연 시나리오의 경제적 가치는 2060년까지 7조 1,000억 달러에 달할 것으로 추정된다. 이 혜택의 출처는 두 가지다.

1. 2030년부터 2060년까지 미국에서 장애가 있는 노인의 수가 최대 500만 명 감소한다.
2. 같은 기간에 미국에서 비장애 노인의 수가 최대 1,000만 명 더 증가해 경제에 대한 기여도(생산과 소비 측면 모두)가 높아진다.

다른 두 가지 시나리오(암 및 심장병 지연)에서 보여줄 수 있는 차이는 훨씬 작기 때문에 그로부터 파생되는 혜택도 훨씬 적다. 이것이 개별 질병의 치료 및 예방보다 노화 역전에 우선순위를 두어야 하는 또 다른 이유다.

언급된 수치에 많은 의구심이 생길 수밖에 없다. 그러나 7조 1,000억 달러라는 주요 수치가 과장되었다고 하더라도, 그 이점은 여전히 크다. 특히 흥미로운 점은 이러한 혜택이 기대수명 2.2년 연장이라는 약간의 개선에서 비롯된다는 것이다. 더 큰 연장이 가져올 수 있는 혜택이 얼마나 클지 상상해보라.

수명 연장으로 인한 경제적 이익

앞서 설명한 절감액은 연금 수급 자격을 결정하는 제도의 변경에 따라 달라진다는 점에 유의해야 한다. 골드먼과 커틀러는 다음과 같이 지적한다.

고령화가 지연되면 사회보장제도의 지출이 크게 증가할 것이다. 그러나 이러한 변화는 건강보험 가입 연령과 사회보장제도의 시작 연령을 늘림으로써 상쇄될 수 있다.

연금 지급의 시작 시기를 변경하지 않으면 수명이 늘어남에 따라 재정난이 가중될 것이다. 이러한 문제의 심각성은 국제통화기금 International Monetary Fund, IMF의 2012년 보고서에서 강조되었으며, '예상보다 빠르게 증가하는 고령화 비용-국제통화기금'이라는 제목의 로이터Reuters 통신 기사에 다음과 같이 요약되어 있다.10)

국제통화기금은 전 세계 사람들이 예상보다 평균 3년 더 오래 살면서 고령화 비용 역시 50%나 증가하고 있지만, 여기에 대한 정부와 연금기금의 대비가 미흡하다고 밝혔다.
이미 고령화된 베이비붐 세대를 돌보는 비용이 정부 예산에 부담을 주기 시작했으며, 특히 2050년까지 노인 인구와 근로자 수가 거의 일대일의 비율이 될 선진국에서는 더욱 그러하다. 국제통화기금의 연구에 따르면 이 문제는 전 세계적인 문제이며 장수는 생각보다 더 큰 위험이다.

2050년에 모든 사람의 수명이 지금보다 3년만 더 연장되어도 연간 GDP의 1~2%에 해당하는 추가 재원이 필요할 것이다.
국제통화기금은 수명이 3년 더 늘어나면 미국에서만 민간 연금의 부채가 9.0% 증가할 것이라며, 정부와 민간 부문이 수명 연장에 따른 위험에 지금부터 대비해야 한다고 촉구했다.

우리가 지금 엄청난 숫자에 관해 이야기하고 있다는 사실이 실감나는가?

국제통화기금은 이 3년의 수명 연장에 따른 연금 부족분을 충당하려면 선진국의 경우 2010년 GDP의 50%에 해당하는 금액을, 신흥국은 25%에 해당하는 금액을 비축해야 한다고 추산했다.
이러한 추가 비용은 고령화로 인해 2050년까지 각국이 예상하는 추가 비용에서 2배 이상 증가한 금액에 해당한다. 국제통화기금은 각국이 이 문제를 더 빨리 해결할수록 사람들이 더 오래 사는 '위험'을 더 쉽게 처리할 수 있을 것이라고 말했다.

그러나 이 보고서에서는 미래 지향적인 비전을 세울 때 고려해야 할 두 가지 근본적인 원인을 언급하지 않았다.

1.장수 인구가 경제에 더 많은 기여를 할 수 있는 잠재력(재원의 낭비가 아닌)
2.평균 수명의 변화와 균형을 이루기 위해 연금 개시 연령을 변경할 가능성

워싱턴 DC 브루킹스 연구소Brookings Institution의 경제학자 헨리 애

런Henry Aaron과 게리 버틀리스Gary Burtless도 저서 《재정 적자 해소 : 늦은 은퇴가 얼마나 도움이 될까Closing the Deficit : How Much Can Later Retirement Help?》에서 비슷한 주장을 펼쳤다.11)

그들의 결론은 월터 해밀턴Walter Hamilton이 〈로스 앤젤레스 타임스Los Angeles Times〉에 기고한 글에 요약되어 있다.12)

이 책은 60세 이상의 사람들이 지난 20년 동안 꾸준히 은퇴를 늦춰왔다고 지적한다. 1991년부터 2010년까지 68세 남성의 고용률은 절반 이상, 같은 연령대 여성의 고용률은 약 3분의 2가 증가했다.

사람들이 더 오래 일할수록 추가 세수가 발생해 연방 예산의 적자와 사회 보장 지출을 줄일 수 있다. 일자리가 증가하면 향후 30년 동안 정부 수입이 2조 1,000억 달러까지 늘어날 수 있다.

사람들이 사회보장제도와 고령자를 위한 건강보험 프로그램의 이용을 늦추면 6,000억 달러 이상의 지출을 줄일 수 있다. 그 효과는 2040년까지 정부 수입과 지출 간의 격차를 4조 달러 이상 좁힐 수 있다.

에일대학교의 저명한 경세학자 윌리엄 노드하우스William Nordhaus도 2002년 저서 《국가의 건강 : 개선된 건강이 생활 수준에 미치는 영향The Health of Nations : The Contribution of Improved Health to Living Standards》에서 거의 같은 결론에 도달했다.13) 노드하우스는 20세기의 경제 성과가 개선된 원인을 분석한 결과, 기대수명의 증가는 경제 성과의 측면에서 '다른 모든 소비재와 서비스의 가치를 모두 합친 것만큼이나 크다'는 결론을 내렸다. 수명이 길어질수록 사람들은 더 오래 일하고 더 많이 생산하며, 노동력과 지역사회 전체에 더 많은 경험을 제공할 수 있다. 노드하우스는 연구 말미에 자신의 논문을 다음과 같이 요약했다.

첫 번째 추정으로, 지난 100년 동안 증가한 수명의 경제적 가치는 비非의료 제품 및 서비스에서 측정된 성장 가치만큼 크다.

시카고 대학교의 저명한 경제학자인 케빈 머피Kevin Murphy와 로버트 토펠Robert Topel은 2005년 논문 '건강과 장수의 가치'에서 장수로 인한 역사적 이익에 관해 또 다른 계산을 내놓았다. 이 경제학자들은 60쪽에 달하는 방대한 분량의 논문을 통해 광범위한 계산을 수행했으며, 그 결론은 논문의 개요에서 확인할 수 있다.[14]

우리는 개인의 지급 의사에 따라 건강과 기대수명의 개선을 평가하는 경제적 프레임워크를 개발했다. 이 프레임워크를 전체 및 특정 생명을 위협하는 질병(사망률)의 과거와 미래에 적용해보았다. 20세기 남녀의 수명 증가에 따른 사회적 가치, 1970년 이후 다양한 질병 치료의 발전에 따른 사회적 가치, 그리고 다양한 주요 질병 범주에 관한 향후 잠재적 개선의 사회적 가치를 계산했다. 그 결과 수명 연장으로 인한 역사적 이익은 엄청났다. 20세기 동안 기대수명의 누적 연장은 남녀 모두에서 1인당 120만 달러 이상의 가치가 있었다. 1970~2000년에는 수명 연장으로 인해 연간 약 3조 2,000억 달러의 국부가 증가했으며, 이는 같은 기간 연평균 GDP의 약 절반에 해당하는 수치다. 심장 질환으로 인한 사망률 감소만으로도 1970년 이후 매년 약 1조 5,000억 달러의 삶의 가치가 증가했다.

머피와 토펠은 건강 증진이 지속적으로 이루어져 이러한 이득이 미래에도 계속되기를 희망한다.

의료 분야의 미래 혁신으로 인한 잠재적 이익 또한 매우 크다. 암 사망률이 1%만 감소해도 거의 5,000억 달러의 가치가 있다.

하지만 두 가지 근본적인 문제가 남아 있다.

1.건강수명을 연장하는 데 드는 비용이 (아마도) 수조 달러에 달하는 경제적 이익보다 더 클까?
2.건강수명이 늘어난 만큼, 비용이 많이 드는 건강 관리 기간도 늘어나서 문제가 해결되지 않고 미루어지기만 하는 것은 아닐까?

이 두 가지 질문에 차례로 답해보겠다.

노화 역전 요법 개발 비용

건강수명을 평균 7년 연장할 수 있는 노화 역전 요법을 개발하는 데 드는 비용을 미리 정확히 알아보는 것은 불가능하다(앞서 언급한 2006년 올샨스키와 그의 동료들이 쓴 '장수 배당금 추구'라는 기사에서 지적한 바와 같이). 그럴듯한 '규모'를 추정하기에는 미지의 요소가 너무 많다. 노화 관련 질병의 세포 및 분자적 열쇠를 푸는 것이 얼마나 어려울지 알 수 없다. 다만 건강수명을 연장하기 위한 과거의 다양한 프로젝트들이 대체로 비용을 쉽게 충당할 수 있었다는 점에서 우리는 어느 정도 자신감을 얻을 수 있다. 예를 들어, 어린이에게 아동 관련 질병 예방 백신을 접종하는 프로그램을 생각해보자. 기본 원칙은 예방이 치료보다 훨씬 저렴할 수 있다는 것이다. 캘리포니아 벅 노화연구소Buck Institute의 전무이사를 역임한 과학자 브라이언 케네디에 따르면, "예방 비용은 치료 비용의 20분의 1에 불과하다."[15]

앞서 언급했던 머피와 토펠은 다음과 같이 전반적으로 평가한다.

'1970~2000년에 수명이 증가하면서 '총'사회적 가치는 95조 달러가 증가했지만, 의료비 지출의 자본화 가치는 34조 달러 증가해 61조 달러의 순이익이 남았다. (…) 전반적으로 의료비 지출 증가는 수명 증가의 가치의 36%만 흡수한다.

저자들은 이 분석의 시사점을 통해 향후 의료 혁신에 대한 투자 수준을 결정할 수 있다고 말한다.

건강 개선의 사회적 가치 분석은 의학 연구와 건강 혁신에 관한 사회적 수익을 평가하기 위한 첫 번째 단계다. 건강 향상과 수명 연장은 사회의 의료 지식 재고에 의해 결정되며, 여기에는 기초의학 연구가 핵심적인 역할을 한다. 미국은 매년 500억 달러 이상을 의료 연구에 투자하고 있는데, 이 중 약 40%는 연방 정부에서 지원한다. 이는 정부 연구개발 지출의 25%를 차지한다. 2003년의 건강 관련 연구에 대한 연방 정부의 지출은 270억 달러로, 대부분이 국립보건원의 예산이며 1993년의 2배로 증가했다. 이러한 지출이 합당할까?

우리의 분석에 따르면 기초의학 연구에서 수익이 상당히 좋을 수 있으므로 큰 규모의 지출이 가치 있을 수 있다. 예를 들어 암 사망률이 1% 감소하면 약 5,000억 달러의 가치가 있을 것으로 추정한다. 그렇다면 암 연구 및 치료에 일정 기간 1,000억 달러를 추가로 지출하는 '암과의 전쟁'은, 사망률을 1% 감소시킬 확률이 5분의 1이고 아무런 성과가 없을 확률이 5분의 4라고 해도, 투자할 만한 가치가 있다.

확률 분석에 주의를 기울이는 것이 중요하다. 성공 확률이 상대적으로 낮더라도 투자가 합리적일 수 있다. 벤처캐피털 매니저들은 이 점을 확실히 알고 있다. 그들은 회사의 비즈니스 목표가 성공할 확률이 낮더라도 성공의 규모가 크다면 기꺼이 받아들인다. 예를 들어, 회사의 미래 기업가치가 현재 기업가치의 100배 이상일 경우 자본 회수의 가능성이 5%라면 대규모 투자가 가능하다.

이러한 확률 분석은 보험 정책을 평가하는 사람들에게도 익숙하다. 가능성이 가장 낮은 재해도 보험에 포함해야 한다고 생각하는 것이 합리적이다.

낮은 확률의 가능성도 그 결과가 충분히 중요하다는 이유로 우리의 주의를 기울일 가치가 있다면, 50%의 확률로 발생 가능성이 있고, 실제로 발생하면 수조 달러에 달하는 경제적 효과를 불러올 일에 더 많은 주의를 기울이지 않을 이유가 있을까?

추가 자금 출처

노화 역전 요법을 가속화해서 장수 배당금 달성을 앞당길 수 있는 잠재적 자금 출처는 최소한 다섯 가지가 있다.

먼저, 현재 개별 질병을 퇴치하는 데 투입되는 모든 자금을 노화의 근본적인 메커니즘을 해결하는 데 투입되는 자금과 비교해보자. 미국 국립보건원이 모니터링하는 연간 약 300억 달러의 의료 연구 예산 중 현재 노화에 사용되는 예산은 10% 미만이며, 나머지는 개별 질병에 분산되어 있다.[16] 많은 국가의 보건 예산에서도 반복되는 이러한 자금 배분 패턴은 건강을 개선하기 위해서는 '질병이 우선'이라는 지배적인 전략과 일치한다. 그러나 고령화 문제가 전체 예산에서 차지하는 비중이 10% 미만이 아니라 향후 10년간 20%까지 높아진다면, 특정 질병에 배정된 연구 자금의 감소에도 불구하고 그 질병이 더 만연하고 심각해지는 것을 막을 수 있을 것이다. 이는 노화가 사람을 질병에 걸리기 쉽게 만들고, 질병은 합병증을 유발할 가능성이 커지기 때문에, 노화를 막는 것만으로 건강이 개선되는 결과로 이어질 수 있다.

노화 역전에 더 큰 진전을 이루기 위한 두 번째 방법은 노화 방지 연구에 투자하는 사람들의 연구 시간을 늘리는 것이다. 개별 연구자의 시간을 조금만 늘려도 전체 인구에서 큰 증가를 가져올 수 있다. 1,000명 중 단 한 명만 TV 시청과 같은 여가 활동을 줄여서 일주일에

4시간을 노화 역전 연구에 투자한다면 한 나라의 노화 역전 연구 총시간은 급증할 것이다. 다만 이 시간이 그저 다른 사람들이 이미 수행한 연구를 검토하는 데 사용될 뿐, 새로운 시도와 시설에 대한 접근이 제한된다면 이런 노력은 효과를 보지 못할 것이다. 반대로 교육을 포함해 '노화 역전의 협력'을 위한 적절한 프레임워크와 프로세스가 마련된다면 전 세계적으로 상당한 이득을 얻을 수 있다.

셋째, 시간을 투자하는 대신 전 세계 사람들이 돈을 투자하는 것도 대안이 될 수 있다. 예를 들어, 자신이 교육을 받은 대학이나 지역에 기부하는 대신 노화 방지 분야의 자선 단체에 기부할 수 있다. 더 많은 사람들이 기부할수록 가족, 이웃 및 가까운 사람들이 노화와 관련된 질병으로 고통받을 가능성이 줄어든다. 유방암 퇴치를 위한 핑크 리본 캠페인과 같은 방식으로 여론을 환기해 기금을 늘릴 수 있다.

넷째, 장수 배당에 참여함으로써 얻을 수 있는 잠재적인 이익을 위해 기업이 이 분야에 투자를 결정할 수 있다. 노화를 저지함으로써 생산적인 경제 활동을 증가시키고 병가 등을 줄임으로써 부를 더 많이 창출할 수 있다면 이러한 치료법을 제공하는 회사가 창출된 부의 일부를 받을 수 있어야 한다. 이익 공유가 구체화된다면, 재계의 역량이 여기에 쏠려 경제 회생이라는 대의에 도움이 될 것이다.

다섯째, 노화 역전 연구를 위해 기존 공적 자금을 재배치하기보다는 공적 자금의 증액 문제를 해결해야 할 때다. 공적 자금은 민간 기업의 자금이 다루지 못하는 문제를 해결할 수 있는 경우가 많다. 공공 투자는 기대수익에 대해 좀 더 인내심을 가질 수 있다. 이익은 주주나 경영진에게 돌아가지 않고 사회 전체에 돌아간다. 한 가지 예로 제2차 세계대전으로 폐허가 된 서유럽 재건을 위한 재정 지원 프로그램 마셜 계획Marshall Plan(1940년대에 130억 달러 규모)에 대한 미국의 대규모 기부를 들 수 있다. 다른 예로는 제2차 세계대전에서 승리하기 위한 맨해튼 프로젝트와 냉전 시대 최초의 인간 달 탐사를 위한 아폴로 프로젝트Project Apollo 등이 있다.

또한 대형 강입자 충돌기large hadron collider, LHC를 보유한 유럽입자물리연구소Conseil European Ia Research Nurcleaire, CERN에 대한 유럽의 투자도 마찬가지다. 수십 년에 걸쳐 수십억 유로에 달하는 이 투자는 단기적인 경제상의 이익을 염두에 두고 이루어진 것이 아니다. 오히려 정치인들은 자연계에 관한 근본적인 정보를 수집하고 예측의 한계를 넘어선 경제적 이익 창출을 목표로 CERN을 지원했다. CERN의 힉스 입자 검출 프로젝트에만 이미 약 132억 5,000만 달러가 소요된 것으로 추정된다.[17] 우리 삶을 엄청나게 개선해준 인터넷도 1989~1991년에 팀 버너스 리Tim Berners-Lee가 CERN에서 연구한 결과물에서 탄생했다. 그러나 향후 수십 년 동안 CERN과 같은 여러 공공 이니셔티브의 우선순위를 낮추고 그 공적 연구 자금을 노화에 투입해야 하는 충분한 이유가 있다.

결론적으로, 적어도 그 노력의 일부가 막대한 경제적 이익을 창출할 것이라는 기대하에 노화 역전 프로젝트에 적용할 수 있는 몇 가지 상당한 자원이 있다. 사회는 이러한 자원의 우선순위와 투자 규모에 관해 중대한 결정을 내려야 한다.

노화 치료는 생각보다 더 저렴할 것이다

노화 전 세계 사망의 주요 원인이라는 사실을 결코 잊어서는 안 된다. 또한 의학이 노화의 원인보다는 증상을 공략하는 데 더 집중해왔다고 앞서 설명했다. 이제 우리는 노화 과정을 피하기 위해 치료제가 아닌 진정한 예방 의학이 필요함을 알고 있다. 특히 고통스러운 인생의 마지막 단계에서 질병을 치료하는 데 70억 달러를 지출하는 대신, 노화 과정을 조기에 예방하는 데 그 금액을 투자해야 한다.

육체를 화학 성분으로 분석해보면 인간은 매우 단순하다고 말할 수 있다. 성인은 약 60%가 물로 구성되어 있다(나이, 성별, 체질량지수 등 여러 요인에 따라 많이 달라지지만). 게다가 우리는 값비싼 에비앙이나 페리에 생수도 아니며, 수소 원자 두 개와 산소 원자 한 개로 이루어진(H_2O) 매우 평범한 물이다. 예를 들어 뼈는 22%, 근육과 뇌는 75%, 심장은 79%, 혈액과 신장은 83%, 간은 86%의 수분을 함유한 것으로 추정되는 등 우리 몸에는 수분이 많은 기관과 적은 기관이 있다.[18] 수분 비율은 나이에 따라 크게 달라진다. 어린이는 최대 75%, 성인은 60%, 노인은 50%의 수분을 함유하고 있다. 네슬레 워터스 Nestlé Waters에 따르면 평균 60kg의 성인의 체내 수분은 42ℓ이며, 다음과 같이 분포되어 있다.[19]

- 28ℓ : 세포 내 수분
- 14ℓ : 세포 외 수분
    - 10ℓ : 간질액조직세포 사이의 액체(림프 포함)
    - 3ℓ : 혈장

- 1ℓ : 세포간액(뇌척수액, 안구, 흉막액, 복막액 및 활액)

산소와 더불어 우주에서 가장 풍부한 원소인 수소를 포함하고 있는 물을 제외한 나머지 인체는 상대적으로 풍부하고 저렴한 몇 가지 화학 원소로 구성되어 있다. [그림 5-1]에서 명확하게 볼 수 있듯이 네 가지 기본 원소(산소, 탄소, 수소, 질소)만이 전체 원자의 99%, 평균 연령 및 체중 70kg인 인간의 96%를 차지한다.[20]

인체에서 수소 원자보다 산소의 원자의 비율은 적지만, 산소 원자(원자번호 8, 즉 양성자 여덟 개주기율표의 번호는 원자핵 속에 들어있는 양성자의 수 또는 원자핵의 전하 수를 가리킨다-역주)는 수소 원자(원자번호 1, 즉 양성자 한 개)보다 무겁다. 또한 산소는 지각에서 가장 풍부한 원소이며, 체수분에서 주로 발견될 뿐만 아니라 모든 단백질, 핵산(DNA 및 RNA 등), 탄수화물, 지방의 기본 구성 요소다.

인체에는 60여 가지 이상의 화학 원소가 포함되어 있는데 대부분이 미량으로만 존재한다. 인체에는 헬륨(원자번호 2번, 휘발성 기체)이 포함되어 있지 않지만, 리튬(원자번호 3번)에서 우라늄(원자번호 92번)까지 '흔적'이 남아 있다.

한편 우주는 약 73%의 수소 원자와 25%의 헬륨 원자로 구성된 것으로 추정된다. 다른 모든 '무거운' 원자(원자번호 3 이후)는 나머지 2%를 차지한다. 무거운 원자는 우주 초기에 별 폭발의 결과로 생성되었다고 여겨지므로, 미국의 물리학자 칼 세이건Carl Sagan이 그의 유명한 저서《코스모스Cosmos》에서 설명한 것처럼 우리는 실제로 '우주 먼지' 또는 '스타더스트'에 해당한다.[21]

요컨대 인간을 포함해 유기체를 유지하는 것은 생물학적 관점으

그림 5-1. 인체 구성(평균 70kg 성인 인체)

원소	원자번호	원자(%)	체중(%)	질량 (Kg)
산소	8	24	65	43
탄소	6	12	18	16
수소	1	62	10	7.0
질소	7	1.1	3	1.8
칼슘	20	0.22	1.4	1.0
인	15	0.22	1.1	0.78
칼륨	19	0.033	0.02	0.14
황	16	0.038	0.02	0.14
나트륨	11	0.024	0.015	0.095
염소	17	0.037	0.015	0.01
기타 50개 원소	3~92	0.328	1.43	0.035

출처: 존 엠슬리(John Emsley, 2011)를 기반으로 한 저자 작성

로 볼 때 원자 및 분자 수준에서 물질을 복구하는 방법을 알면 쉽고 저렴하게 할 수 있다. 나노기술을 '인공' 생물학의 한 형태로 간주한다면 앞으로 수십 년 안에 원자를 복구하는 데 성공할 가능성이 매우 크다.

원자 및 분자 제조에 관한 아이디어는 1986년 미국의 엔지니어 K. 에릭 드렉슬러가 그의 저서 《창조의 엔진 : 다가오는 나노기술의 시대Engines of Creation : The Coming Era of Nanotechnology》를 출간하면서 대중화되었다. 이 연구에서 드렉슬러는 MIT 인공지능 전문가인 마빈 민스키Marvin Minsky와 함께 박사 학위 논문의 일부를 구성하는 프로젝트에서 분자 나노기술의 기초를 공식화했다.[22]

2013년에 드렉슬러는 《급진적 풍요Radical Abundance》라는 저서에서 나노기술의 놀라운 발전으로 1킬로그램당 1달러에 불과한 매우 저렴한 비용으로 물질을 합성·분해·재구성할 수 있게 될 것이라고 설명

했다. 다시 말해, 첨단 나노기술을 활용하면 향후 수십 년 안에 70kg의 사람을 70달러, 어쩌면 그 이하로 고칠 수 있을 것이다. 인간을 구성하는 모든 원소를 더하면 총비용이 100달러 미만이기 때문이다.

에비앙이나 페리에 생수로 인체를 채우라고 요구하지 않는 한, 인간 구성 요소의 시장 가격은 정말 저렴하다. 인간은 지각에서 가장 풍부한 원소들로 구성되어 있다. 다이아몬드가 박힌 플루토늄(원자번호 94)이나 금장식의 반물질전자·양성자·중성자로 이루어지는 실재하는 물질의 반대 입자인 양전자·반양성자·반중성자로 이루어지는 물질, 세상에서 가장 비싼 물질이라고 알려져 있다-역주이 아니라, 물과 약간의 탄소와 질소로 구성되어 있다. 우리가 들이마시는 공기, 먹는 물과 음식으로부터 이 요소를 취하는 것이다.

지속적인 발견 덕분에 생물학과 의학은 비약적인 발전을 거듭하고 있다. 수 세기에 걸쳐, 심지어 일부 지역에서는 20세기 중반까지 사용되었던 의료 목적의 사혈한의학의 사혈과 구분-역주은 오늘날 야만적인 행위로 간주되고 있다. 몇 년 안에 우리는 현재의 방사선 요법과 화학 요법에 대해 똑같은 생각을 할 것이다. 조금 과장해서 말하면, 방사선 치료나 화학 요법으로 종양을 없애려고 하는 것은 대포로 모기를 죽이는 것과 같다.

노화 치료를 발전시키기 위해서는 기본을 고민해야 한다. 유명한 엔지니어이자 기업가인 일론 머스크Elon Musk는 자신의 성공이 유추가 아닌 기본 원칙에 집착했기 때문이라고 설명한다. 유추하면 다른 아이디어를 모방하고 선형적인 개선만 이루어진다. 기본 원리를 생각하면 과학의 한계까지 기하급수적인 변화를 시각화할 수 있다. 머스크는 추론을 위한 기초 과학으로 물리학의 사례를 제시했다.[23]

유추보다는 첫 번째 원칙에 따라 추론하는 것이 중요하다고 생각한다. 여기에 좋은 사고의 틀이 있다. 바로 물리학이다. 일반적으로 유추에 의한 추론이 아니라 근본적인 진리로 요약하고 거기서부터 추론하는 것이 중요하다.

우리는 대부분의 삶에서 유추에 의한 추론을 바탕으로 살아가기 마련인데, 이는 다른 사람들이 이미 한 것을 약간 변형해 모방하는 것을 의미한다.

머스크는 전기 자동차 배터리를 예로 들며 기본 원리를 생각해보면 배터리 비용이 계속 빠르게 하락하는 이유를 설명할 수 있다고 말한다.

누군가는 배터리 팩이 정말 비싸고 앞으로도 그럴 것이라고 말할 수 있다.

"역사적으로 배터리 팩은 킬로와트시당 600달러가 들었고, 앞으로도 그보다 훨씬 더 좋아지지는 않을 겁니다."

이를 첫 번째 원칙으로 유추해보자. "배터리의 물질적 구성 요소는 무엇인가? 그 요소의 주식 시장 가치는 얼마인가?"라는 질문들이 나온다.

코발트, 니켈, 알루미늄, 탄소, 거기에 분리용 중합체와 밀봉용 캔이 추가된다. 이를 재료별로 세분화해서 "런던 금속 거래소에서 이걸 사면 각각 얼마에 살 수 있을까?"라고 생각해보자.

킬로와트시당 80달러 정도다. 따라서 이 재료들을 배터리 셀 모양으로 결합하는 영리한 방법을 생각하기만 하면 누구라도 지금보다 훨씬 더 저렴한 배터리를 만들 수 있다.

이러한 추론 덕분에 머스크는 페이팔을 통해 결제 산업을, 솔라시티SolarCity를 통해 태양광 산업을, 테슬라 모터스Tesla Motors를 통해 전기 자동차 산업을, 스페이스XSpace X를 통해 우주 산업을, 하이퍼루프Hyperloop를 통해 교통 산업을, 보링 컴퍼니Boring Company를 통해 터널 산업을 혁신할 수 있었다. 그것만으로는 충분하지 않다는 듯, 머스크는 현재 뉴럴링크Neuralink를 통해 뇌-컴퓨터 인터페이스를 개발하고, 오픈AIOpen AI 이니셔티브(인공지능을 위한 개방형 플랫폼으로, 2023년 초에 챗GPT를 공개해 큰 화제가 되었다)를 통해 친숙한 인공지능을 만들기 위해 노력하고 있다. [24)]

기본에 집중한다면 인체는 그리 복잡하지 않으며 나노기술과 같은 새로운 기술로 고칠 수 있다는 사실을 깨닫게 될 것이다. 또한 인체를 구성하는 요소는 저렴하며, 우리가 그것을 이용하는 방법만 알면 저렴한 값에 치료가 가능해질 것이다. 미래에는 수혈이나 화학 요법, 방사선 치료가 필요하지 않을 것이다. 오늘날 우리는 또한 노화하지 않는 세포와 유기체가 있다는 사실을 알고 있는데, 이는 이미 자연에서 일어나는 현상이기 때문에 생물학적으로 노화하지 않는 것이 가능하다는 증거라고 할 수 있다. 이제 우리는 기본을 통해 비노화를 이해하고 복제해야 한다.

미래학자 레이 커즈와일이 설명했듯이, 모든 기술은 처음에는 비싸고 형편없지만, 대중화되면 더 저렴하고 좋아진다. 우리는 휴대전화의 예를 잘 알고 있다. 처음 판매되었을 때는 수천 달러에 달했지만, 오로지 전화를 주고받는 기능만 있었고 통화 품질도 좋지 않았다. 또 거대했으며 배터리는 빨리 소모되었다. 오늘날 기술의 일반화 덕분에 휴대전화는 상대적으로 저렴한 가격에 수많은 애플리케이션을 통해 엄청나게 많은 걸 할 수 있어서 스마트폰이라고 불린다. 기기 자체는 무료도 있기 때문에 오늘날 전 세계 어디서나 원한다면 누구든지 휴대전화를 소유할 수 있다.

생명공학 측면에서 보면 1990년에 시작되어 2003년에 끝난 인간 게놈 시퀀싱은 훨씬 더 인상적이다. 앞서 살펴봤듯 최초의 인간 게놈 시퀀싱에는 약 30억 달러의 비용과 13년이라는 시간이 걸렸다. 기술의 기하급수적인 발전 덕분에 비용과 시간은 점차 반비례했으며, 우리는 몇 년 안에 1분에 10달러 정도의 비용으로 게놈을 시퀀싱하게 될 가능성이 매우 크다. 미래에는 스마트폰과 연결해 게놈 시퀀싱을 하는 장치도 개발될 것으로 보이다.

또 다른 예로 HIV를 들 수 있다. 이 바이러스는 감염자의 면역 체계를 직접 공격해서 한때는 이 바이러스에 감염되면 '사형선고'를 받은 것으로 여겨졌으며, 바이러스를 식별하는 데만 수년이 걸렸다. 커즈와일은 기술 변화의 가속화로 인해 이 바이러스가 사라질 것이라고 강조한다.[25]

변화의 속도는 선형적이지 않고 기하급수적이다. 따라서 50년 후의 상황은 매우 달라질 것이다. 정말 경이로운 일이다. HIV 염기서열을 분석하는 데 15년이 걸렸지만, 사스의 염기서열 분석은 31일 만에 끝냈다.

같은 비용으로 컴퓨터 성능이 매년 2배로 향상되고 있다. 25년 후에는 지금보다 10억 배 더 강력해질 것이다. 동시에 우리는 전자 및 기계 등 모든 기술의 크기를 10년에 100배씩 축소해, 25년 후에는 10만 배 이하로 축소할 수 있다.

HIV를 확인하는 데 수년이 걸렸고, 바이러스의 염기서열을 밝히는 데 십수 년이 걸렸으며, 치료법을 개발하는 데 다시 수년이 걸렸다. 최초의 HIV 치료제는 연간 수백만 달러의 비용이 들었지만, 빠르게 보급되면서 연간 수천 달러, 다시 수백 달러로 떨어졌다. 인도에서는 HIV에 대한 일반 치료제가 단 몇십 달러에 불과하다. 몇 년 후에는 몇 달러의 일상적인 치료제로 에이즈를 완치할 수 있을지도 모른다. 오늘날 에이즈는 치명적인 질병이 아니라 만성적으로 조절 가능한 질병이며, 당뇨병도 마찬가지다.

노화 역시 그렇다. 조절 가능한 만성 질환으로 만들고, 궁극적으로는 완치를 목표로 해야 한다. 기하급수적인 발전 덕분에 노화가 만성 질환이 되기 전에 치료될 가능성도 있다.

다른 동물에서 유용성이 입증된 노화 역전 기술로 인체 실험을 시작하는 것이 필수적이다. 이것이 SENS 연구재단이 시행하는 프로젝트 21의 목표 중 하나다.[26]

노화를 치료하기 위해서는 원인에 대한 투자에 집중하고 증상으로 인한 지출은 지양해야 한다. 오브리 드 그레이는 한 인터뷰에서 미국 내 사망의 90%와 의료비의 최소 80%가 노화로 인한 것이라고 말했다. 그러나 노화의 원인을 밝히는 데 투입되는 자원은 매우 적어서 추가 지원이 없다면 SENS와 같은 재단이 할 수 있는 일은 충분하지 않다. 예를 들어 예산의 분배를 비교해보자.[27]

- 국립보건원 예산 : ~300억 달러

- 국립노화연구소 예산 : ~10억 달러

- 노화생물학 부서 예산 : ~1억 5,000만 달러

- 중개연구기초과학의 연구 결과를 임상에 사용될 단계까지 연계해주는 연구-역주에 지출한
  금액(최대) : ~1,000만 달러

- SENS재단 예산 : ~500만 달러

전 세계 의료비 지출이 매년 약 7조 달러에 달하며, 계속 증가하고 있다는 점을 다시 떠올려보자. 안타깝게도 거의 모든 지출이 삶의 마지막 몇 년 동안에 이루어지며, 그럼에도 환자는 상태의 반전 없이 결국 사망에 이르기 때문에 지출에 따른 효과는 희박하다고 할 수 있다. 우리는 전체 의료 시스템을 재고해야 하며, 그 결과 마지막에 지출하는 것이 아니라 처음에 투자해야 한다고 주장한다. "치료보다 예방이 낫다"는 속담처럼 말이다.

올바른 방향으로 나아가기 위해서는 기존의 사고방식을 바꿔서 '죽음을 인류의 가장 큰 적이자 끔찍한 적이지만, 우리가 물리칠 수 있는 적'으로 받아들여야 한다. 죽음에 대한 두려움을 버리고 이성적인 두뇌와 마음으로 행동한다면 우리는 '죽음의 죽음'에 도달할 것이다.

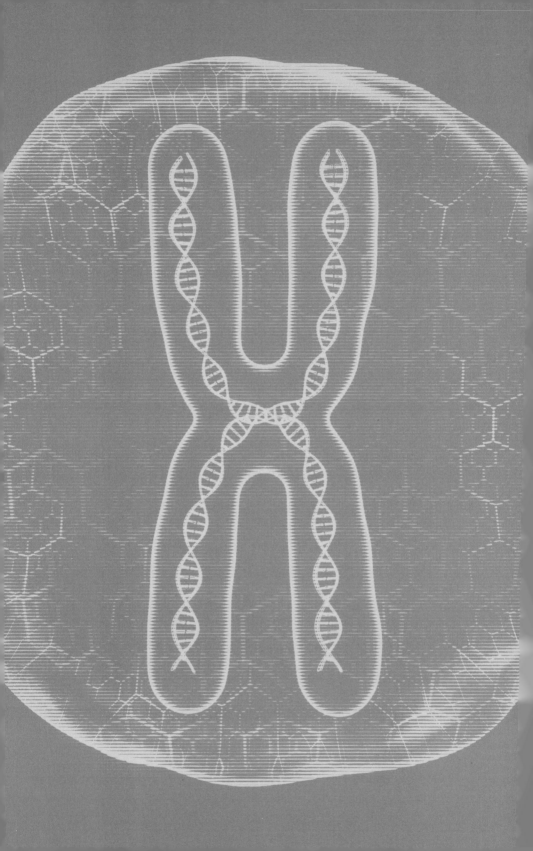

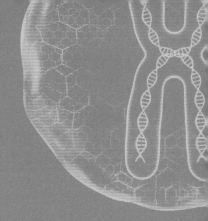

6장

수명 연장에 반대하는 사람들

인간은 삶을 사랑하기 때문에 죽음을 두려워한다.
— 표도르 도스토옙스키, 1880년

모든 위대한 진리는 신성모독에서 시작된다.
— 조지 버나드 쇼, 1919

나는 죽음이 두렵지 않고
단지 죽음이 닥쳤을 때 그곳에 있고 싶지 않을 뿐이다.
— 우디 앨런, 1971-5

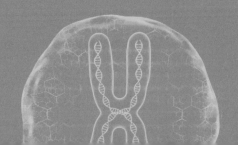

기술이 가속화되고 있다. 그 결과 노화를 멈추고 되돌릴 '노화 역전 공학'이 비약적으로 발전하며 다음 단계로 도약할 준비가 되었다. 산업 혁명으로 인해 경제 성장, 교육 향상, 이동성 및 의료 서비스 개선 등 많은 것이 바뀌고 좋아졌다. 이런 개선의 물결이 미래에는 훨씬 더 빠른 속도로 진행될 것이다. 그 어느 때보다 더 많은 사람이 다양한 융합 기술 분야의 연구개발 활동에 참여할 의지와 능력을 갖추고 있으며, 거대한 글로벌 네트워크에 참여하고 있다.

- 그 어느 때보다 더 많은 기술자, 과학자, 디자이너, 분석가, 기업가 및 기타 변화의 주체가 대학을 비롯한 여러 수단을 통해 교육받고 있다.
- 고품질의 온라인 교육 자료가 무료로 제공되는 경우가 많아서 그 혜택을 받은 새로운 인력들은 불과 몇 년 전의 새 인력들보다 더 앞선 출발선에서 시작한다.

- 직장생활의 후반부에 속하는 사람들은 재량에 따라 여가를 활용해 처음에는 '탐색'만 하던 새로운 분야에 뛰어들 수 있다. 이는 특히 은퇴했거나 정리해고되었지만, 활용할 수 있는 기술을 충분히 보유한 사람들에게 적용된다.
- 수많은 온라인 커뮤니케이션 채널, 데이터베이스, 인공지능 연결 등을 통해 서로 다른 연구자들이 연결되면, 뛰어난 연구자들이 전 세계 곳곳에서 일어나는 전도유망한 분석 분야를 더 빨리 찾을 수 있다.
- 오픈소스누구나 접근해서 소프트웨어를 개발할 수 있도록 소스코드를 무료 배포하는 것-역주 소프트웨어의 보급이 증가하고 있는데, 이는 더 많은 참여를 장려하는 데 도움이 된다.

더 많은 사람이 참여하고, 더 나은 교육의 기회가 제공되며, 각자의 성과를 공유할 수 있는 네트워크 효과 덕분에 (다른 모든 요소가 동일하게 유지된다면) 전반적인 기술 개선 속도가 점점 더 빨라질 것이다. IT, 스마트폰, 3D 프린팅, 유전공학, 뇌 스캔 등 지난 수십 년 동안 일어난 급속한 발전을 볼 때 앞으로 수십 년간 다양한 분야에서 비슷하게 빠른 발전이 일어날 가능성이 크다(능가하지는 못하더라도). 의료 분야에서는 치료의 혁신, 특히 노화 역전의 혁신에 적용될 수 있다는 점에서 매우 중요하다.

물론 잠재적인 의료 혁신을 방해할 수 있는 많은 장애물이 존재한다. 여기에는 규제, 시스템 복잡성 및 시스템 관성 등이 포함된다. 하지만 장애물에 대한 해결책을 모색하기 위해 이미 바쁘게 움직이고 있는 유능한 인재들도 전례 없이 많다.

노화 역전의 성과에 대한 초기 징후는 우리 주변에서 쉽게 찾아

볼 수 있다. 이 분야를 이제 더는 돌팔이 의사나 수상쩍은 약으로 치부할 수 없다. 수많은 흥미로운 연구 분야가 더 많은 연구와 개발을 기다리고 있다. 그중 일부는 결실이 없는 것으로 판명될 수도 있지만, 노화 역전 분야 전체가 불모지로 남을 것이라고 생각할 이유는 없다.

게다가 이 연구를 계속해야 하는 강력한 경제적 이유도 있다. 다른 모든 조건이 동일하다면, 젊어지는 혜택을 받는 사람들은 경제와 사회적 자본 전반에 더 많이 기여할 것이다. 그러므로 사회가 노화 역전에 투자를 가속화하는 것은 경제적으로도 매우 합리적이다.

어떤 일을 추진하는 데 강력한 경제적 근거가 있다면 사회가 동의하고 진행해야 한다고 생각하는 것이 일반적이다. 하지만 노화 역전의 경우는 그렇지 않다. 오히려 여러 계층의 반대가 존재한다. 이제 그 반대의 뿌리를 더 깊이 파헤쳐야 할 때다.

노화 역전을 반대하는 다양한 이유

사람들은 종종 노화 역전 프로젝트에 여러 가지 반대 의견을 제시한다. 가장 자주 인용되는 반대 이유는 다음과 같다.

- 노화 역전이 어떻게 불치병을 치료할 수 있는가?
- 열역학 제2법칙 같은 물리학 원칙을 적용하면 노화 역전은 불가능하지 않을까?
- 노화 역전 프로그램은 본질적으로 너무 복잡해서 수 세기에 걸친 연구가 필요하지 않은가?

- 인간의 수명에는 자연적인 한계가 있지 않은가?

- 노화 역전이 끔찍한 인구 폭발을 일으키지 않을까?

- 장수하는 사람들이 인구 증가에 제동을 걸지 않을까?

- 노화와 죽음이 없다면 사람들은 어떤 동기를 가지고 일해야 하나?

- 부유한 사람들만 노화 역전의 혜택을 누리게 되지 않을까?

- 무한에 가까운 삶을 추구하는 것은 자기중심적이지 않은가?

각각의 질문에 대해 노화 역전을 지지하는 사람들은 매우 분명한 답을 가지고 있다. 하지만 이 답변만으로는 비평가와 회의론자들의 마음을 바꾸기에 충분하지 않은 것 같다. 뭔가 더 심층적인 일이 일어나고 있다.

무슨 일이 일어나고 있는지 이해하려면 근본적인 동기와 지지하는 근거를 구분해야 한다. 사회심리학자 조너선 하이트Jonathan Haidt가 그의 저서 《바른 행복The Happiness Hypothesis》에서 개발한 코끼리와 기수의 비유에 따르면, 의식적인 마음은 기수와 비슷하고 코끼리는 강력한 무의식이다. 하이트는 책의 첫 장에서 이 비유를 전개한다.[1]

하이트는 사람들이 자신을 통제하지 못하고 자신에게 좋지 않다는 걸 알면서도 계속 어리석은 행동을 하는 이유에 관해 연구했다. 다이어트를 하려고 결심해놓고 밤늦게 음식의 유혹에 굴복거나, 마감을 앞두고 일해야 한다고 생각하면서도 온갖 다른 핑계를 대서 일을 미루는 행동 같은 것 말이다.

하이트는 자신의 저서를 통해 합리적 선택과 정보 처리에 관한 기존의 이론이 사람의 의지가 약해지는 이유를 적절히 설명하지 못한다고 지적한다. 그리고 여기에 동물을 통제하는 사람에 관한 오래된 은유를 대입한다.

자신의 약점에 놀랐을 때 떠올린 이미지는 내가 코끼리 등에 올라탄 기수라는 것이었다. 고삐를 손에 쥐고 이쪽이나 저쪽으로 당겨서 코끼리에게 방향을 바꾸거나 멈추거나 전진하라고 지시할 수 있다. 그러나 내가 이렇게 할 수 있는 건 코끼리가 스스로 욕망을 갖지 않을 때뿐이다. 코끼리가 정말 무언가를 하고 싶을 때 나는 코끼리의 상대가 되지 못한다.

기수는 자신이 통제하고 있다고 생각할 수 있지만 코끼리는, 특히 취향과 도덕성 문제에서 자신만의 확고한 생각을 가지고 있는 경우가 많다. 이럴 때 의식은 운전자라기보다는 변호사처럼 행동한다.

하이트는 예를 들어 어떤 그림을 보고 아름다움을 느끼는 것은 직관적이고 무의식적인 행동이라고 설명한다. 누군가가 그 이유를 물을 때 우리는 마치 변호사처럼, 자기감정을 뒷받침할 이유를 즉흥적으로 찾아내거나 만들어내는 것이다. 즉, 주장은 누군가의 감정 자체가 아니라, 무의식적인 판단이 내려진 후에 만들어진 것일 뿐이다.

하이트는 후속작인 《바른 마음The Righteous Mind》에서 이 비유를 바탕으로 '직관이 우선이고 전략적 추론이 그다음'이라는 도덕 심리학의 기본 원칙을 제시한다.[2]

도덕적 직관은 도덕적 추론이 시작되기 훨씬 전에, 어떤 상황이 발생했을 때 거의 즉각적으로 자동 프로세스에 의한 반응처럼 나타난다는 것이다. 하이트는 이렇게 등장한 직관이 그 이후의 추론을 주도하는 경향이 있다고 말한다. 따라서 사람들은 타인이 자신의 의견에 동의하지 않을 때 그 상대방을 어리석고 편향적이며 비논리적인 사람이라고 판단하며 좌절을 느낄 것이다. 하지만 하이트는 그럴 필요가 없다고 역설한다. 도덕적 추론은 사실 인간이 자기 행동을 정당화하기 위해 진화시킨 기술이기 때문이다. 이런 시각으로 상황을 다시 살펴보면 그제야 상대가 이해되기 시작한다.

하이트는 사람들의 도덕적 주장을 액면 그대로 받아들이지 말라고 경고한다. 이러한 주장은 대부분 도덕적 직관, 즉 목표를 달성하기 위해 즉석에서 만들어지는 도구일 뿐이다.

도덕에서 사람은 코끼리와 그 코끼리를 탄 기수처럼 마음이 분열되어 있고, 기수의 임무는 코끼리를 섬기는 것이다. 기수는 우리의 의식적 추론의 과정이다. 그리고 코끼리는 나머지 99%의 정신적 과정, 즉 의식 밖에서 일어나지만 실제로는 우리 행동의 대부분을 지배하는 과정이다.

노화 역전 프로젝트가 직면한 가장 큰 도전은 이를 비판하는 사람들이 이 프로젝트에 반대하는 이유로 제시하는 논리가 아니다. 오히려 해결해야 할 시급한 문제는 이들을 이끄는 근본적인 동기로, 종종 의식적으로 인식하지 못하는 것들이다. 즉, 우리가 논쟁해야 할 대상은 기수가 아니다. 코끼리를 직접 설득할 방법을 찾아야 한다.

공포 관리하기

동물이 공포를 경험할 수 있다는 것은 기본적인 사실이다. 죽음의 가시적인 위협에 직면하면 동물의 신진대사에서 기어 전환이 이루어진다. 아드레날린과 코르티솔 호르몬이 분비되어 심장 박동이 빨라지고, 눈의 동공이 확장되어 임박한 위험에 관한 정보를 더 많이 받아들이며, 근육과 폐로 가는 혈류량이 증가해 폭력적인 행동에 대비한다. 싸우거나 도망칠 준비가 된 것이다. 긴급한 자기 보호 활동에 최대한의 에너지를 사용할 수 있도록 음식물 소화를 포함한 다른 신체 처리속도가 느려진다. 주변 시야는 좁아져 당면한 위협에 더 온전히 집중할 수 있다. 시력과 마찬가지로 청력 상실도 일어난다.

공포는 동물이 생명의 위협을 받을 때 중요한 목적을 수행하기 위한 준비 상태다. 이 상태에서는 당면한 도전에서 살아남을 수 있도록 신체가 최적화된다. 다만 이러한 상태는 장기적인 생존에는 적합하지 않다. 반대로 공황에 빠지면 주의력이 제한되고 사고 패턴이 단순화되며 소화에 문제가 생기기도 하고 경련과 떨림으로 인해 신체가 압도당할 수 있다. 방광과 괄약근이 풀려 내용물이 방출되는 것은 공격자를 역겹게 만들어 격퇴하는 데는 도움이 될 수 있지만, 그 외의 평소 생활에서는 도움이 되지 않는다.

임박한 위험이 없을 때 죽음을 생생하게 예견하는 인간의 능력은 신체의 공포 하위 시스템을 관리하는 데 문제를 일으킬 수 있다. 죽음에 관한 생각에 온 신경이 집중되면 정상적인 활동이 불가능해진다. 동물 심리의 또 다른 측면은 공포에 전염성이 있다는 점이다. 무리 지은 동물 중 한 마리가 포식자를 근처에서 발견하면 무리 전체가 빠르고 단호하게 반응한다. 인간도 마찬가지로 한 사람이 공포에 휩싸이면 객관적인 공포의 원인이 없더라도 그 분위기가 주변에 빠르게 확산할 수 있다.

따라서 공포를 통제하는 것은 인류 사회의 핵심 문제다. 이는 인간이 자기 인식, 계획, 자기 성찰 능력을 갖추기 시작한 초기 선사 시대부터 이어져 왔다. 초기 인류는 젊었을 때 놀라울 정도로 건강했던 집단 구성원이 점점 쇠약해지는 것을 관찰하면서 자신을 포함해 주변의 소중한 사람들이 비슷한 쇠퇴를 맞이할 것이라는 생각에 휩싸였을 것이다. 즉, 필멸의 공포는 개인의 생존을 위해 필요할 때 일시적으로 발동하던 것에서, 외부의 위협이 없어도 언제든 누군가의 마음속에 떠오를 수 있는 것으로 전환되어 사람을 마비시키고 공황에 빠지게 했다.

또한 포식자나 경쟁하는 다른 인간의 무리와 같은 위협으로 인해 일어날 수 있는 죽음을 의식적으로 예상하는 것, 즉 예상할 수 있는 죽음은 강한 위험 회피를 유발한다. 동굴 깊숙한 곳에 숨는 것과 같이 단기적인 위험을 줄이는 행동은 집단의 장기적인 발전을 위한 행동과는 거리가 멀 수 있다.

이러한 이유로 우리는 성공적으로 살아남은 인류는 죽음에 대한 공포, 즉 집단을 무력화시킬 수 있는 공포를 통제하고 관리하기 위한 사회적, 심리적 도구를 개발한 집단이었을 것이라고 합리적으로 추측할 수 있다. 이러한 도구는 다양한 방식으로 죽음의 위협을 부정했다. 여기에는 신화, 부족주의, 종교, 쾌락이 주는 무아지경, 사후세계에 대한 믿음 등이 포함되었다. 그리고 시간이 지날수록 이러한 도구에 문화적 관습과 사고 패턴이 더해져 유산의 전승 또는 자신이 속한 집단의 존속을 통해 물리적 죽음을 초월할 다양한 가능성이 등장했다. 이러한 사고 패턴은 우리가 누구인지, 사회에 어떻게 적응하는지, 그리고 우리 사회가 더 큰 우주에 어떻게 적응하는지 생각하는 방식과 같은 사회 철학의 요소와 연결되어 있다.

따라서 우리의 사회 철학은 항상 도사리고 있는 죽음에 대한 실존적 두려움에 맞서 정신적 안정을 제공하는 중요한 요소다. 그러나 한편으로는 사회 철학에 도전하는 모든 것, 즉 철학에 중대한 결함이 있음을 시사하는 것은 그 자체로 우리의 정신적 안녕에 위험하다는 의미이기도 하다. 이를 감지한 우리 내면의 코끼리는 격분해서 온갖 비합리적인 행동, 즉 내면의 변호사인 기수가 서둘러 합리화하려는 행동으로 우리를 이끌 수 있다.

방금 설명한 내용은 철학자 어니스트 베커Ernest Becker가 1973년 퓰리처상을 수상한 저서 《죽음의 부정The Denial of Death》에서 대중화시킨 이론이다.[3]

죽음에 대한 부정을 넘어서

베커는 《죽음의 부정》의 서두에 다음과 같은 말을 썼다.

> 존슨 박사는 죽음을 예상하는 것이 마음을 놀랄 만큼 집중시킨다고 말했다. 죽음에 관한 생각, 죽음에 대한 두려움은 다른 어떤 것과도 다르게 인간이라는 동물을 괴롭히며, 그것이 인간 활동—죽음을 피하고 죽음이 인간의 최종 운명임을 어떤 식으로든 부정함

으로써 죽음을 극복하기 위해 고안된 인간 활동—의 주된 원천 이라는 것이 이 책의 주요 논지다.

〈사이콜로지 투데이Psychology Today〉의 편집자 샘 킨Sam Keen은 《죽음의 부정》에 서문을 기고하면서 베커의 철학을 '네 가닥으로 엮은 머리띠'라고 묘사했다.

- 세상은 무섭다.
- 인간 행동의 기본 동기는 불안을 통제하고 죽음의 공포를 부정하려는 생물학적 욕구다.
- 죽음의 공포가 너무 압도적이기 때문에 우리는 그것을 의식하지 않으려고 한다.
- 악을 파괴하기 위한 영웅적인 프로젝트가 세상에 더 많은 악을 불러오는 역설적인 효과를 가져온다.

베커의 주제는 광범위하다. 그리고 인류 역사가 우리가 흔히 인 정하고 싶지 않은 힘에 의해 형성되었다는 것을 보여주는 몇 안 되는 생각 중 하나다.

- 갈릴레오 갈릴레이는 지구가 우주의 중심이 아니라 작은 행성 중 하나에 불과하다고 주장했다.
- 찰스 다윈은 인간이 신의 후손이 아니라 열등한 유인원의 후손임을 보여주었다.
- 카를 마르크스Karl Marx는 계급 갈등과 사회적 소외의 역할을 강조했다.

- 지크문트 프로이트Sigmund Freud는 억압된 성적 욕망을 강조했다.
- 어니스트 베커는 죽음의 현실을 부정하려는 인간의 욕망을 강조했다.

앞선 모든 거대한 이론과 마찬가지로, 베커의 논문에도 증거가 어디 있느냐고 묻는 비평가들이 있다. 안타깝게도 베커 자신은 《죽음의 부정》이 출판되기 전에 대장암으로 사망했기 때문에 그러한 비평가들에게 직접 대응할 수 없었다. 샘 킨은 서문에서 베커가 죽음의 문턱에 있을 때 처음으로 베커를 만났다는 가슴 아픈 이야기를 들려준다.

내가 병실에 들어갔을 때 어니스트 베커가 나에게 한 첫 마디는 다음과 같았다. "당신은 내가 죽을 때 나를 보러 왔군요. 이것은 내가 죽음에 관해 쓴 모든 글을 시험하는 겁니다. 그리고 나는 사람이 어떻게 죽는지, 어떤 태도를 취하는지 보여줄 기회를 얻었고요. 품위 있고 남자다운 방식으로 죽음을 맞이하는지, 어떤 생각으로 죽음을 맞이하는지, 죽음을 어떻게 받아들이는지…."
그전에 한 번도 만난 적이 없었지만 어니스트와 나는 곧바로 깊은 대화에 빠져들었다. 그의 죽음이 가까워지고 에너지의 한계가 극심해지자 그에게는 수다를 떨고 싶은 충동이 사라졌다. 우리는 죽음에 직면한 채 죽음에 관해, 암에 직면한 채 암이라는 폐해에 관해 이야기했다. 하루가 끝날 무렵 어니스트에게 더는 에너지가 없었고 시간도 없었다. 마지막 '작별 인사'를 하는 것이 어렵고, 우리 둘 다 그가 살아서 우리의 대화를 글로 볼 수 없을 것임을 알았기 때문에 우리는 몇 분 동안 어색하게 침묵했다. 약 대용의 술이 담긴 종이컵 덕분에 우리는 작별 인사를 할 수 있었다. 우리는 함께 와인을 마시고 헤어졌다.

다행히 다른 연구자들이 베커의 이론을 뒷받침하는 실증적 증거, 즉 '실험적 실존 심리학'이라고도 불리는 분야의 증거를 제공하기 위해 뛰어들었다. 이 새로운 연구는 사회심리학자 제프 그린버그Jeff Greenberg, 톰 피스진스키Tom Pyszczynski, 셸던 솔로몬Sheldon Solomon의 2015년 저서 《핵심을 꿰뚫는 벌레The Worm at the Core》[4]에 종합적으로 요약되어 있다.

책 제목에 사용된 '핵심을 꿰뚫는 벌레'라는 문구는 1902년 출간된 철학자 윌리엄 제임스William James의 저서 《종교적 경험의 다양성 : 인간 본성에 관한 연구The varieties of religious experience : a study in human nature》에서 발췌한 것이다. 저자들은 이 발췌문을 그대로 인용하며 다음과 같이 언급한다.[5]

한 세기 전에 윌리엄 제임스가 말했듯이 죽음이 실제로 인간 조건의 핵심을 꿰뚫는 벌레라는 강력한 증거가 있다. 인간이 죽을 것이라는 인식은 우리가 의식하든 의식하지 않든 인간 삶의 거의 모든 영역에서 우리의 생각, 감정, 행동에 심오하고 광범위한 영향을 미친다.

인류 역사에서 죽음에 대한 공포는 예술, 종교, 언어, 경제, 과학의 발전을 이끌어왔다. 또 전 세계 분쟁의 원인이 되기도 했다. 그 결과 이집트의 피라미드를 세우고 맨해튼의 쌍둥이 빌딩을 무너뜨렸다. 좀 더 개인적인 차원에서 보면, 우리가 죽음을 인식하면 멋진 자동차를 좋아하게 되고, 건강에 해로운 태닝을 하며, 신용

카드를 한도까지 사용하고, 난폭 운전을 하고, 적으로 인식되는 상대와 싸우고 싶어 하고, 심지어 서바이벌 프로그램에서 들소의 소변을 마셔야 한다고 하더라도 명성을 갈망하게 만든다.

공포 관리 이론

그린버그, 피스진스키, 솔로몬은 어니스트 베커의 아이디어를 발전시킨 '공포 관리 이론Terror Management Theory'의 줄임말인 TMT라는 약어를 만들었다. 어니스트 베커 재단 웹사이트에 TMT에 대한 설명이 나와 있다.6)

> TMT는 인간이 번식을 위해 자기 보존을 추구하는 생물학적 성향은 모든 생명체와 공유하지만, 자기 인식 능력과 과거를 반성하고 미래를 숙고하는 능력을 포함하는 상징적 사고 능력은 인간에게 고유하다고 가정한다. 이 고유한 능력을 통해 인간은 죽음이 피할 수 없는 것이며, 예상하거나 통제할 수 없는 이유로 언제든지 발생할 수 있다는 사실을 깨닫게 된다.
> 죽음에 대한 인식은 '문화적 세계관(실존적 공포를 최소화하기 위해 각종 의미와 가치를 부여해 인간이 공유하는 믿음 또는 신념)'을 개발하고 유지함으로써 잠재적으로 줄어든 공포를 다시 불러일으킨다. 모든 문화는 우주의 기원에 대한 설명, 적절한 행동에 대한 처방, 문화적 지시에 따라 행동하는 사람들에게 불멸의 보증을 제공함으로써 삶이 의미 있다는 느낌을 제공한다. 문자 그대로의 불멸은

모든 종교에서 영혼, 천국, 사후 세계, 환생이라는 소재로 제공된다. 상징적 불멸은 위대한 국가의 일원이 되고, 큰 재산을 모으고, 주목할 만한 업적을 쌓고, 자녀를 낳음으로써 얻을 수 있다.

심리적 평정을 위해서는 개인이 자기 자신을 가치 있는 사람으로 인식해야 한다. 이는 사회적 역할을 통해 이루어진다. 자존감은 이러한 기준을 충족하거나 초과함으로써 발생하는 개인적 중요성에 대한 감각이다.

이 웹사이트는 또한 TMT를 뒷받침하는 경험적 증거를 세 가지로 요약한다.

1. 자존감의 불안 완충 기능은 자존감이 높아지면 불안과 생리적 각성이 낮아진다는 연구 결과로 입증되었다.

2. 사람들에게 자기 죽음에 관해 생각하도록 하거나, 죽음에 관련된 그래프를 보여주거나, 장례식장 앞에서 만나거나, '죽음' 또는 '사망'이라는 단어에 노출되도록 한다. 이렇게 죽음을 인식하게 하면 사람들은 비슷한 사람들에 대한 긍정적인 반응과 그렇지 않은 사람에 대한 부정적인 반응을 증가시킴으로써 문화적 세계관을 방어하려는 노력을 강화한다.

3. 연구는 소중한 문화적 신념이나 자존감이 위협받을 때 무의식적으로 죽음에 관한 생각이 더 쉽게 떠오른다는 사실을 입증함으로써 문화적 세계관과 자존감의 실존적 기능을 검증한다.

TMT는 공격성, 고정관념, 구조와 의미에 대한 욕구, 우울증과 정신병리, 창의성, 정치적 선호도, 성, 연애 및 대인관계 애착, 자기 인식, 무의식적 인지, 순교, 종교, 집단 동일시, 혐오, 인간과 자연의 관계, 신체 건강, 위험 감수, 법적 판단 등 다양한 형태의 인간 사회 행동을 조사하는 경험적 연구(현재 500여 건의 연구)를 만들어냈다.

　　요약하자면, 많은 사람들이 건강수명의 연장에 반대하는 데는 뿌리 깊은 이유가 있다. 사람들은 반대하는 이유를 지적으로 합리화(예를 들어 인류가 수천만 명의 극도로 늙고 믿을 수 없을 정도로 게으른 사람들을 어떻게 감당할 것인가 하는 문제)할 수 있지만, 이러한 합리화가 반대 입장을 뒷받침하는 원동력은 아니다.

　　건강수명 연장에 대한 반대는 우리가 '믿음'이라고 부르는 것에서 비롯된다. 콜로라도 대학교의 톰 피스진스키 교수는 SENS6 콘퍼런스 '인간 수명 연장 반대의 역설에 관한 이해 : 죽음에 대한 두려움, 문화적 세계관, 객관성에 대한 환상'이라는 제목의 강연에서 이러한 태도를 설명했다.[7)]

건강수명 연장 반대의 역설

피스진스키가 강연 제목에서 언급한 '역설'은 다음과 같다.

　　아무도 죽기를 원하지 않지만, 많은 사람들이 노화 과정을 역전시켜 인간의 수명을 장기적으로 연장하는 것에 반대한다. 피스진스키의 설명에 따르면, 사람들이 건강한 수명을 연장할 수 있다는 생각에 반대하는 이유는 문화와 철학이 혼합된 확고한 '불안 완충 시스템'이 작동하기 때문이라고 한다. 이 불안 완충 시스템은 원래 우리가 간절히 원하는 건강한 삶이 무한히 길어질 수 없다는 근본적인 사실에 적응하는 반응이었다.

인간의 역사를 통틀어 건강하게 영원히 살겠다는 열망은 우리 주변에서 볼 수 있는 다른 모든 것과는 완전히 상반된 것이었다. 죽음은 피할 수 없는 것처럼 보인다. 이 현실을 깨닫고 공포에 빠질 위험을 줄이려면 우리 자신의 유한성과 죽음에 관해 생각하지 않도록 합리화하는 기술을 개발해야 했다. 바로 여기에서 우리 문화의 핵심적인 측면이 생겨났고, 정교한 불안 완충 시스템이 만들어져 유지되고 있다. 이 시스템이 중요한 사회적 필요를 충족시키면서 우리 문화에 깊이 뿌리내렸다.

문화는 종종 의식적인 인식 수준 이하에서 작동한다. 우리는 일련의 원인과 결과를 인식하지 못한 채 다양하고 근본적인 신념에 의해 움직이고 있다. 그러나 우리는 특히 '우리와 비슷한 사람들'도 이러한 신념을 지지한다는 사회적 검증을 제공받을 때 위안을 얻는다. 이러한 신념(충분한 이유가 없는 믿음)은 우리가 병약해지고 죽을 준비를 하는 동안에도 제정신을 유지하도록 도우며 사회의 기능 역시 유지되도록 한다.

분명히 말하면, 여기서 설명하는 '신념'은 노화를 받아들이는 패러다임의 지속에 내재된 것으로, 많은 종교가 내세우는 '죽음 이후의 삶'에 대한 믿음을 포함할 수도 있고, 포함하지 않을 수도 있다(특정 개인의 경우). 그러나 모든 경우에서 이러한 믿음에는 선량한 사회 구성원은 때가 되면 죽음을 받아들여야 하고, 개인이 이러한 원칙을 무시하면 사회가 제대로 기능할 수 없으며, 삶의 근본적인 의미는 자신이 속한 사회의 전통이나 장기적인 번영에 묶여 있다는 견해를 포함한다.

새로운 생각이 이 신념에 도전해오면, 신봉자들은 그 생각을 분석할 틈도 없이 반대해야 한다는 강박에 시달리는 경우가 많다. 반대하는 이유는 그들의 핵심 문화와 신앙을 보존하기 위함이며, 그것이 삶의 의미를 지지해주는 토대이기 때문이다. 그들은 새로운 생각이 건강하게 오래 살고자 하는 원초적인 욕구에 더 나은 해결책이 될지라도 새로운 생각에 맞서 싸운다. 역설적이게도 죽음에 대한 두려움 때문에 이를 거부하는 것이다. 요약하자면, 우리의 신념이 우리로 하여금 무병장수가 합리적이지 않다는 비이성적인 생각을 하도록 만든다.

피스진스키는 이렇게도 비유했다. "우리의 불안 완충 시스템은 정신적 고통을 유발하는 생각을 처리하는 심리적 면역 시스템이기도 하다." 신체 면역 체계와 마찬가지로 심리 면역 체계도 때때로 오작동해서 실제로 우리에게 더 큰 건강 혜택을 가져다줄 수 있는 것을 공격한다.

오브리 드 그레이도 이 주제에 관해 글을 썼다. 2007년 출간된 그의 저서 《노화 종식》의 2장에서 그는 다음과 같이 언급한다.[8]

많은 사람들이 노화를 강력하게 옹호하는 아주 간단한 이유가 있다. 지금은 유효하지 않지만 얼마 전까지만 해도 전적으로 합리적인 이유였다. 최근까지 노화를 이기는 방법에 대한 일관된 발상이 없었기 때문에 노화는 사실상 피할 수 없는 것이었다. 노화처럼 끔찍한 운명에 직면했을 때, 그리고 자신이나 타인을 위해 아무것도 할 수 없을 때, 비참하게 짧은 인생을 그것에 사로잡혀 보내기보다는 마음에서 벗어 던지는 일, 즉 평화를 만드는 일이 심리적 이치에 완벽하게 들어맞는다. 이러한 마음 상태를 유지하기 위해서는 그 주제에 대한 모든 합리성을 포기하고, 그 비합리성을 뒷받침하기 위해 당황스러울 정도로 비합리적인 대화 전술에 참여해야 한다. 이는 마음의 평화를 위해 지급해야 할 작은 대가일 뿐이다.

이 글에서 드 그레이는 이런 경향을 '다수의 사람들이 보여주는 비합리성'에 빗대어 '노화 찬성 무아지경'이라고 표현한다. 다른 작가들은 '죽음주의'라는 개념으로 표현한다.[9] 예를 들어, '노화와 싸우자 Fighting Aging!'라는 웹사이트는 '죽음주의 반대 FAQ'라는 제목의 글을 게시했다.[10]

우리가 이 책에서 사용할 '노화 수용 패러다임'이라는 용어는 반대 의견을 가진 이들에 대한 비판적인 견해를 포함하지 않았다. 따라서 이미 충분히 격화된 토론의 온도를 오히려 낮출 수 있을 것으로 본다.

코끼리 참여시키기

우리의 무의식적 경향을 나타내는 '코끼리'의 방향을 바꾸는 일과 관련해 조너선 하이트가 제공한 훌륭한 조언을 다시 한번 살펴보자.

노화 수용 패러다임의 경우처럼 기존의 경향에 결함이 있다는 것을 인식한다면 이를 바꾸기 위해 무엇을 할 수 있을까? 그의 저서 《바른 마음》의 세 번째 장, '코끼리가 지배한다'에서 그 답을 찾아볼 수 있다.[11]

하이트는 코끼리가 기수보다 훨씬 강력하지만, 독재자는 아니라고 말한다. 즉 코끼리를 설득할 수 있는데, 먼저 코끼리로 하여금 다른 의견에 귀를 기울이게 해야 한다. 예를 들어 사람들이 도덕적 문제에 관해 마음을 바꾸는 방법은 주로 다른 사람들과 상호작용하는 것이다.

어떤 주제에 관한 토론이 적대적일 때는 변화의 가능성이 거의 없다. 하이트는 이때 코끼리가 상대방에게서 멀어지고 기수는 상대의 주장을 반박하기 위해 미친 듯이 노력한다고 비유한다. 우리가 자기 신념에 도전하는 증거를 찾는 데는 끔찍하게 서툴지만 다른 사람들의 신념에서 오류를 찾는 데는 꽤 능숙한 것을 보면 이런 일이 얼마나 쉽게 벌어지는지 알 수 있다. 그리고 그 결과는 코끼리의 방향을 바꾸지 못한다. 반대로 생각해보자. 설득을 잘하는 사람은 자신과 다른 의견을 가진 상대를 비방하기보다 상대의 마음을 이해하려고 하고 자신의 의견과의 사이에서 공통점을 찾으며, 비록 의견이 다르더라도 상대에 대한 존경심을 잃지 않는 모습을 보여준다. 하이트 역시 상대방에 대한 애정이나 존경심, 또는 상대방을 기쁘게 해주고 싶은 마음이 있다면 코끼리는 그 사람에게 기울고 기수는 상대방의 주장에서 진실을 찾으려고 노력한다고 주장한다. 즉 우호적인 기수가 좋은 논거를 제시하면 코끼리도 방향을 바꿀 수 있다는 것이다.

코끼리(자동 프로세스)는 도덕 심리학에서 대부분의 행동이 이루어지는 곳이다. 코끼리가 행동을 지배하지만 코끼리는 멍청하지도, 독재적이지도 않다. 직관은 추론에 의해 형성될 수 있으며, 특히 친근한 대화나 감정적으로 설득력 있는 소설, 영화 또는 뉴스 기사에 내재해 있을 때 더욱 그렇다.

하이트는 자신의 저서에서 건강한 수명 연장이 궁극적으로 바람직한 결과인지, 아닌지에 관해 코끼리의 의견을 바꿀 수 있는 세 가지 방법을 제시한다. 잠재적으로 어려운 주제에 관한 조언일수록 받아들일 가능성도 더 크다.

1. 낯선 외부인이 아닌 '우리 중 하나'로 인식되는 사람, 즉 비슷한 인구통계학적 배경을 가진 친구로부터 온 조언일 경우
2. '감정적으로 설득력 있는 소설, 영화 또는 뉴스 기사'에 의해 뒷받침되는 경우
3. 코끼리가 자신의 욕구가 잘 이해되고 지원받고 있다고 느끼는 상황

이러한 조건 중 첫 번째 조건은 기술 마케팅 측면에서 잘 알려진 원칙과 일치한다. 즉, 기업이 새로운 기술의 '얼리어댑터' 집단에서 '초기 다수'라는 더 큰 시장으로 '틈새를 건너는' 동안 마케팅 접근 방식을 변경해야 하는 원칙이다. 제프리 무어Geoffrey Moore는 1991년 저서 《캐즘 마케팅Crossing the Chasm》12)에서 이 아이디어를 소개했는데, 이는 에버렛 로저스Everett Rogers의 1962년 저서 《개혁의 확산The Diffusion of Innovation》13)에서 풍부한 관찰을 바탕으로 도출한 것이다. 얼리어댑터는 선구자 역할을 할 준비가 되어 있지만, 주류 시장에 대한 접근은 '무리와 함께하려는' 본능이 강한 실용주의자들에 의해 통제된다는 것이다. 이들은 같은 무리에서 이미 해당 아이디어를 채택하고 이를 지지하는 사람들을 직접 목격했을 때만 이를 채택한다.

여기에는 중요한 함의가 있다. '노화 역전 패러다임'과 같이 새로운 대의를 지지하는 초기 집단을 끌어들이는 데 성공했던 주창자들의 주장과 슬로건은 다음 단계로 넘어가 주류 지지자가 되어줄 사람들에게 들려주기 전에 변경되어야 한다. 예를 들어, 초기 노화 역

전 패러다임 지지자들에게 어필했던 '불멸'이나 '마인드 업로딩mind uploading: 인간의 정신을 컴퓨터에 전송하는 것-역주'에 관한 이야기는 이 패러다임이 더 많은 지지자를 확보하고자 할 때 역효과를 낼 수 있다. 장수 배당금을 지지할 수도 있는 사람들이 죽음의 '패배'에는 반발할 가능성이 있는 것이다.

앞의 세 가지 조건 중 두 번째와 세 번째 조건은 앞서 언급한 SENS6에서 다른 연사의 강연에서 다루어졌다. 이 연사는 퀸즐랜드 대학교의 메어 언더우드Mair Underwood였다. 그녀의 강연 제목은 '수명 연장에 관해 공동체는 어떤 확신을 필요로 하는가?: 공동체의 태도에 관한 연구와 영화 묘사를 분석한 증거'였다.[14]

언더우드의 발표에서는 〈천년을 흐르는 사랑The Fountain〉 〈죽어야 사는 여자Death Becomes Her〉 〈하이랜더Highlander〉 〈뱀파이어와의 인터뷰Interview with the Vampire〉 〈바닐라 스카이Vanilla Sky〉 〈도리언 그레이Dorian Gray〉 등 인기 영화에서 영원한 삶과 젊음을 꿈꾸는 사람들이 좋지 않은 시각으로 묘사되는 여러 가지 방식을 지적했다. 영화에서 영원한 삶을 추구하는 사람들은 정신적으로 미성숙하고 이기적이고 무모하고 편협하며, 일반적으로 혐오스러운 존재로 묘사된다. 이러한 영화 속 주인공들은 침착하고 이성적이며 칭찬받을 만하고 정신적으로 건강한 인물로 묘사되며, 수명을 연장하지 않기로 선택하는 인물이다.

그에 비해 수명 연장에 대해 긍정적인 인상을 주는 영화는 드문데, 론 하워드Ron Howard 감독의 〈코쿤 Cocoon〉이 가장 잘 알려진 예일 것이다. 인기 영화에서 부정적인 고정관념이 우세한 이유 중 하나는 디스토피아가 유토피아보다 더 잘 팔리는 경향 탓으로 보인다. 또한 할리우드의 고정관념은 기존의 문화적 규범에서 그 힘을 얻는다. 따라서 이러한 영화는 이미 대중에게 널리 퍼져 있는 다음과 같은 수명 연장에 대한 관점을 반영하고 확대한다.

- 수명 연장은 지루하고 반복적일 것이다.
- 수명 연장으로 장기적인 관계에 문제가 생길 것이다
- 수명 연장은 만성 질환의 연장을 의미한다.
- 수명 연장은 불공평하게 분배될 것이다.

이러한 부정적인 시각에 대응하고 사회가 노화를 받아들이는 패러다임에서 벗어나도록 돕기 위해 언더우드는 노화 역전을 지지하는 집단에 다음과 같은 조언을 제공했다.

1. 수명 연장이라는 주제에 관한 대중의 시각을 '어리석다'고 비난하지 말아야 한다.
2. 수명 연장 과학과 수명 연장 기술의 배포가 윤리적이며 규제되고 있다는 확신을 제공해야 한다.
3. 수명 연장에 대해 '부자연스럽다' 또는 '신처럼 군다'는 우려를 진정시켜야 한다.
4. 수명 연장이 건강수명의 연장을 수반할 것이라는 확신을 제공해야 한다.
5. 수명 연장이 성욕이나 생식 능력의 상실을 의미하지 않는다는 확신을 제공해야 한다.
6. 수명 연장이 사회적 분열을 악화시키지 않을 것이며, 수명이 연장된 사람들이 사회에 부담이 되지 않을 것이라는 확신을 제공해야 한다.

7.수명 연장을 이해하기 위한 새로운 문화적 틀을 만든다.

우리는 이 책 전반에 걸쳐 그 조언을 따르고자 했다. 노화 역전 공학의 각성으로부터 나타날 수 있는 사회, 즉 수명 연장뿐만 아니라 삶의 확장을 이해하는 새로운 문화적 틀에 대한 긍정적인 비전을 전달할 필요가 있다. '죽음의 죽음'을 향해 나아가기 위해서는 먼저 죽음 자체에 대한 공포를 떨쳐야 한다.

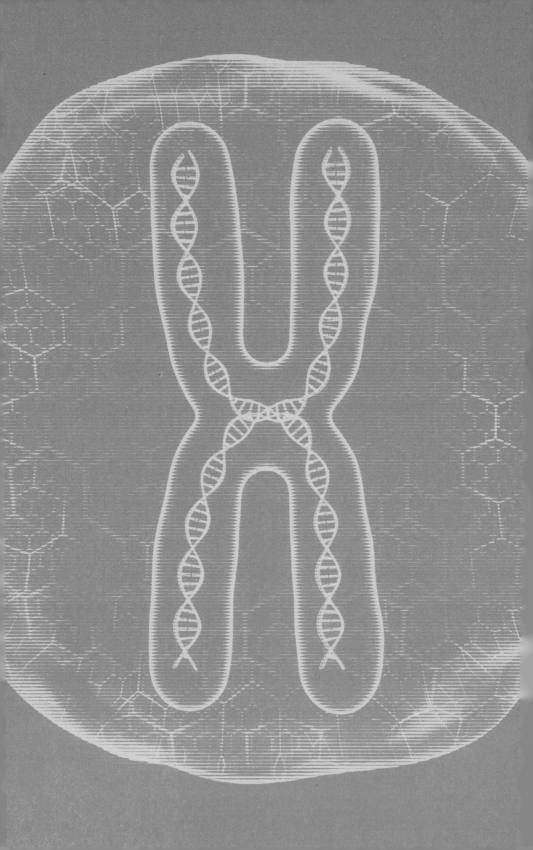

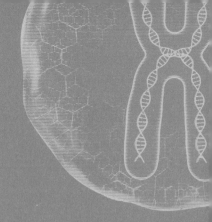

7장

당신은 죽음에 집착하고 있다

나는 영원히 살거나 그러려고 노력하다 죽을 것이다.
— 그루초 마르크스, 1960

영원하지 않다면 나는 왜 태어났을까?
— 외젠 이오네스코, 1962

과학적 견해는 경외와 신비로 끝나고 불확실성의 가장자리에서 길을 잃지만
너무 깊고 인상적이어서, 신이 선악을 두고 벌이는 인간의 투쟁을 지켜보기
위한 무대로 마련되었다는 이론은 그다지 적절해 보이지 않는다.
— 리처드 파인먼, 1963년

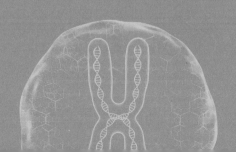

서로 다른 의견을 가진 양측이 모두 사회적 뿌리가 깊다면 이 두 진영이 하는 토론의 경우 의견을 바꾸기가 어려울 수 있다. 노화의 불가피성을 받아들일지, 아니면 노화로부터 자유로운 '장수인간' 사회를 받아들일지에 관한 논쟁도 마찬가지다. 그러나 우리는 난해해 보이는 유사한 논쟁에서 결국 진전을 이룬 사례를 통해 격려와 교훈을 얻을 수 있다.

착시 현상과 정신적 패러다임

우리는 보는 사람에 따라 다르게 인식될 수 있는 착시에 관해 잘 알고 있다. 예를 들어, 한 그림을 어떻게 보느냐에 따라 오리가 될 수도 있고 토끼가 될 수도 있다.[1] 꽃병 또는 마주 보는 두 사람의 얼굴로 보이는 그림도 있다.[2] 또 다른 그림(이번에는 움직이는 그림)은 놀랍게도 시계 방향으로 회전하는 발레리나로 보이거나 반시계 방향으로 회전하는 것으로 보일 수 있다.[3] 이 모든 예에서 불가능한 것은 두 가지 관점을 동시에 받아들이는 것이다. 우리 뇌는 한 관점에서 다른 관점으로 이동할 수는 있지만 한 번에 두 관점을 모두 수용할 수는 없다.

과학의 발전 과정에서도 비슷한 일이 가끔 발생하는데, 이 경우 한 관점에서 다른 관점으로 이동하는 것이 훨씬 더 어려울 수 있다. 예를 들어, 16세기에 신체가 스스로 휴식을 취하는 경향이 있다는 아리스토텔레스의 지배적인 원칙과, 신체가 일정한 속도로 직선으로 계속 이동하는 것이 자연스러운 현상이라는 갈릴레오의 새로운 아이디어가 충돌한 것을 생각해보라. 대륙은 항상 제자리에 고정되어 있었다는 지배적인 이론과, 남미와 아프리카가 오래전에 대륙의 재구성을 통해 나란히 자리 잡았다가 초대륙과거 수억~수십억 년 전의 원시 지구에서 대륙들이 하나의 거대 대륙으로 형성되어 있던 것-역주이 해체되고 개별 대륙이 떨어져 나갔다는 20세기의 새로운 이론이 충돌한 사례도 있다.

이제 의료 분야에서 과학 패러다임이 충돌하는 몇 가지 사례를 살펴보겠다. 또한 '노화를 받아들이는' 패러다임과 이에 맞서는 '노화 역전을 기대하는' 패러다임의 충돌도 점검해볼 것이다. 그전에 먼저 대륙 이동설의 흥미롭고 널리 알려진 사례를 더 자세히 살펴보자.

주류 지질학자들이 '너무 크고, 너무 통일되고, 너무 야심적인' 대륙 이동설에 보인 적대감은 그 당시에는 당연한 것으로 보였다. 이 사실은 현대의 노화 역전 이론을 비판하는 사람들이 "의문의 여지 없이 불가능하다"고 일축하기 전에 잠시 멈추고 생각해야 할 이유를 준다.

과학적 적대감

20세기에 자란 아이들 가운데 세계지도를 보면서 남미와 아프리카의 윤곽선이 비슷하다는 점을 궁금해하지 않은 아이가 있을까? 이 거대한 대륙이 한때는 더 큰 전체의 일부였고, 어떤 이유로 갈라졌을 수도 있을까? 이와 같은 순진한 상상력으로 북미의 동부 해안선이 북아프리카와 유럽의 서부 해안선과 거의 일치한다는 생각에 웃음을 터뜨릴 수도 있다. 이것은 이상한 우연의 일치일까, 아니면 더 심오한 무언가의 징후일까?

주류 지질학자들은 그런 생각에 저항했다. 그들에게 지구는 고정되어 있고 견고했다. 여기에 반하는 아이디어는 순진한 아이들이 가질 수는 있지만 진지한 과학자들이 할 것은 아니라고 말했다. 알프레드 베게너Alfred Wegener(1912년 이후)와 알렉스 더 토이Alex du Toit(1937년 이후)가 통일된 하나의 대륙에서 지금처럼 쪼개졌을 것이라는 생각을 뒷받침하는 데이터를 수집했을 때도 그 증거를 무시했다. 베게너와 더 토이는 지금은 멀리 떨어져 있지만 과거에는 인접했을 것으로 추정되는 대륙들의 가장자리를 따라 발견된 동식물 화석의 놀라운 유사성을 지적했다. 예를 들어 아일랜드와 스코틀랜드의 일부 암석은 캐나다 뉴브런즈윅과 뉴펀들랜드의 암석과 매우 유사하다.

하지만 베게너는 외부인이었다. 그의 박사 학위는 천문학이었고, 직업은 기상학(일기 예보)이었다. 지질학에 관한 전문적 배경지식이 전혀 없었다. 또 그는 마르부르크 대학교에서 무급으로 강의했는데 이는 그에게 권위가 부족하다는 신호로 여겨졌다. 베게너를 비방하는 사람들은 다음과 같은 비판을 주로 했다.

- 대륙 가장자리의 세심한 단면은 이들이 서로 들어맞는다는 주장과 거리가 있었다. 즉, 우연의 일치로 보였다.
- 베게너는 북극 탐험가이자 열기구 조종사라는 배경 때문에 '방랑 극지 전염병"과 '움직이는 지각 병'을 앓았다는 농담이 돌았다.
- 전체적으로 단단하다고 가정된 지구의 일부인 대륙이 어떻게 표류할 수 있는지에 대한 명확한 메커니즘이 없었다.

시카고 대학교의 정통 지질학자인 롤랭 체임벌린Rollin Chamberlin 은 1926년 뉴욕에서 열린 미국석유지질학회의 회의에서 다음과 같이 외쳤다.[4]

베게너의 가설을 믿으려면 지난 70년 동안 배운 모든 것을 잊고 처음부터 다시 시작해야 합니다.

같은 회의에서 예일 대학교의 지질학자 체스터 롱웰Chester Longwell 은 이렇게 외쳤다.

우리는 이 가설을 엄격하게 시험할 것을 주장합니다. 이 가설을 받아들이는 것은 우리 과학의 기본 상식이 될 정도로 오랫동안 유지해온 이론의 폐기를 의미하기 때문입니다.

스미소니언 저널에 '대륙 이동이 사이비 과학으로 간주되었을 때'라는 제목의 글을 쓴 리처드 코니프Richard Conniff는 그 후 수십 년 동안 대륙 이동이 사이비 과학으로 간주되었다고 지적했다.[5]

선배 지질학자들은 대륙 이동에 관심을 보이면 경력을 망칠 수 있다고 신참들에게 경고했다.

영국의 저명한 통계학자이자 지구물리학자인 해럴드 제프리스 Harold Jeffreys 케임브리지대 교수도 대륙 이동설에 강력히 반대했다. 그는 어떤 힘으로도 대륙의 판들을 지구 표면 위로 이동시킬 수 없기 때문에 대륙 이동은 "있을 수 없는 일"이라고 생각했다. 이것은 단순한 추측이 아니었다. 펜실베이니아 주립대 웹사이트의 제프리스 전기 페이지에 설명되어 있듯이, 제프리스는 자신의 의견을 뒷받침하기 위해 광범위한 계산을 수행했다.[6]

제프리스가 생각하기에 베게너의 이론에서 가장 큰 문제는 대륙의 이동 방식이었다. 베게너는 대륙이 이동할 때 단순히 해양 지각을 뚫고 이동했다고 주장했다. 제프리스는 그런 일이 일어나기에는 지구가 너무 단단하다고 생각했다. 제프리스의 계산에 따르면 판이 해양 지각을 뚫고 움직일 수 있을 정도로 지구가 약하다면 산은 그 자체의 무게로 무너져야 했다.
베게너는 또한 지구 내부에 영향을 미치는 조석력으로 인해 대륙이 서쪽으로 이동했다고 말했다. 다시 말하지만, 제프리스의 계산에서 그 정도의 조석력이라면 1년 이내에 지구의 자전이 멈출 수 있다. 제프리스에 따르면 지구는 기본적으로 너무 단단해서 지각이 크게 움직일 수 없다.

대륙 이동에 반대하는 사람들은 멀리 떨어져 있는 대륙의 동식물이 어떻게 놀라운 유사성을 나타낼 수 있는지에 나름의 제안을 내놓았다. 예를 들어, 문제의 대륙들은 한때 베링 해협을 가로질러 알래스카와 시베리아를 연결했던 것과 유사한 가느다란 다리로 연결되었을 수 있다. 앞서 언급한 체스터 롱웰은 베게너의 이론을 반대하며 다음과 같은 절박한 제안까지 했다.[7]

남미와 아프리카 사이의 유사성이 단순히 유전적인 것이 아니라면, 그것은 분명히 우리를 좌절시키려는 사탄의 장치다.

요컨대 두 가지 상반된 의견, 즉 두 가지 경쟁 패러다임이 존재했다. 각 패러다임은 완전히 만족스러운 대답을 내놓을 수 없는 질문, 예를 들어 우연의 문제와 메커니즘의 문제에 직면했다. 이러한 경우 주요 과학자들이 채택하는 의견은 한 가지 증거의 본질적인 중요성보다는 자신이 속한 사회의 배경 철학에 따라 달라졌다. 과학사학자 나오미 오레스케스Naomi Oreskes는 적어도 미국의 일부 지질학자들에게 특히 중요했던 두 가지 요인을 지적한다.[8]

미국인에게 올바른 과학적 방법은 경험적이고 귀납적이며, 관찰 증거에 무게를 두어야 했다. 또한 좋은 이론은 겸손하고 연구 대상과 밀접한 관련이 있었다…. 좋은 과학은 민주주의와 같이 반권위주의적이었다. 좋은 과학은 자유 사회처럼 다원적이었다. 좋은 과학이 좋은 정부에 모범을 제공한다면 나쁜 과학은 정부를 위협했다. 미국인의 눈에 베게너의 연구는 나쁜 과학이었다. 이론을 우선시한 다음 그에 대한 증거를 찾았다. 하나의 해석적 틀에 너무 빨리 안주했다. 너무 크고, 너무 통일되고, 너무 야심적이었다. 요컨대 독재적인 것으로 여겨졌다. (…)

미국인은 또한 동일과정설과거의 자연환경에 작용했던 과정이 현재의 자연 현상과 같을 것이라는 가설로, 근대 지질학의 기초가 되었다-역주 때문에 대륙 이동을 거부했다. 20세기 초까지만 해도 과거를 해석하기 위해 현재를 사용한다는 방법론적 원칙은 역사 지질학의 관행에 깊이 자리 잡고 있었다. 사람들은 지질학을 과학으로 만든 획일주의로 인해, 신이 7일 만에 지구를 만들지 않았다는 증거(화석 등)가 없다면, 지질학이 과거를 해석하는 유일한 방법이라고 믿었다. (…) 그러나 대륙 이동설에 따르면 대륙과 해양의 재구성이 이 문제를 완전히 바꿀 수 있기 때문에 열대 위도의 대륙에 반드시 열대 동물군이 있는 것은 아니었다. 베게너의 이론은 현재가 과거에 대한 열쇠가 아니라, 지구 역사의 한순간에 불과하며 다른 순간과 비교했을 때 특별하지 않다는 불안을 불러일으켰다.

대륙 이동에 관한 생각의 변화

딥러닝 선구자인 제프리 힌튼Geoffrey Hinton은 대륙 이동이라는 개념에 대한 고착된 저항의 예를 한 가지 더 든다. 곤충학자였던 아버지의 경험이다.[9]

아버지는 대륙 이동을 믿었던 곤충학자였다. 1950년대 초반에 대륙 이동설은 말도 안 되는 소리로 여겨졌다. 1950년대 중반에 그 이론이 다시 등장했다. 30~40년 전에 알프레드 베게너라는 사람이 이 이론을 생각해냈지만, 그는 자신의 이론이 다시 유행하는 것을 보지 못했다. 이 발상은 아프리카의 해안선이 남미의 해안선에 들어맞는다는 식의 매우 순진한 생각에 기반한 것이었는데 지질학자들은 이를 그냥 무시해버렸다. 그들은 이것이 완전히 허무맹랑한 환상에 불과하다고 했다.

아버지가 참여했던 매우 흥미로운 토론이 기억난다. 멀리 가지도 못하고 날지도 못하는 물방개에 관한 것이었다. 호주 북부 해안에 사는 이 물방개는 수백만 년 동안 한 하천에서 다른 하천으로 이동하지 못했다. 그런데 뉴기니 북쪽 해안에도, 약간의 차이가 있지만 같은 물방개가 있다는 사실이 밝혀졌다. 이런 일이 일어날 수 있는 유일한 방법은 뉴기니가 호주에서 떨어져 나와 회전한 것으로, 뉴기니 북쪽 해안이 예전에는 호주 해안에 붙어 있었다는 것이다. '딱정벌레는 대륙을 이동할 수 없다'는 이 주장에 대한 지질학자들의 반응을 보는 것은 매우 흥미로웠다. 그들은 증거를 보길 거부했다.

앞의 설명은 서로 다른 패러다임을 가진 사람들이 반박할 수 없는 증거를 보려고도 하지 않는, 해결할 수 없는 교착 상태에 도달했다는 결론으로 이어질 수 있다. 실제로 교착 상태는 수십 년 동안 지속되었다. 그러다 다행히도 '좋은' 과학이 승리했다. 일부 과학자들의 고집에도 불구하고 과학계 전체는 새로운 증거의 가능성에 열린 자세를 유지했고, 중요한 증거가 새롭게 등장했다.

첫째, 1950년대에 지질학자들은 새롭게 떠오르는 고지자기학 분야에 더 많은 관심을 기울이기 시작했다.[10] 이 분야는 암석이나 퇴적물에서 자성 물질의 방향을 조사한다. 조사 결과 선사 시대 암석과 최근 암석의 방향이 다른 것으로 나타났으며, 측정 기술의 향상으로 변화 패턴은 더욱 분명해졌다. 과학자들은 암석이 형성될 당시 지구의 자기극이 다른 위치에 있었거나, 오랜 시간 동안 암석이 이동했을 수 있다는 결론에 다다랐다. 지질학자들이 이 데이터를 면밀하게 조사할수록 대륙 이동 원리를 뒷받침하는 증거를 더 많이 발견할 수 있었다. 예를 들어, 인도에서 채취한 암석 샘플은 인도가 과거 적도 남쪽에 위치했음을 강력하게 시사한다(현재는 명백히 적도보다 북쪽에 위치).

둘째, 심해에서 열수구 및 해저 화산과 함께 해구를 조사한 결과 상당한 지하 유체 활동의 증거가 추가로 발견되었다. 이를 통해 해저 지형이 확산하면서 대륙판이 떨어져 나갔다는 개념을 확립하는 데 도움이 되었다. 많은 과학자로 하여금 이 논쟁에 마침표를 찍게 한 것은 특정 실험이었다. 오레스케스가 그 이야기를 들려준다.

그동안 지구물리학자들은 지구 자기장이 반복적이고 극성이 빈번하게 뒤바뀐다는 사실을 입증했다. 현재와 같은 자기장의 배열 시기를 정자극기라 하고, 반대 방향으로 배열되었던 시기를 역자극기라고 한다. 지구의 역사에서 정자극기와 역자극기는 여러 번 반복되었으며, 여기에 해저 화산으로 인한 해저 지형의 확산이 더해져 실험 가능한 가설이 탄생했다. (…) 지구 자기장이 역전되는 동안 해저 지형이 확산하면, 해저를 형성하는 현무암은 평행한 '줄무늬' 형태로 이러한 사건을 기록한다.

제2차 세계대전 이후 미국 해군 연구소는 군사적 목적으로 해저 연구를 지원해왔으며 대량의 자기 데이터를 수집했다. 미국과 영국 과학자들은 이 데이터를 조사해 1966년에 가설을 확인했다. 1967~1968년, 대륙의 표류와 해저 확산에 관한 증거는 전 지구적인 틀에 통합되었다.

갈수록 쌓인 데이터는 해저 확산과 그에 따른 대륙 이동에 관한 정교한 모델과 연결되면서 과학적 합의를 비교적 빠르게 끌어냈다.

이와 동시에 일부 과학자들이 대륙 이동설에 반대하게 만들었던 강력한 철학적 입장, 즉 '적절한' 이론에 대한 선호, 종류를 막론하고 격변론보다 동일과정설처럼 균일한 변동에 대한 선호는 힘을 잃었다. 이러한 철학은 대체로 유용한 일반적 지침이었지만, 그 자체로 강력한 설득의 힘을 가진 이론을 무너뜨릴 만한 보편성은 부족했다.

손 씻기

대륙 이동에 적용된 원리는 병원의 손 소독에도 적용되었다. 앞서 살펴본 사례에서 알프레드 베게너가 자신의 가설이 인정받기 훨씬 전인 1930년에 그린란드에서 조난당한 뒤 6개월 만에 사망이 확인된 안타까운 희생자라면, 두 번째 사례의 주인공인 이그나즈 제멜바이스Ignaz Semmelweis 역시 안타까운 희생자다.

제멜바이스는 병원의 위생을 개선하기 위해 실험 데이터를 수집했지만, 그의 이론은 거의 존중받지 못했다. 심한 우울증에 시달린 그는 정신병원에 감금되어 경비원에게 구타당하고 구속복을 입어야 했

다. 그리고 입소 2주 만에 겨우 47세의 나이로 사망했다.[11]

약 20년 전인 1846년, 젊은 제멜바이스는 빈 종합병원의 산부인과에서 의료 보조로 일하고 있었다. 병원에는 두 개의 산부인과가 있었는데, 그중 한 곳의 사망률(10% 이상)이 다른 한 곳(4%)보다 훨씬 높았다. 첫 번째 클리닉에서 여성들이 출산 후 산욕열로 사망하는 일이 종종 발생했다. 제멜바이스는 사망률이 차이 나는 원인을 알아내려 많은 노력을 기울였다. 마침내 그는 첫 번째 클리닉에서 일하는 의대생들이 산부인과 병동을 방문해서 산모를 진찰하기 전에 시체를 부검하는 경우가 많은 반면, 두 번째 클리닉에서는 그런 학생이 없다는 사실을 관찰했다. 이것은 예리한 경험적 관찰이었다.

이 관찰을 바탕으로 제멜바이스는 수련의의 손에 묻은 시체에서 나온 미세한 물질이 높은 사망률의 원인이라고 추측했다. 그는 염소 처리된 석회를 사용해서 손을 엄격하게 씻는 시스템을 도입했다. 이 과정을 통해 비누로 씻는 기존 방식으로는 제거할 수 없었던 시체 냄새를 의사들의 손에서 제거할 수 있었다. 사망률은 급감해서 1년 만에 0%에 도달했다.

현대의 관점에서 보면 당연한 결과라고 말할 수 있다. 오히려 옛날에는 의사들이 진찰하기 전에 손을 씻지 않았다는 사실에 놀라움을 금치 못한다. 하지만 이 모든 것은 루이 파스퇴르가 세균 이론을 대중화하기 수십 년 전에 일어난 일이다. 당시에는 질병이 '나쁜 공기(미아즈마)'에 의해 전염된다고 생각하는 것이 일반적이었다. 실제로 세균에 대한 인식이 부족했던 당시의 의학계는 철저한 손 씻기를 더 널리 도입해야 한다는 제멜바이스의 제안에 저항했다.

100년 후 알프레드 베게너에게 적용되었던 비판의 메아리처럼,

제멜바이스의 아이디어는 너무 포괄적이고 너무 광범위하며 너무 파괴적인 것으로 여겨졌다. 제멜바이스는 병원 내 질병의 상당 부분이 청결하지 못한 환경이라는 한 가지 원인에 의해 발생한다고 주장했다. 이는 질병마다 고유한 원인이 있으므로 그에 맞는 치료가 필요하다는 일반적인 의학 이론에 정면으로 반하는 주장이었다. 모든 것을 열악한 위생 탓으로 돌리는 것은 지나치게 단편적인 생각이었다.

또 손을 열심히 씻는 행위가 일부 의사들에게 불쾌감을 주었다. 이 행위가 자신의 평소 위생 수준이 낮다는 반증이 될 수 있다는 생각에 불쾌감을 느꼈던 것 같다. 그들은 자신이 진찰한 환자의 죽음에 개인적으로 책임이 있다는 사실을 받아들일 수 없었다.

제멜바이스는 유럽 전역에서 혁명이 일어났던 1848년에 빈 종합병원에서 일자리를 잃었다. 제멜바이스의 몇몇 형제가 헝가리 독립 운동에 적극적으로 참여했는데, 병원장은 보수적인 정치 성향을 지닌 사람이었다. 이러한 정치적 차이는 이미 심각했던 제멜바이스에 대한 불신에 기름을 부었다. 제멜바이스가 병원을 떠난 뒤 칼 브라운Carl Braun이 그의 후임이 되었다. 브라운은 많은 부분을 과거 상태로 돌려놨다. 그는 후에 산욕열의 30가지 원인을 나열한 교과서를 출판했는데, 제멜바이스가 규명한 메커니즘, 즉 시체의 미세한 물질에 의한 중독은 목록에서 겨우 28번째였다.[12] 제멜바이스가 만든 대책인 손 씻기는 '나쁜 공기' 패러다임에 맞춰 환기 시스템을 개선하는 것으로 대체되었다. 그리고 산모 사망률은 다시 증가했다.

제멜바이스의 사례처럼, 획기적인 통찰을 얻은 병원에서도 전통과 인습의 무게로 인해 결국 수많은 여성이 불필요한 죽음을 피하지 못했다. 존 스노John Snow, 조지프 리스터Joseph Lister, 루이 파스퇴르 등의 연구를 통해 세균이 질병의 원인이라는 증거가 축적될 때까지 유럽 전역에서 이런 암울한 패턴이 유사하게 반복되었다. 철저한 소독 및 세척은 1880년대에 들어서 표준이 되었고, 세균 이론에 의해 '나쁜 공기' 패러다임이 뒤집혔다.

의료계의 오랜 관행은 의사라는 직업의 첫 번째 원칙인 '환자에게 해를 끼치지 않는다'를 충족하지 못했다. 의사들의 잘못된 생각은 위생 불량으로 이어져 불필요한 피해가 눈덩이처럼 불어났다. 히포크라테스 선서에서 벗어난 것은 지식 부족(질병에 대한 세균 이론의 부재) 때문이기도 했지만, 이전의 습관과 사고방식을 버리지 못한 문제도 있었다.

노화 수용 패러다임도 이 패턴에 부합한다. 이는 부분적으로는 지식 부족(노화 역전에 관한 생명공학의 발전)으로 인해 지속되지만, 이전의 습관과 사고방식의 과잉에 의해 지속되기도 한다. 물론 그 패러다임에 몰입한 사람들은 사물을 다르게 보는 경향이 있다.

의료 패러다임의 변화, 저항하는 사람들

이그나즈 제멜바이스는 '근거중심의학'이라는 광범위한 원칙의 핵심 선구자가 되었다. 그는 의료진의 진료 방식을 변경하고 그에 따른 사망률 변화를 관찰해서 산욕열의 원인에 대한 가설을 검증했다. 그는 두 산부인과 클리닉의 사망률이 차이에 관해 여러 가지 잠재적 원인, 즉 사회경제적 지위의 차이, 출산 시 산모가 취하는 자세 등 여러 가지 가능성을 배제하고 관찰했다. 새로운 손 씻기 방법이 도입되었을 때 그 결과는 극적이었다.

그러나 앞서 살펴본 바와 같이 이러한 증거는 '나쁜 공기'를 질병의 원인으로 보는 기존 패러다임에서는 설득력을 얻지 못했다. 이 패러다임을 지지하는 사람들은 변화된 사망률을 환기 개선과 같은 다른 원인에 의한 것으로 재해석했다. 안타깝게도 이러한 다양한 이론을 구분하기 위한 추가 실험은 진행되지 않았다. 오늘날 우리가 의학적 효능을 실험하는 데 적용되기를 기대하는 원칙이 당시에는 아직 수용되지 않는 환경이었던 것이다. 원칙은 다음과 같다.

- 대조군 : 새로운 방법으로 치료받는 환자 그룹은 그 치료를 받지 않지만(대신 위약을 받을 수도 있음) 그 외의 조건은 거의 유사한 '대조군'과 비교된다.
- 무작위 배정 : 결과를 훼손할 수 있는 편견(의식적 또는 무의식적)을 방지하기 위해 대조군과 치료군에 환자를 무작위로 배정한다.
- 통계적 유의성 : 때때로 자연적으로 발생하는 우연적 편차로 인한 오해를 최소화할 수 있도록 검사를 설계하는 것. 표본 크기가 작은 검사는 이 기준으로 볼 때 가치가 거의 없다.
- 재현성 : 매번 다른 임상 전문가가 참여해 시험을 반복하는 것으로, 동일한 결과가 나온다면 제안된 치료법의 근본적인 신뢰성이 높아진다.

사실 '근거중심의학'이라는 용어는 불과 수십 년밖에 되지 않았다. 이에 관한 최초의 학술 논문은 1992년에 발표되었다.[13] 이 용어는 의사가 자신의 직감과 직관, 즉 의사마다 가진 오랜 경험을 통해 학습된 직감과 직관에 따라 잠재적인 치료법을 결정하는 '임상적 판단'이라는 기존 관행과 구별하기 위해 도입되었다. 일반적으로 사용되는 임상적 판단의 대체 용어는 '의술art of medicine'이다.

임상적 판단의 단점은 1972년에 스코틀랜드 의사 아치 코크런 Archie Cochrane이 쓴 《효과성과 효율성 : 의료 서비스에 대한 무작위적 고찰》이라는 책에 실렸다.[14] 코크런은 동료 의료인들의 사고방식과 관행에 매우 비판적이었다. 그는 다음과 같이 지적했다.

- 초기 공중보건 개선의 상당 부분은 의학적 치료 자체보다는 위생과 같은 환경적 요인의 개선에 기인한 것이다.
- 의사들은 환자로부터 처방전이나 다른 치료법을 제공해야 한다는 큰 압박을 받고 있으며, 효과에 관한 임상적 증거가 없더라도 그 압박에 부응해 새로운 치료법을 제공할 수 있다.
- 특정 치료를 받은 후 일부 환자가 회복했다는 사실이 해당 치료의 효과를 증명하는 것은 아니며, 회복은 다른 요인(시간이 지나면 저절로 좋아지는 신체의 경향 등)에 의한 것일 수도 있다.
- 환자가 특정 치료 과정이 자신에게 도움이 되었다고 믿는다는 사실 역시 해당 치료의 효과를 입증하는 증거는 아니다.

코크런은 책을 집필할 당시 일반적으로 문화는 '실험'보다 '의견'에 더 큰 영향을 받는 경향이 있다고 지적했다.[15]

가설을 검증할 때 의견·관찰·실험의 상대적 가치에 관해 대중과 일부 의료인들 사이에는 여전히 상당한 오해가 있는 것 같다.

지난 20년 동안 단어 사용에서 가장 눈에 띄는 두 가지 변화는 다른 유형의 증거와 비교해서 '의견'이 업그레이드되고 '실험'이라는 단어가 다운그레이드되었다는 점이다. '의견'의 업그레이드에는 의심할 여지 없이 많은 원인이 있지만, 가장 강력한 원인 중 하나는 텔레비전 진행자와 프로듀서라고 확신한다. 그들은 모든 것이 간결하고 극적이며 흑백으로 표현되기를 원한다. 증거에 대한 모든 논의는 길고 지루하며 회색으로 기록된다. 나는 텔레비전에서 인터뷰어가 특정 사실에 대한 증거가 무엇인지 묻는 것을 들어본 적이 거의 없다. 인터뷰 진행자들은 그저 재미를 원할 뿐이다. 다행히도 일반적으로 증거가 중요하지 않다. 하지만 의학 문제를 다룰 때는 중요할 수 있다.

'실험'이라는 단어의 운명은 매우 달라졌다. (…) 언론인에 의해 점령되어 비하되었고… 이제는 '무엇이든 시도하는 행위'라는 의미로 사용되어 '실험'극, '실험' 예술, '실험' 건축처럼 끝없이 언급되고 있다.

코크런은 의료 행위에 관해 좋은 말도 많이 했다. 그는 제2차 세계대전 이후 무작위 대조군 실험을 광범위하게 진행해 결핵에 효과적인 치료법을 개발하는 등 향후 연구의 표본이 될 수 있는 몇 가지 긍정적인 사례를 설명했다. 또한 의사들이 다양한 '치료' 또는 '억제' 치료법에 관한 대조군 실험을 설계하는 데 판사나 교장 등 다른 전문가들보다 훨씬 앞서 있다고 칭찬했다. 그러나 코크런이 지적했듯이, 의학사는 강력하게 지배적이었던 의견이 신중한 실험을 통해 결국 잘못된 것이라는 사실이 입증된 사례로 가득하다.

• 편도선 절제술, 특히 어린이의 편도선 절제술은 한때 만병통치약에 가까운

것으로 여겨져 널리 시행되었지만 1969년 증거에 대한 비판적 검토('관습적 수술-포경수술과 편도선 절제술'이라는 제목의 기사) 이후 현재는 시행률이 크게 줄었다.

- 금 기반 화합물 사노크라이신은 1920년대 미국에서 결핵 치료제로 인기를 얻었다. 한 의사는 1931년 46명의 환자를 대상으로 한 임상시험 결과를 발표하면서 이 약이 탁월하다고 선언했다. 그러나 이 임상시험에는 대조군이 없었으며 46명의 환자 모두 이 약을 투여받았다. 같은 해에 디트로이트의 다른 의사들은 결핵 환자 24명 중 무작위로 선정된 12명을 대상으로 이 약을 시험했다. 나머지 12명의 환자들은 자신도 모르게 멸균 처리한 물만 포함된 주사를 맞았다. 결과는 결정적이었다. 대조군 환자들의 생존율이 더 높았다. 이전에 기적의 약으로 찬사를 받았던 사노크라이신은 전혀 효과가 없는 것으로 나타났다.

- 강제적인 침상 안정은 널리 퍼진 결핵 치료법의 하나였지만, 1940년대와 1950년대에 시행된 실험에서 이 방법이 오히려 해롭다는 사실이 밝혀졌다. 누워 있는 환자들에게서 기침으로 인한 합병증이 더 많이 발생한 것이다. 이 연구 이후 전 세계의 요양소가 폐쇄되었다.

이와 동시에 코크런은 임상 지식이 의사들의 주장처럼 완전무결한 것이 아님을 보여주는 사례들을 공개했다. 드루인 버치Druin Burch 가 2009년에 출간한 저서 《약을 복용하다Taking the Medicine》에서 소개한 다음 에피소드가 대표적이다.16)

심전도는 심장의 전기 활동 기록이다. (···) 심장 전문의는 다른 의사들이 측정할 수 없을 정도로 뛰어난 판독 기술을 가지고 있다고 주장한다. 코크런은 무작위로 심전도를 채취해 그 사본을 네 명의 심장 전문의에게 보내 물어보았다. 이들의 의견을 비교한 결과, 일치한 부분은 단 3%에 불과했다. 심전도 추적 내용을 보면 '진실'을 볼 수 있다는 그들의 자신감은 정당화되지 못했다. 적어도 100번 중 97번은 누군가가 뭔가를 다르게 알고 있었던 것이다. 코크런은 치과 교수들에게 동일한 구강을 평가하도록 요청해 유사한 테스트를 수행했다. 그 결과, 그들의 진단 기술이 일관되게 일치하는 것은 단 한 가지, 즉 치아 수라는 것을 발견했다.

1988년 코크런이 사망하고, 1993년 그의 성을 따서 코크런 공동 연구소가 새롭게 설립되었다. 이 연구소는 자신들의 활동을 다음과 같이 설명한다.[17]

코크런은 더 나은 의료 결정을 내리기 위해 존재한다.

코크런은 지난 20년 동안 의료 결정을 내리는 방식을 변화시키는 데 기여해왔다.

코크런은 연구를 통해 얻은 최고의 증거를 수집하고 요약해 정보에 입각한 치료를 선택할 수 있도록 돕는다.

코크런은 고품질 정보를 이용해 건강에 관한 결정을 내리고자 하는 모든 사람을 위한 서비스다. 의사, 간호사, 환자, 보호자, 연구자, 투자자 등 누구에게나 코크런의 자료는 의료 지식과 의사 결정을 향상시키는 강력한 도구를 제공한다.

130여 개국 3만 7,000명이 코크런에 상업적 후원을 비롯해, 신뢰할 수 있으며 접근 가능한 건강 정보의 생산에 협력하고 있다.

코크런 공동연구소는 아치 코크런을 비롯한 선구자들이 개척한 근거중심의학의 비전을 실현하는 데 오늘날 매우 중요한 임무를 수행하고 있다. 2009년에 기준으로 3초에 한 건씩 코크런 리뷰가 웹사이트에서 다운로드되었다.[18] 현재 가장 인기 있는 다운로드 중에는 다음과 같은 주제의 리뷰들이 있다.[19]

- 긴장성 두통을 위한 침술
- 조산사가 주도하는 연속성 모델과 분만 치료의 다른 모델 비교
- 지역사회에 거주하는 노인의 낙상 예방을 위한 조치
- 건강한 성인의 독감 예방을 위한 백신

이 모든 영역은 직관적인 '임상적 판단'이 실험적 증거를 통해 매우 유용하게 보완되는 영역으로, 종종 전문가의 예상을 뒤엎는 증거가 등장한다.

이러한 역사를 알지 못한다면 근거중심의학이라는 개념이 널리 받아들여지기까지 얼마나 많은 적대감을 불러일으켰는지 상상하기 어려울 것이다. 오랫동안 계속되어 온 임상적 판단에 대한 비판은 초기에 큰 저항을 받았다.

- 고위 의료진들은 흑백이 명확한 근거중심의학으로 이동함에 따라 어렵게 얻은 암묵적 지식이 저평가될 것을 우려했다.
- 이들은 종종 환자를 새로운 의학 교과서에 등장하는 몇 개 되지 않는 틀 중 하나에 억지로 끼워 맞추기보다 개인에 맞춰 치료해야 한다고 주장했다.

피 흘리기

마지막 사례를 하나 더 살펴보자. 거머리를 이용해 환자의 몸에서 피를 빼내는 사혈 요법은 2000년이 넘는 기간 동안 의학적 치료법으로 널리 사용되어 왔다. 사혈은 여드름, 천식, 당뇨병, 통풍, 헤르페스, 폐렴, 괴혈병, 천연두, 결핵 등 다양한 질병에 권장되었다. 초기의 저명한 지지자로는 히포크라테스(기원전 460~370년)와 갈레노스(129~200년)가 있다. 1620년대에 체내 혈액 순환 경로를 발견한 윌리엄 하비William Harvey를 비롯해 수 세기에 걸쳐 저명한 비평가들의 비판을 받기도 했지만, 이 요법은 계속해서 널리 사용되었다. 2014년 〈에든버러 왕립 의과대학Royal College of Physicians Edinburgh〉 저널에 기고한 D.P. 토머스D.P. Thomas는 다음과 같이 지적한다.[20]

> 초기 의사들의 사혈 대한 열정은 오늘날 보기에도 대단하다. 파리 의과대학장이었던 기 파탱Guy Patin(1601~1672)은 가슴의 '충혈' 때문에 아내에게 12번, 계속되는 열 때문에 아들에게 20번, 차가운 머리로 인해 자신도 7번이나 피를 뽑았다. 찰스 2세Charles II(1630~685)는 뇌졸중으로 사혈했고, 조지 워싱턴George Washington 장군(1732~1799)은 심한 인후염으로 몇 시간 만에 네 번이나 사혈했다. 그에게서 뽑은 혈액의 양은 2.5~4ℓ 사이로 다양하게 추정되고 있다. 강인한 사람이긴 했지만, 의사들의 잘못된 치료를 견디지 못했고 그러한 치료가 그의 최후를 앞당긴 것으로 보인다.

토머스는 벤저민 러시Benjamin Rush의 사례도 언급한다.

미국의 저명한 의사이자 독립선언서에 서명한 벤저민 러시는 환자로부터 피를 뽑는 것이 최선의 치료법이라고 확신했다. (…) 1793년 필라델피아에서 황열병이 유행할 때 러시는 피를 뽑아서 환자들을 치료했다. (…)
러시의 접근 방식은 전통적인 치료법에 대한 맹목적인 믿음이 얼마나 위험한지를 일깨워주며, 모든 형태의 치료에 대해 비판적이고 근거에 기반한 평가가 필요하다는 점을 강조한다.

사혈의 효과에 대한 체계적인 증거는 19세기에 수집되기 시작했다. 1828년 프랑스인 피에르 샤를 알렉상드르 루이Pierre Charles Alexandre Louis는 폐렴 환자 77명의 자료를 분석한 결과, 사혈이 회복 가능성에 미치는 영향은 거의 없었다고 밝혔다. 그러나 많은 의사들이 개인적인 경험에 의존하고 히포크라테스와 갈레노스까지 거슬러 올라가는 유서 깊은 전통을 선호한 탓에 그의 연구 결과를 무시했다.

19세기 후반, 에든버러 대학교의 존 휴스 베넷John Hughes Bennett은 미국과 영국의 병원에서 생존율에 대한 추가 데이터를 검토했다. 예를 들어, 에든버러 왕립 병원에서 18년간 자신이 직접 치료한 105건의 표준 폐렴 사례 중 사혈을 받지 않은 환자가 사망한 사례는 한 건도 없었다고 지적했다. 반면, 병원에서 다른 의사에게 치료받으면서 사혈한 환자 중 최소 3분의 1이 사망했다. 그러나 이러한 데이터에도 불구하고 베넷은 같은 직업군 내부에서 거센 비판에 직면했다. D.P. 토머스는 이에 관해 다음과 같이 언급했다.

현재의 관점에서 볼 때 루이와 베넷의 선구적인 연구에서 가장 놀라운 점은 특히 폐렴 치료와 관련해서 의료계가 무척이나 분명한 증거를 받아들이는 데 얼마나 느렸는가 하는 점이다. 휴스 베넷은 실험실 관찰 결과와 통계적 분석을 모두 포함하는 과학적인 접근 방식으로 질병을 식별하고 치료하고자 했다. 그러나 이러한 접근 방식은 임상 관찰로 쌓은 자신의 경험에만 의존하던 전통적인 임상의들의 접근 방식과 충돌했다. 사혈 치료법에 대한 회의론이 커졌음에도, 이 치료에 관한 논란은 19세기 후반은 물론 실제로 20세기까지 계속되었다.

2010년 〈브리티시 컬럼비아 의학 저널British Columbia Medical Journal〉에 기고한 글에서 제리 그린스톤Gerry Greenstone은 왜 사혈이 20세기 중반까지 계속되었는지 의문을 제기한다.[21]

16세기와 17세기에 베살리우스Vesalius와 하비의 발견으로 갈레노스 해부학과 생리학의 중대한 오류가 드러났는데도, 사혈 관행이 왜 그토록 오랫동안 지속되었는지 궁금할 수 있다. 그러나 I.H. 케리지I. H. Kerridge와 M. 로M. Lowe는 "사혈이 오랫동안 지속된 것은 지적인 이상 현상이 아니라 사회적·경제적·지적 압력의 역동적인 상호작용의 결과이며, 이 과정은 계속해서 의료 행위를 결정하고 있다"고 말했다.

병리학에 관한 현재의 이해를 바탕으로 이러한 치료법을 비웃고 싶을 수도 있다. 하지만 100년 후 의사들이 현재의 의료 관행을 어떻게 평가할지 먼저 생각해보자. 항생제 남용, 약제의 과다 처방, 방사선 및 화학 요법과 같은 무딘 치료법에 충격을 받을지도 모른다.

100년 후는 신경 쓰지 마라. 우리가 보기에 10~20년 후에 의사들이 노화 현상에 보이는 관심이 너무 적었다는 사실과 노화 역전 생명공학에 이렇게 관심 없었다는 사실에 놀라움을 금치 못하며 현재의 진료를 돌아볼 가능성이 크다.

그러나 이미 살펴본 바와 같이 패러다임은 깊은 영향을 미친다. 여기서 인용한 케리지와 로의 문구처럼, 의료 행위는 "사회적·경제적·지적 압력의 역동적인 상호 작용에서 비롯된다."

물론 전문가뿐만 아니라 누구나 틀릴 수 있다. 아이러니하게도 이 장을 마무리하면서 1994년 미스 앨라배마에 이어 1995년 미스 아메리카에 올랐던 미국 미의 여왕 헤더 화이트스톤Heather Whitestone의 놀라운 통찰을 떠올려본다. 미인대회에서 영원히 살고 싶냐는 질문을 받았을 때 그녀는 이렇게 대답했다.[22]

영원히 살면 영원히 살아야 하기 때문에, 영원히 살지 않을 것입니다. 영원히 살아야 한다면 영원히 살 것이지만, 영원히 살 수는 없기 때문에 영원히 살지 않을 것입니다.

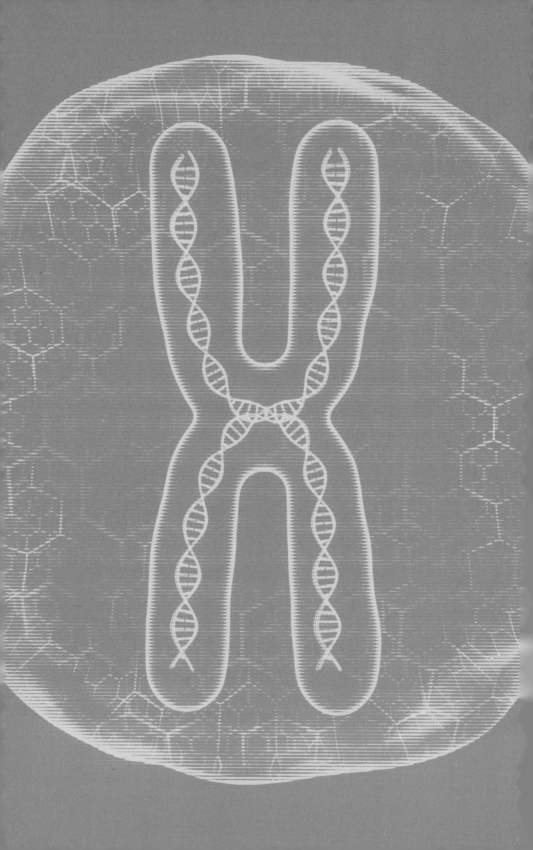

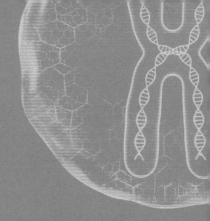

8장

플랜 B : 냉동 보존

사후에 냉동 보존되는 것은 두 번째로 나쁜 상황이다.
최악의 상황은 냉동 보존을 받지 못한 채 죽는 것이다.
— 벤 베스트, 2005

냉동 보존이 사기라면 마케팅이 훨씬 더 잘되고 인기도 있을 것이다.
— 엘리저 유드코프스키, 2009

냉동 보존은 실험이다. 대조군 또는 실험군에 참여하겠는가?
— 랠프 머클, 2017

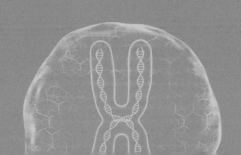

인간 노화 역전을 위한 최초의 생명공학 치료법이 2020년대에 상용화되고, 2030년에는 나노기술 치료법이 등장하며, 2045년에는 노화를 완전히 제어하고 역전시킬 수 있을 것으로 예상된다. 안타깝게도 그때까지 사람들은 계속 늙어가고 죽을 것이다. 지금 살아있는 대부분의 사람에게 노화 역전은 너무 느리게 다가오고 있다. 효과적인 노화 역전 요법이 널리 보급되기 전에 사망할 가능성이 크기 때문이다. 이미 죽은 사람들을 포함해 이들이 속한 시대는 노화 역전 이전Before-Rejuvenation 시대, 즉 BR 시대에 속한다.

그런데 넓은 시야로 보면 희망이 작게나마 보인다. 일부 연구자들은 BR 시대 사람들의 '불멸'에 관해서도 가능성을 제안한다. 그 아이디어는 우리가 앞서 다룬 내용을 '플랜 A'라고 할 때 매우 급진적인 대안이다.

영원으로 가는 다리

이미 논의했듯이 수십 년 후에는 무기한 수명이 가능할 것이다. 그때까지 우리가 무엇을 할 수 있을까? 슬프게도 사람들은 그때까지도 계속 죽을 것이며, 지금 우리가 할 수 있는 유일한 방법은 냉동 보존이다. 냉동 보존은 플랜 A가 도래할 때까지 인간의 수명을 무기한 연장하는 '플랜 B'라고 할 수 있다.

인간의 냉동 보존, 또는 '크라이오닉스cryonics'는 1962년 미국의 물리학자 로버트 에팅거Robert Ettinger가 노화를 포함한 현재의 질병을 치료할 수 있는 훨씬 더 발전된 의료 기술의 도래를 예상하고 환자를 냉동하는 것을 고려한 책 《냉동 인간The Prospect of Immortality》을 출간하면서 시작되었다. 에팅거는 인간을 냉동 보존하는 것이 치명적인 방법처럼 보일 수 있지만, 미래에는 원래 상태로 되돌릴 수 있다고 주장했다. 즉, 임상적 사망의 초기 단계를 기술이 발달한 미래에 되돌릴 수 있을지도 모른다는 주장이다. 이러한 아이디어를 종합해서 에팅거는 최근 사망한 사람을 동결하는 것이 생명을 구할 방법이 될 수 있다고 제안한다. 이러한 아이디어를 바탕으로 에팅거와 다른 네 명의 동료는 1976년 미시간주 디트로이트에 크라이오닉스 연구소Cryonics Institute를 설립했다. 첫 번째 환자는 1977년 냉동 보존된 에팅거의 어머니였다. 그녀의 시신은 질소의 끓는점(-196℃)에서 냉동 보관되었다.

한편 캘리포니아에서 프레드Fred와 린다 체임벌린Linda Chamberlain은 1972년 알코르 수명 연장 재단Alcor Life Extension Foundation: 이하 알코르이라는 이름으로 또 다른 냉동 보존 기관을 설립했다. 1976년 첫 번째 환자는 프레드 체임벌린의 아버지로, 그는 머리만 냉동 보존하는 신경 보존술을 받았다. 알코르는 1993년 지진이 잦은 캘리포니아에서 멀리 떨어진 애리조나주 스코츠데일로 이전했으며, 영국의 철학자이자 미래학자인 맥스 모어Max More가 현재 이사장을 맡고 있다.[1]

우리는 응급 의료의 연장선에 있다고 생각한다. (…) 오늘날의 의학이 환자를 포기할 때 그 역할을 대신하고 있을 뿐이다. 50년 전만 해도 누군가가 눈앞에서 갑자기 쓰러져 숨을 멈추면 바로 사망한 것으로 판단하고 시신을 처리했을 것이다. 오늘날 우리는 그렇게 하지 않고 심폐소생술과 모든 종류의 조치를 한다. 50년 전에는 죽은 줄 알았던 사람들이 지금은 그렇지 않다는 것을 알고 있기 때문이다. 크라이오닉스도 마찬가지다. 더 이상 악화되는 것을 막고 미래의 더 발전된 기술이 이 문제를 해결하도록 해야 한다.

몇몇 환자는 머리만 냉동 보존하기도 한다. 일부는 경제적 이유로, 다른 일부는 인간의 정체성과 기억이 뇌에 저장되어 있기 때문에 다른 기술을 사용해 재구성할 수 있는 신체 전체를 냉동 보존할 필요가 없다고 믿는다.

크라이오닉스 연구소가 전신 냉동 보존만 하는 반면, 알코르는 신경 보존과 전신 냉동 보존을 모두 수행한다. 현재까지 크라이오닉스 연구소는 200명의 냉동 보존 환자와 1,000명 이상의 회원을 보유하고 있으며, 알코르 역시 비슷한 수의 환자(이 중 약 4분의 3이 신경 보존 환자)와 회원을 보유하고 있다. 매달 새로운 환자와 회원이 미국의 두 주요 냉동 보존 기관에 가입하고 있다. 또한 두 기관 모두 DNA, 조직, 반려동물, 기타 동물 샘플을 냉동 보존하고 있다. 크라이오닉스 연구소는 전신 냉동 보존에 2만 8,000~3만 5,000달러(대기·안정화·운송에 드는 높은 비용 제외)의 비용을 청구한다. 알코르는 신경 보존에 8만 달러, 전신 냉동 보존에 20만 달러의 비용을 청구한다(대기·안정화·운송 비용 포함).[2]

2005년 모스크바 외곽에 크리오러스KrioRus가 설립될 때까지 세계에서 사실상 유일한 두 개의 냉동 보존 기관은 크라이오닉스 연구소와 알코르뿐이었다. 지금은 아르헨티나, 호주, 캐나다, 중국, 독일, 그리고 미국의 캘리포니아, 플로리다, 오리건주에서도 인간 냉동 보존을 위한 새로운 저장 시설을 만들 계획이거나 이미 설립한 소규모 단체가 있다. 산둥 인핑 생명과학 연구소는 2015년에 설립되어 이미 12명의 환자를 보관하고 있다. 이 글을 쓰는 현재 호주의 서던 크라이오닉스Southern Cryonics와 스위스의 유럽 바이오스타시스 재단European Biostasis Foundation은 2022년에 냉동 센터를 개소할 예정이지만, 환자는 아직 없다.

크라이오닉스는 어떻게 작동할까?

지금까지 냉동 보존 후 되살아난 사람이 없는 것은 환자가 생전에 앓았던 불치병의 원인 질환이 아직 해결되지 않았기 때문이기도 하다. 그러나 기하급수적인 기술 발전 덕분에 앞으로 수십 년 안에 환자를 되살릴 가능성이 매우 크다. 미래학자 레이 커즈와일은 2040년대에 들어서면 냉동 보존 환자의 부활이 이루어질 것으로 예측한다. 더 나

은 기술로 냉동 보존된 마지막 환자부터 시작되며, 역시간 순으로 진행될 것이다.[3]

개념증명은 살아있는 세포, 조직 및 작은 유기체를 대상으로 한 냉동 보존이 이미 수행된 것으로 어느 정도 확인되었다. 외모가 곰을 닮아 물곰이라고 불리는 작은 타디그레이드tardigrade는 세포막의 결정화를 방지하는 트레할로스 당으로 내부 수분의 대부분을 대체하며 생존할 수 있는 미세한 다세포 유기체다. 여러 척추동물도 영하의 온도를 견디며, 일부 유기체는 단단하게 얼어서 중요한 기능을 멈추고 겨울을 견뎌낸다. 개구리, 거북이, 도롱뇽, 뱀, 도마뱀의 일부 종은 추운 기후에서 겨울을 보낸 후에도 살아남아 완전히 회복할 수 있다. 극지방에 서식하는 일부 박테리아, 곰팡이, 식물, 어류, 곤충, 양서류는 혹한에서도 생존할 수 있는 동결 보호제를 개발했다.

지구 생명체에 대한 '가이아 가설'을 제안한 것으로 유명한 영국의 과학자 제임스 러브록James Lovelock은 동물을 얼려서 되살리는 시도를 한 최초의 사람일 것이다. 1955년 러브록은 쥐를 0°C에서 얼린 후 극초단파를 사용해 소생시키는 데 성공했다. 최근 미국 방위고등연구계획국Defense Advanced Research Projects Agency, DARPA은 심장과 뇌를 '정지'시켜 나중에 특정 환자에게 적절한 치료를 제공할 수 있도록 하는, 인간 냉동 보존의 한 단계로 볼 수 있는 '가사' 상태에 관한 연구에 자금을 지원하기 시작했다.

난자, 정자, 심지어 배아도 나중에 소생할 수 있도록 냉동 보존되고 있다. 냉동 난자와 정자는 동물 생식에 사용되어 왔고, 인간 배아 역시 냉동 보존되어 선천적 문제를 포함해 다른 문제가 없도록 개발되었다. 또한 혈액, 탯줄, 골수, 식물 종자 및 다양한 조직 샘플도 냉동 및 해동할 수 있다. 최근 냉동 보존술의 가장 큰 성공 중 하나는 25년 동안 냉동 보존된 배아가 2017년에 아기로 탄생한 것이다.

우리는 오늘날 냉동 보존된 사람도 첨단 기술을 통해 미래에 되살릴 수 있다고 믿는다. 냉동 보존의 가능성을 뒷받침하는 과학 문헌이 점점 늘어나고 있다. 2016년 사망 후 냉동 보존된 마빈 민스키와 오브리 드 그레이를 비롯한 저명한 과학자들이 냉동 보존을 지지하는 공개서한에 서명했다.[4]

냉동 보존은 현존하는 최고의 기술을 가지고 인간, 특히 인간의 뇌를 보존하려는 합법적인 과학 기반 노력이다. 미래에는 나노 의학을 통한 분자 복구, 고도의 계산, 세포 성장의 세밀한 제어, 조직 재생과 관련된 소생 기술을 구상할 수 있다.

이러한 발전을 고려할 때, 냉동 보존이 사람을 완전한 건강 상태로 회복시킬 수 있을 만큼 충분한 신경학적 정보를 보존할 수 있을 것으로 보인다.

냉동 요법을 선택하는 사람들의 권리는 중요하며 존중되어야 한다.

2015년 리버풀, 케임브리지, 옥스퍼드 대학교의 과학자 그룹은 인간의 냉동 보존을 포함한 냉동학 연구와 그 응용을 장려하고 촉진하기 위해 영국에 냉동학 연구 네트워크를 설립했다.[5] 이러한 발전 덕분에 전 세계적으로 점점 더 많은 사람들이 인간의 냉동 보존이 가능하다는 사실을 깨닫기 시작했으며, 특히 개념증명이 가능해짐에 따라 이 경향은 더욱 짙어졌다. 2016년에는 스페인, 아르헨티나, 멕시코

에서 냉동 보존을 지원하고 홍보하기 위한 협회인 냉동보존학회도 출
범했다.[6]

러시아의 냉동 보존 시설 크리오러스

냉동 보존에 관해 잘 알고 있는 독자라면 미국의 주요 냉동 보존 시설
에 두 곳에 관해 들어봤을 것이다. 미시간주 디트로이트 근처의 크라
이오닉스 연구소와 애리조나주 스코츠데일에 있는 알코르다. 하지만
2005년에 러시아 미래학자 대니얼 메드베데프Daniel Medvedev의 주도
하에 모스크바 외곽에 새로운 조직이 설립되었다는 사실을 아는 사람
은 그리 많지 않다.

2015년 메드베데프와의 만남을 통해 나는 모스크바에서 북동쪽
으로 약 70km 떨어진 아름답고 오래된 도시인 세르기예프포사트의
크리오러스 시설을 방문할 기회를 얻었다. 세르기예프포사트는 14세
기 라도네즈의 성 세르지오가 설립한 러시아 최대 수도원 중 하나인
성 세르지오 삼위일체 수도원이 있는 관광지로 유명하다. 크리오러스
는 빠르게 성장하고 있어서 냉동 보존 시설 외에도 말기 환자를 위한
호스피스 및 부대 시설을 설립할 수 있는 모스크바 인근의 다른 장소
로 시설을 확장하거나 이전하는 방안을 고려하고 있다.

크리오러스의 성장은 알코르와 크라이오닉스 연구소와 비교하
면 눈부신 속도다. 10년이 조금 넘는 기간 동안 크리오러스는 50명이
넘는 사람과 개, 고양이, 새, 친칠라 설치류 등 수십 마리의 반려동물
을 냉동 보존했다. 크리오러스의 첫 번째 환자는 2005년의 리디야 페

도렌코Lidiya Fedorenko로, 첫 번째 컨테이너 또는 '크라이오스탯cryostat'
이 준비될 때까지 몇 달 동안 드라이아이스로 냉동 보존되었다. 메드
베데프의 할머니도 현재 신경 보존을 받고 있는 또 다른 환자다. 크라
이오닉스 연구소와 마찬가지로 크리오러스도 알코르에서 사용하는
고가의 개별 이중 단열 용기 대신 유리섬유와 수지로 만들고 액체 질
소를 채운 대형 용기인 크라이오스탯을 사용한다. 크리오러스에서 냉
동 보존되는 모든 환자, 반려 동물, 조직은 크리오러스가 특별히 설계
한 두 개의 대형 냉동고에 보관된다. 이 회사는 충분한 경험을 쌓은 뒤
스위스에 새로운 센터를 설치할 계획도 세우고 있다.

크리오러스는 신경 보존의 경우 1만 2,000유로로, 전신 냉동 보존
은 3만 6,000유로의 비용(2022년 기준)을 청구하며, 대기·안정화·운
송 비용은 환자의 출신지에 따라 크게 달라진다. 동물과 조직의 냉동
보존은 크기와 기타 특수 조건에 따라 가격이 다르다. 지난 10년 동안
크리오러스는 러시아뿐만 아니라 이탈리아, 네덜란드, 스위스 등 다
른 유럽 국가와 호주, 일본, 미국 등 훨씬 먼 곳에서도 환자를 유치했
다. 알코르의 경우와 마찬가지로 환자의 절반 이상이 신경 보존 환자
다. 크리오러스의 비교적 빠른 성장은 효과적이고 저렴한 서비스가
냉동 보존의 대중화에 도움이 될 수 있음을 나타낸다.

다시 한번 강조하지만, 우리는 생명이 죽음을 위해서가 아니라
삶을 위해 생겨났다고 주장한다. 우리는 금세기 중반까지 노화를 치
료할 수 있기를 기대하지만, 그러기 위해서는 노화와의 전쟁을 선포
하는 것이 필수적이다. 그리고 냉동 의학은 플랜 B다. 이미 무기한 수
명 연장(플랜 A)과 냉동 의학(플랜 B)이 모두 가능하다는 개념증명이
존재한다. 이제 우리는 그것이 가능하다는 것을 알고 있기 때문에 기

술적 문제를 해결하기 위해 더 많은 과학적 발전이 필요하며, 그 시기가 빠를수록 인류에게 더 좋다. 생명을 잃는 것은 개인적인 비극이자 사회 전체의 손실이지만, 우리는 이를 막을 수 있다. 죽음이 다가올수록 우리는 인간의 수명을 무한정 연장하는 방향으로 나아가고 있다.

미래로 가는 구급차

의학 역사상 가장 중요한 혁신 중 하나는 구급차의 탄생이라고 할 수 있다. 누군가가 다치거나 응급상황에 처했을 때 구급차가 제때 도착하는 것이 생사를 가를 수 있다. 구급차가 없던 시절에는 의료적 도움이 필요하지만 이런 도움을 즉시 받을 수 있는 위치가 아닌 '잘못된 장소에 있는' 피해자는 죽을 확률이 높았다. 그러나 구급차를 이용하면 장비, 의약품, 숙련된 의료 전문가 등 치료 자원을 갖춘 시설로 빠르게 이송할 수 있다.

구급차 서비스 비용우리나라는 응급 상황에 한해 119 구급차를 무료로 이용할 수 있지만, 해외는 대체로 비용을 지급해야 한다-역주에 이의를 제기할 여지가 있을 수 있다. 일부 사람들은 구급차의 비용이 너무 비싸서 보편적으로 이용되지 않는다고 비판한다. 하지만 구급차 서비스 자체에 불만을 제기하는 사람은 드물다. 병원에서 멀리 떨어진 곳에서 응급상황이 발생하면 너무 안타깝다거나 운명을 담담하게 받아들여야 한다는 말은 이제 적용되지 않는다. 가족이 아프거나 사고를 당했을 때 비싼 구급차를 부른다고 해서 이기적이거나 미성숙하다고 말할 사람도 없다. 오히려 사고가 났을 때 초기 위험 지역에서 벗어나 응급상황을 적절히 처리할 수 있는 곳으로 신속하고 안전하게 이송해 달라는 요구는 당연하다는 생각이 사회 전반에 깔려 있다. 그 덕분에 부상자가 치료를 받고 향후 수십 년 동안 더 살 기회를 얻을 수 있다.

하지만 '잘못된 시간'에 응급상황을 겪은 사람에 관해 생각해보자. 그 사람은 곧 사망에 이를 수 있는 질병에 걸렸지만, 의학이 30년 후에나 해당 질병을 치료할 수 있을 것으로 예상된다. 그런 사람을 위해 '미래로 가는 구급차'를 제공하는 것을 어떻게 생각해야 할까? 논의를 위해 그러한 '구급차'가 작동할 가능성이 5% 이상이라고 가정해보자. 정확히 말하자면, 고려 중인 메커니즘은 사람을 냉동 보존하는 것으로, 일반적으로 모든 생리적 활동이 중단되는 깊은 혼수상태에 빠지게 하는 방식이다. 이러한 구조 수단의 가능성을 받아들여야 할까? 아니면 심각한 질병에 걸린 환자에게 그런 가능성을 생각하지 말라고 촉구해야 할까? 다시 말해, 우리는 그들에게 그들의 운명(임박한 죽음)을 냉정하게 받아들이라고 말해야 할까? 그리고 지금 죽어가는 사람과 미래에 다시 만나 대화하고 교류할 수 있기를 바라는 가족이 한 명이라도 있어 이런 종류의 구급차 서비스의 이용을 요청한다면, 이기적이거나 미성숙하다고 질책해야 할까?

물론 이 비유가 완벽하지는 않다. 막힌 도로를 뚫고 환자를 이송하는 구급차로 생명을 연장하는 데 성공한 사례는 이미 차고 넘친다. 하지만 냉동 의학의 경우, 수십 년 동안 저온에서 신체가 정지된 상태로 환자를 이송하는 여정은 아직 완료된 적이 없다. 우리는 냉동 환자의 몸 전체를 보존하기도 하고 (미래의 과학이 환자의 뇌를 중심으로 새로운 신체를 재생할 수 있을 것이라는 기대하에) 때로는 머리만 보존하기도 하는 저장 실린더의 사진을 볼 수 있다. 그러나 의학이 이러한 환자를 되살릴 수 있을 정도로 발전할 것이라는 보장은 없다.

냉동 의학에 반대하는 이유는 노화 역전에 반대하는 것과 비슷하다. 일부 비평가들은 냉동 요법이 성공할 수 없다고 말한다. 저온 상태에서 사람을 깨우는 기술적 과제는 헤아릴 수 없을 정도로 많은 어려움이 있기 때문이다. 부동액, 동결 방지제 및 기타 정교한 화학 물질을 신중하게 사용하더라도, 초저온으로 낮추는 과정에서 신체가 돌이킬 수 없는 손상을 입을 수 있다. 결국, 이러한 화학 물질은 그 자체로 독소이며 큰 장기를 냉각하는 과정에서 골절을 일으킬 수도 있다. 일부 비평가들은 냉동 요법이 도덕적으로 잘못되었기 때문에 고려조차 해서는 안 된다고 말한다. 이들은 냉동 보관이 귀중한 자원의 오용이며 사악한 망상이고 금융 사기 또는 더 나쁜 것이라고 주장한다.

이러한 비판에 대한 우리의 대응은—노화 역전을 비판하는 목소리에 대한 우리의 대응과 마찬가지로—완전히 동의하지 않는 것이다. 두 경우 모두, 우리는 대부분의 비판이 잘못된 정보에 기반하거나 잘못된 추론, 또는 겉으로 드러나지 않은 어떤 동기에 의한 것으로 보고 있다. 노화 역전 과학과 냉동 의학의 경우 모두 공학적 작업이 어려울 것이라는 점은 인정한다. 그러나 불가능할 이유는 없다. 시간이 지나면 고품질의 솔루션이 만들어질 수 있다. 두 경우 모두 종합적인 엔지니어링 솔루션으로 향하는 전조가 이미 자리 잡은 것을 볼 수 있다.

냉동 보존술의 전조 중 하나는 저체온 치료로 알려진 분야다. 1999년, 수련의였던 안나 보겐홀름Anna Bågenholm은 노르웨이 북부의 외딴 지역에서 스키를 타다가 얼어붙은 계곡에 빠졌다. 구조 헬리콥터가 도착했을 때 그녀는 80분 동안 얼어붙은 물속에 있었으며, 이후 〈랜싯〉에 실린 기사에 따르면 13.7°C의 저체온증에 40분 동안 혈액

순환이 중단된 상태였다.[7] 데이비드 콕스David Cox는 〈가디언〉에 쓴
기사에서 내용을 더 자세히 설명한다.[8]

보겐홀름이 트롬쇠에 있는 북노르웨이 대학병원으로 이송되
었을 때 그녀의 심장은 2시간 넘게 멈춘 상태였다. 심부 체온은
13.7°C까지 떨어졌다. 모든 면에서 그녀는 임상적으로 사망한 상
태였다.
하지만 노르웨이에서는 지난 30년 동안 '따뜻해져서 죽기 전까지
는 죽은 것이 아니다'라는 격언이 존재했다. 이 병원의 응급의학
과 책임자인 매즈 길버트Mads Gilbert는 경험상 그녀를 살릴 가능
성이 희박하다는 것을 알고 있었다.
길버트는 "지난 28년 동안 심정지를 동반한 우발적 저체온증 환
자 34명이 심폐 우회술을 통해 체온을 회복했고, 그중 30%가 생
존했다"고 말한다. "중요한 질문은 심정지가 발생하기 전에 체온
이 떨어졌느냐, 아니면 먼저 순환계 정지가 발생한 후 체온이 떨
어졌느냐다."

콕스는 이어서 몇 가지 생물학적 설명을 덧붙인다.

체온을 낮추면 심장이 멈추지만 신체, 특히 뇌세포의 산소 요구
량도 감소한다. 심정지가 발생하기 전에 중요 장기가 충분히 냉
각되면 혈액 순환 부족으로 인한 불가피한 세포 사멸이 지연되어
응급 서비스가 환자의 생명을 구할 시간을 벌 수 있다.
길버트는 "저체온증은 양날의 검과 같아서 매력적"이라고 말한

다. "사람을 보호하는 한편, 사람을 죽일 수도 있다. 하지만 저체온증을 얼마나 잘 조절하느냐에 따라 달라진다. 안나의 경우 심장이 멈췄을 때 이미 뇌가 너무 차가워져 뇌세포의 산소 요구량이 0으로 떨어졌기 때문에 아주 느리지만 효율적으로 체온을 낮췄을 것이다. 심폐소생술을 잘하면 혈액 순환의 최대 30~40%를 뇌로 공급할 수 있으며, 그 경우 심장이 다시 뛰기까지 7시간 동안 환자를 살릴 수 있는 경우가 많다."

다행히 보겐홀름은 거의 완전히 회복했다. 10년 후, 그녀는 자신의 생명을 구했던 병원에서 방사선과 의사로 일하게 되었다.

복잡한 의료 절차를 수행할 시간을 확보하려고 일부러 저체온증을 유도하는 의사들이 점차 늘고 있다. 케빈 퐁Kevin Fong은 자신의 저서 《극한 의학Extreme Medicine》9)에서 2010년 이스마일 데즈보드Esmail Dezhbod의 치료 사례를 들려준다.10)

이스마일 데즈보드는 증상이 심상치 않음을 느꼈다. 그는 가슴에 압박감을 느꼈고 때로는 큰 고통을 동반했다. 신체 스캔 결과 그의 건강에 문제가 있다는 것이 밝혀졌다. 심장에서 이어지는 흉부 대동맥이 부풀어 오르는 동맥류가 발견되었다. 혈관의 크기가 2배로 커져 콜라 캔 너비만큼 되었다.

이스마일은 언제 터질지 모르는 폭탄을 가슴에 품고 있었다. 다른 곳에 생긴 동맥류는 비교적 쉽게 치료할 수 있다. 하지만 심장과 가까운 대동맥은 예외다. 흉부 대동맥은 심장에서 상체로 혈액을 운반해 뇌를 비롯한 여러 장기에 산소를 공급한다. 동맥류를 치료하려면 심장을 멈춰서 흐름을 중단해야 한다. 정상 체온에서 심장을 멈추면 산소 결핍으로 뇌가 손상되어 3~4분 이내에 영구적인 장애 또는 사망으로 이어질 수 있다.

이스마일의 주치의인 심장 전문의 존 엘레프테리아데스John Elefteriades 박사는 심부 저체온증 상태에서 수술을 진행하기로 결정했다. 그는 심장-폐 우회술을 통해 이스마일의 체온을 18°C까지 낮춘 다음 심장을 완전히 정지시켰다. 엘레프테리아데스 박사는 환자가 수술대에 누워 심장과 혈액 순환이 정지된 채 죽어가는 동안 시간을 다투며 복잡한 수술을 진행했다. (…)

엘레프테리아데스 박사는 저체온증에 익숙한 노련한 의사이지만, 매 순간이 새로운 모험이라고 말한다. 혈액 순환이 정지되면 환자의 뇌에 돌이킬 수 없는 손상이 발생하기까지 약 45분이 주어진다. 유도된 저체온증이 없었다면 혈액 순환이 정지된 순간부터 겨우 4분밖에 살지 못했을 것이다.

의사는 한 치의 쓸데없는 움직임도 없이 우아하고 효율적으로 메스를 움직인다. 그는 대동맥의 병든 부분을 약 15cm 길이로 잘라낸 다음 인공 혈관을 이식해야 한다. 그 순간에도 이스마일의 뇌에서 전기 활동은 감지할 수 없다. 그는 숨을 쉬지 않고 맥박도 없다. 신체적, 생화학적으로 죽은 사람과 구별되지 않는 상태다.

이 문구는 강조할 가치가 있다. "신체적, 생화학적으로 죽은 사람과 구별되지 않는 상태다." 그러나 그는 여전히 부활할 수 있다. 퐁은 계속해서 말한다.

32분 후 수술이 완료되었다. 의료진은 이스마일의 얼어붙은 몸을 따뜻하게 데웠고, 곧 심장이 다시 뛰면서 30분 만에 뇌에 다시 신선한 산소를 공급하기 시작했다.

퐁은 다음 날 중환자실에 있는 환자를 방문했다고 보고한다. "그는 깨어 있고 건강하다. 그의 아내는 그가 살아 돌아온 것을 기뻐하며 침대 옆에 지키고 있다."

환자의 아내가 남편과 재회하는 기쁨을 누리는 것을 누가 반대할까? 그럼에도 냉동 보존술을 비판하는 사람들은 냉동 보존술을 중지할 것을 주장함으로써 사랑하는 사람들이 가족이나 친구와 즐거운 재회를 기대할 기회조차 거부하고 있다. 그들은 치료적 저체온증에서 냉동 보존술로의 비약이 너무 큰 틈이라고 말할 것이다. 냉동 보존술의 온도는 액체 질소의 온도보다 훨씬 낮고, 유지해야 하는 시간은 훨씬 더 길다. 따라서 우리는 이 틈새를 메울 수 있는 믿을 만한 근거를 제기하고자 한다.

동결이 아닌 유리화 기술

냉동 보존 기술의 성공에 관한 두 번째 전조는 일부 유기체가 이미 다양한 종류의 영하 동면에서 생환한다는 사실이다. 예를 들어 북극 땅다람쥐는 매년 최대 8개월 동안 동면하는데, 이 기간에 체온은 36°C에서 -3°C로 떨어지고 외부 온도는 -30°C까지 내려갈 수 있다. 〈뉴 사이언티스트New Scientist〉는 다음과 같이 보고한다.[11]

다람쥐의 몸은 혈액이 얼지 않도록 물 분자가 얼음 결정을 형성할 수 있는 모든 입자를 제거한다. 이를 통해 혈액은 과냉각으로 알려진 현상인 영하의 액체 상태를 유지할 수 있다.

극지방의 다양한 어류는 민물의 빙점보다 낮은 바닷물에서도 생존할 수 있다. 결빙 방지 단백질antifreeze protein, AFP이라는 물질의 도움으로 혈액이 얼지 않고 생존하는 것으로 보인다. AFP는 얼음 결정의 성장을 억제한다. 곤충, 박테리아 및 식물 종도 AFP를 활용한다. 놀랍게도 알래스카 딱정벌레의 유충은 유리와 같은 상태(유리화)를 취해서 -150°C의 낮은 온도에서도 생존하는 것으로 보고되었다.[12]

초저온에서 살아남는 챔피언 종은 앞서 한 번 언급한, '물곰' 타디그레이드다. 타디그레이드는 2mm 미만으로 자라는 아주 작은 종으로, 약 5억 년 전 캄브리아기부터 존재해온, 진화론적으로도 매우 오래된 종이다. BBC 다큐멘터리에 따르면, 실제 냉동 보존술에 사용되는 액체 질소(-196°C)보다 낮은 온도에서도 견디는 것으로 나타났다. 이는 1920년대에 베네딕토회 수도사 길버트 프란츠 람Gilbert Franz Rahm이 수행한 실험에서 증명되었다.[13]

람은 타디그레이드를 -200°C의 액체 공기에 21개월 동안, -253°C의 액체 질소에 26시간 동안, -272°C의 액체 헬륨에 8시간 동안 담가두었다. 이 타디그레이드는 물과 접촉하자마자 다시 살아났다. 이제 타디그레이드 일부가 절대 영도-273.15°C로, 이상 기체의 부피가 이론상 0이 되는 점-역주 바로 위인 -272.8°C까지 얼어붙는 것을 견딜 수 있다는 사실을 알게 되었다. (…) 타디그레이드는 자연적으로 발생한 것이 아닌, 원자가 사실상 정지하도록 실험실에서 인공적으로 만들어낸 극심한 추위를 견뎌낸 것이다.

타디그레이드가 추위에 직면할 때 가장 큰 위험은 얼음이다. 세포 내부에 얼음 결정이 형성되면 DNA와 같은 중요한 분자가 찢어질 수 있다.

어류를 포함한 일부 동물은 AFP를 만들어 세포의 어는점을 낮춤으로써 얼음이 형성되지 않도록 한다. 그러나 이러한 단백질이 타디그레이드에게서는 발견되지 않았다. 그 대신 타디그레이드는 세포 내에서 얼음이 형성되는 것을 견딜 수 있는 것으로 보인다. 얼음 결정으로 인한 손상으로부터 자신을 보호하거나 복구할 수 있는 것이다.

타디그레이드는 얼음 핵 생성제라는 화학 물질을 생성할 수 있다. 이 물질은 얼음 결정이 세포 내부가 아닌 외부에서 형성되도록 유도해 중요한 분자를 보호한다. 트레할로스 당이 세포막에 구멍을 뚫을 만큼 큰 얼음 결정이 형성되는 것을 방지해 세포를 보호할 수도 있다.

이 책의 이전 장에서 다룬 많은 실험에서 다양한 수명을 보여준 예쁜꼬마선충은 냉동 보존술 실험에서도 중요한 역할을 한다. 이 실험에서 주목할 만한 점은 선충 개체를 액체 질소 온도에서 냉동 정지시켰다가 부활시키는 과정에서 기억이 보존된다는 점이다. 이 실험은 애리조나주 템피에 위치한 첨단기술대학의 나타샤 비타모어Natasha Vita-More와 스페인 세비야 대학교의 다니엘 바랑코Daniel Barranco가 수행했다. 다음은 2015년 10월 '유리화에서 부활한 예쁜꼬마선충의 장기 기억 지속성'이라는 제목의 논문에 실린 실험에 대한 설명이며, 이 논문은 〈노화 역전 연구〉에 게재되었다.[14]

냉동 보존 후에도 기억이 유지될 수 있을까? 우리 연구는 혁신적인 연구 결과를 도출한 생물학 연구의 잘 알려진 모델 유기체이지만, 동결 보존 후 기억력 유지에 대한 테스트가 이루어지지 않은 선충류인 예쁜꼬마선충을 이용해 이 오랜 질문에 답하려는 시도다. 이 연구의 목표는 유리화 및 부활 후 예쁜꼬마선충의 기억 회상 능력을 테스트하는 것이었다. 우리는 어린 선충에게 감각 각인 방법을 사용했는데, 그 결과 후각 신호를 통해 습득한 학습이 동물의 행동을 형성하고 유리화 후 성체 단계에서도 학습이 유지된다는 사실을 확인했다. 연구 방법에는 L1 단계에서 화학물질 벤즈알데하이드를 사용한 단계적 후각 각인, L2 단계에서 유리화를 위한 고속 냉각의 안전한 속도, 부활 및 성체 단계에서 학습의 기억 유지를 테스트하기 위한 화학 축성 분석이 포함되었다. 동결 보존 후 기억 유지력을 테스트한 결과, 선충의 냄새 각인(장기 기억의 한 형태)을 조절하는 메커니즘이 유리화 과정이나 느린 동결에 의해 변형되지 않았음을 보여주었다.

비타모어가 〈MIT 테크놀러지 리뷰〉에 공동 저술한 '냉동 보존을 둘러싼 과학'이라는 기사에서 이 예쁜꼬마선충 연구 결과의 의미를 맥락에 맞게 설명한다. 현재 논의 중인 문제는 인간의 기억과 의식이 냉동 상태에서 살아남을 가능성의 여부다. 비타모어와 동료들은 다음과 같이 말한다.[15]

의식의 근간이 되는 뇌의 정확한 분자적, 전기화학적 특징은 아직 완전히 밝혀지지 않았다. 그러나 이번 실험은 기억을 암호화하고 행동을 결정하는 뇌의 특징이 냉동 보존 중과 후에도 보존될 수 있다는 가능성을 뒷받침한다.

냉동 보존은 이미 전 세계 실험실에서 동물 세포, 인간 배아, 일부 조직을 30년이라는 긴 기간 동안 보존하는 데 사용되고 있다. 생물학적 샘플을 동결 보존할 때는 다이메틸설폭사이드 또는 프로필렌글리콜과 같은 동결 보호 화학 물질을 첨가하고 조직의 온도를 유리 전이 온도(일반적으로 약 -120℃) 이하로 낮춘다. 이 온도에서는 분자 활동이 13배 이상 느려져 생물학적 시간을 효과적으로 멈추게 한다.

세포의 생리학에 대한 모든 세부 사항을 이해하는 사람은 없지만, 상상할 수 있는 거의 모든 종류의 세포가 성공적으로 냉동 보존된다. 마찬가지로 기억, 행동 및 기타 개인의 정체성에 관한 신경학적 근거는 엄청나게 복잡할 수 있지만, 이러한 복잡성을 이해하는 것은 이를 보존할 수 있는 능력과는 별개의 문제다.

비타모어와 동료들은 기억이 냉동 보존에서도 살아남을 수 있다는 선충의 증거를 강조한다.

수십 년 동안 선충은 일반적으로 액체 질소 온도에서 냉동 보존되었다가 나중에 되살아났다. 올해 우리 연구진은 장기 후각 각인 기억의 분석을 통해 선충이 동결 보존 전에 습득한 학습된 행동을 유지한다는 연구 결과를 발표했다. 마찬가지로, 기억의 메커니즘인 신경세포의 장기 강화가 동결 보존 후에도 토끼의 뇌 조직에서 그대로 유지되는 것으로 나타났다.

심장이나 신장과 같은 대형 인체 장기를 가역적으로 냉동 보존하는 것은 세포를 보존하는 것보다 어렵지만, 이식용 장기 공급을 크게 늘릴 수 있기 때문에 공중보건에 중요한 이점이 있는 활발한 연구 분야다. 연구자들은 양의 난소와 쥐의 팔다리를 성공적으로 냉동 보존한 후 이식하고, 토끼의 신장을 -45℃로 냉각한 후 일상적으로 회복시키는 등 이 분야에서 진전을 이루었다. 이처럼 기술을 개선하려는 노력은 다른 장기처럼 뇌도 현재의 방법이나 개발 중인 방법으로 적절하게 냉동 보존할 수 있다는 생각을 간접적으로 뒷받침한다.

냉동 보존 옹호자들은 그들이 사용하는 보존 방법을 '동결'이 아닌 '유리화'로 설명해야 한다는 점을 매우 명확히 하고 있다. 이 차이점은 선도적인 냉동 보존 서비스 제공업체 중 하나인 알코르의 웹사이트에 이해하기 쉬운 그래픽과 함께 간단하게 설명되어 있다. 핵심 결론은 다음과 같다.[16]

얼음이 형성되지 않기 때문에 유리화는 구조적 손상 없이 조직을 응고시킬 수 있다.

이러한 점을 고려할 때, 냉동 보존에 대한 비판론자들이 딸기나 당근 같은 과일과 채소를 얼렸다가 해동할 때 발생하는 구조적 손상을 극적으로 보여줌으로써 여전히 전체 개념에 대한 신뢰를 떨어뜨

리려고 하는 것이 놀랍다. 비평가들은 거의 비웃기까지 한다. 비판론자들은 정말 인간 배아의 성공적인 냉동 보존(시험관 아기 치료에 중추적인)에 관해 모르는 것일까? 2002년 21세기 의학21st Century Medicine의 그레그 파이Greg Fahy와 동료들이 토끼의 신장을 -122°C로 낮춘 후 해동해서 다른 토끼에게 성공적으로 이식한 사례를 들어본 적이 없을까?17)

지금까지 살펴본 것처럼 여기에는 이성적인 논쟁보다 더 많은 일이 벌어지고 있다. 이는 두 패러다임의 간극을 보여주는 또 다른 예이며, 일부 관찰자들은 부정적인 심리 때문에 냉동 보존의 가능성을 진지하게 받아들이지 못한다. 냉동 보존 의학이 성공할 수 있다는 가능성은 많은 사람들이 자신을 둘러싸고 있는 생각의 틀, 즉 "선한 사람은 노화와 죽음의 불가피성을 받아들이고 그 결론에 맞서 싸워서는 안 된다"는 생각의 틀에 강력한 위협이 될 수 있다. 이 틀에 갇힌 사람들에게는 냉동 보존 의학 세계관의 결함을 찾으려는 동기가 있다. 그렇기 때문에 기술적 반대, 경제적 반대, 사회학적 반대 등, 진지하게 검토할 가치가 없는 반대 의견을 무심코 앵무새처럼 되풀이하는 것이다. 영국의 철학자 맥스 모어는 이렇게 설명한다.18)

우리는 50~100년 후에 이 일을 되돌아보며 고개를 절레절레 흔들고는 "사람들은 도대체 무슨 생각이었던 걸까? 냉동 보존할 수 있는 사람들이 있었는데도 거의 생존이 불가능할 정도로 기능 장애가 있는 사람들을 데려다가 오븐에 넣거나 땅속에 묻어버렸다니…" 하고 말할 것이다.

다가오는 냉동 보존 및 기타 기술의 급증

냉동 보존을 둘러싸고 제기된 반대 의견과 오해를 모두 정리하려면 상당한 시간이 걸린다. 이 주제에 관한 흥미로운 소개를 보려면 2016년 3월에 작성된 팀 어번Tim Urban의 '냉동 보존이 왜 합리적일까?'[19]라는 포괄적인 기사를 추천한다.

이 기사에는 많은 추가 자료가 포함되어 있다. 독자들은 알코르 웹사이트에서 제공되는 '보존하는 마음, 구하는 생명'에 포함된 풍부한 관점도 유용하게 활용할 수 있다.[20]

이제 마지막으로 냉동 보존이 실현 가능할 뿐만 아니라 향후 몇 년 안에 큰 발전을 이룰 것이라고 생각하는 이유를 몇 가지 덧붙이고자 한다.

- 냉동 보존, 장기 보관, 그리고 (모든 것이 잘 진행된다고 가정할 때) 궁극적으로 다시 살아나는 데 드는 경제적 비용은 현재의 생명보험으로 충당할 수 있다.
- 환자 수가 증가할수록 개별 냉동 환자의 경제적 비용은 감소한다. 이는 '규모의 경제'를 통해 이익을 얻는 익숙한 원칙이다.
- '노화 수용' 패러다임이 사회에 널리 퍼져 있는 한, 대부분의 사람들이 냉동 보존을 조사하고 관련 계약을 체결하는 데 강한 사회적·심리적 압박을 느낄 것이다. 그러나 노화 역전이라는 혁신에 대중의 관심이 높아지면서 이러한 패러다임이 시들해지면(그렇게 될 것으로 예상된다) 더 많은 사람들이 냉동 보존의 가능성에 마음을 열 것이다.
- 또한 이 주제에 대한 관심이 높아지면 더 많은 사람들이 기술, 엔지니어링, 지원 네트워크, 비즈니스 모델, 조직 프레임워크, 주제에 관한 홍보 및 소통

방법 등의 개선을 위한 연구를 수행하게 될 것이다. 결과적으로 이러한 혁신은 냉동 보존 옵션의 매력을 가속화할 것이다.

- 연예계, 비즈니스, 학계, 예술계 등 각 분야의 유명 인사들이 점점 더 이 발상을 지지함에 따라 더 많은 대중이 자신을 '냉동 보존주의자'로 밝히는 데 주저하지 않게 될 것이다.

냉동 보존술이 현재의 BR 시대에서 AR^{After Rejuvenation, 노화 역전} 이후 시대로 사람들을 이동시킬 유일한 아이디어는 아니다. 확실한 것은 노화를 되돌릴 수 있는 시기가 가까워진 지금, 냉동 보존술이 전 세계로 계속 확산할 것이라는 점이다. 우리는 필멸의 마지막 세대와 불멸의 첫 번째 세대를 마주하고 있다. 비록 확률은 낮지만 미래에 다시 살아날 대안이 있다는 사실을 안다면, 사람들은 죽어서 화장되거나 매장되기를 원하지 않을 것이다.

여기서 살펴본 '급진적 대안'은 냉동 보존이지만 미래가 우리에게 제공할 유일한 가능성은 아니다. 냉동 보존의 동기는 언젠가는 의학이 매우 강력한 노화 역전 요법을 사용할 수 있을 정도로 발전할 가능성이 있기 때문이다. 이러한 미래 치료법을 사용하면 냉동 보존된 말기 환자를 치료해 살릴 수 있을 것이다. 몇몇 과학자들은 냉동 보존 외에도 화학적 보존 및 다양한 유형의 방부 처리법 같은 다른 가능성도 연구하고 있지만, 이 역시 쉽지는 않다.[21]

과학자들은 또한 다른 방법으로 뇌를 보존하기 위한 실험을 진행하고 있다. 근본적인 것은 사람이 죽는 순간 시냅스의 구조를 보존하는 것이다. 사람이 죽기 전에도 다른 방법과 기술로 뇌 연결의 내용을 읽을 수 있을지도 모른다. 이미 500개 이상의 개별 신경세포에서 정보를 캡처하는 장치가 있으며, 그 수는 기하급수적으로 계속 증가할 것이다.

계산적 관점에서 볼 때, 우리는 인간 뇌의 복잡성을 이제 막 이해하기 시작했다. 약 1,000억 개의 신경세포로 구성된 인간의 뇌는 현재까지 알려진 세상에서 가장 복잡한 구조다. 하지만 과학자들은 지금 인공두뇌를 만드는 시도를 하고 있다. 과학자들은 20~30년 안에 인간의 뇌보다 더 복잡한 구조를 만들 수 있을 것으로 보고 있다. 컴퓨터 성능의 기하급수적 성장을 설명하는 커즈와일의 '수익률 가속화의 법칙(무어의 법칙 연장선)'에 따르면 인공지능은 2029년에 튜링 테스트를 통과하고 2045년에 '기술적 특이점'에 도달할 것으로 예측된다. 그 시점이 되면 인공지능과 인간 지능의 구분이 불가능해질 것이다. 그러면 모든 지식, 기억, 경험, 감정을 컴퓨터나 인터넷(클라우드)에 업로드할 수 있게 되며, 심지어 확장 가능하고 인간보다 더 뛰어난 기억력을 갖게 될 것이다.

인공지능의 용량 및 처리 속도와 마찬가지로 인공 기억도 개선되고 성장할 것이다. 이 모든 것은 지속적인 기술 발전 덕분에 인간 지능을 향상하는 과정의 일부가 될 것이며, 그 속도 역시 가속화할 것이다. 인류는 이제 막 생물학적 진화에서 기술 진화, 즉 의식적이고 지능적인 새로운 진화로 나아가는 매혹적인 여정을 밟기 시작했다. 커즈와일에 따르면 1kg의 컴퓨트로늄(물질을 계산하는 가상의 최대 단위)은 이론적으로 1초당 약 $5 \times 1,050$개의 연산을 처리할 수 있으며, 이를 1초당 1,017~1,019개의 연산을 처리할 수 있는 인간의 뇌(추정치에 따라 다름)와 비교하면 그 진면목을 알 수 있다. 따라서 우리는 기존의 생물학적 두뇌에서 증강된 포스트 생물학적 두뇌로 이동해서 인간 지능을 더욱 향상할 수 있는 엄청난 잠재력을 여전히 가지고 있다. 이 모든 것은 생명의 연장과 확장에 관한 아이디어의 일부다. 커즈와일은 그의 저서 《마음의 탄생》에서 이렇게 결론을 내린다.[22]

우주를 깨운 다음, 비생물학적 형태의 인간 지능을 불어넣어 우주의 운명을 현명하게 결정하는 것이 우리의 운명이다.

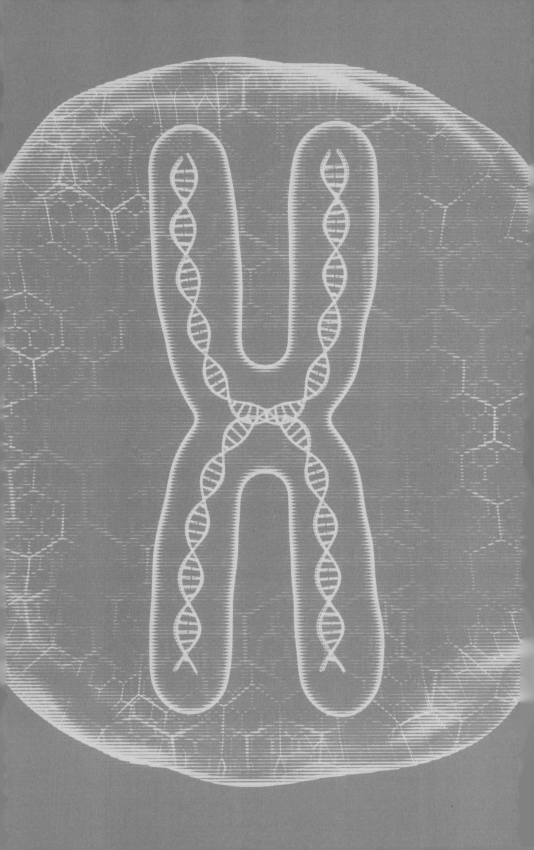

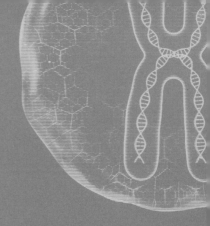

9장

미래는 우리가 원하는 방향으로 간다

과학의 급속한 발전은 때때로 내가 너무 일찍 태어난 것을 후회하게 만든다.
인간의 가능성이 1000년 안에 어디까지 도달할 수 있을지 상상할 수 없다.
(···) 모든 질병은 노년기를 제외하고는 확실하게 예방하거나 치료할 수
있으며, 우리의 수명은 전근대적인 수준을 훨씬 넘어 연장될 수 있다.

— 벤저민 프랭클린, 1780

이것은 끝이 아니다. 끝의 시작도 아니다. 하지만 시작의 끝일지도 모른다.

— 윈스턴 처칠, 1942

우리는 영원히 살고 싶고, 거기에 다가가고 있다.

— 빌 클린턴, 1999

그렇다. 나는 죽음의 대상으로 지목되었다. 하지만 죽을 계획은 없다.

— 세르게이 브린, 2017

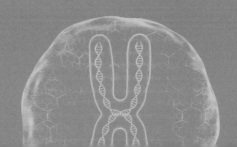

노화 역전 프로젝트는 지난 30년 동안 많은 진전을 이루었다. 오늘날 노화는 이전 어느 시대보다 많은 관심을 받고 그 비밀이 풀리고 있다. 또한 앞 장에서 살펴본 바와 같이 향후 20~30년 동안 이러한 진전이 가속화될 것으로 예상할 수 있는 많은 근거가 있다. 그 결과 확장된 지식을 점점 더 많이 활용할 수 있는 실용적인 생명공학 치료법의 탄생으로 이어질 것이다. 소아마비나 천연두가 오늘날 거의 사라진 것처럼, 2040년경에는 노화로 인한 끔찍한 질병이 같은 상황에 도달할 수 있다는 믿을 만한 시나리오가 있다.

그러나 여전히 많은 불확실성이 우리 앞에 놓여 있다. 예를 들어, 어떤 약물이 단기적으로 건강한 수명에 가장 큰 영향을 미칠지, 어떤 인공지능 알고리즘이 유전자 경로의 변형에 가장 중요한 통찰력을 제공할지 등 세부적인 불확실성만이 아니다. 이는 근본적인 문제에 관한 불확실성이며, 노화 역전 프로젝트 전체를 위태롭게 할 수 있는 문제다. 이번 장에서는 노화 퇴치를 향한 길에서 가장 큰 장애물이 무엇인지 다루고자 한다. 노화 역전 기술의 잠재력에 관해 이야기할 때 청중이 묻는 모든 질문 중에서 가장 대답하기 어려운 질문을 살펴보고자 한다.

진짜 문제가 무엇인지조차 파악 못 했다면?

때때로 문제는 사람들이 예상했던 것보다 훨씬 더 해결하기 어려운 것으로 판명되기도 한다. 핵융합을 생각해보자. 핵융합은 항상 30년 후의 일이라고 말해진다. 〈디스커버Discover〉에 실린 너새니얼 샤르핑 Nathaniel Scharping의 글 '핵융합이 항상 30년 후인 이유'는 핵융합 업계의 경험을 요약한 글이다.[1]

핵융합은 오랫동안 에너지 연구의 '성배'로 여겨져 왔다. 핵융합은 깨끗하고 안전하며 자급자족이 가능한 거의 무한한 에너지원이기 때문이다. 1920년대 영국의 물리학자 아서 에딩턴Arthur Eddington이 핵융합의 존재를 처음 이론화한 이래 핵융합은 과학자와 공상과학 작가 모두의 상상력을 사로잡았다.

핵융합의 핵심은 간단하다. 수소 동위원소 두 개를 압도적인 힘으로 충돌시킨다. 두 원자는 자연적인 반발력을 극복하고 융합해서 엄청난 양의 에너지를 생성하는 반응을 일으킨다.

하지만 큰 성과를 거두려면 그에 상응하는 큰 투자가 필요하며, 수십 년 동안 우리는 8,300만°C가 넘는 온도에 도달하는 수소 연료에 에너지를 공급하고 유지하는 문제와 씨름해왔다. (…)

가장 최근의 발전은 독일에서 벤델슈타인 7-X 원자로가 거의 1억℃에 도달하는 시험 가동에 성공했고, 중국에서는 그보다 낮은 온도에서 102초 동안 핵융합 플라스마를 유지한 EAST 원자로가 가동되었다.

하지만 이러한 진전에도 불구하고 연구자들은 수십 년 동안 작동하는 핵융합로를 만들기까지는 여전히 30년이 남았다고 말한다. 과학자들이 성배를 향해 한 걸음씩 나아가는 동안, 이 문제를 해결하는 데 필요한 것이 무엇인지조차 모른다는 사실이 점점 분명해진다. 이는 실제로 한 걸음씩 나아갈 때마다 이전에 제기된 난제만큼이나 해결하기 어려운 새로운 난제가 더 많이 제기되는 것처럼 보이는 탓이다.

캘리포니아에 있는 국립 핵융합 시설의 책임자인 마크 허먼Mark Herrmann은 "우리가 그 문턱을 넘기 위해 무엇을 해야 할지 알 수 있는 단계에 아직도 이르지 못한 것 같다"고 말한다. "우리는 여전히 과학이 무엇인지 배우고 있다. 약간의 혼란을 제거했을 수도 있지만, 제거하면 그 뒤에 또 다른 것이 숨어 있을 것이다. 이는 거의 확실하며, 그 문제를 해결하는 것이 얼마나 어려울지 알 수 없다."

노화 역전 프로젝트의 앞에도 이와 비슷한, 아니 더 어려운 문제들이 놓여 있지 않을까? 아마도 건강한 장수의 한 측면을 향상시키는 인간 생물학의 시도에는 각각 고유한 단점이 있을 것이다. 예를 들어 면역 체계를 강화하는 시도를 하면, 인슐린을 생산하는 췌장의 섬세포를 파괴하는 지나치게 공격적인 면역 체계가 만들어져 제1형 당뇨병이 발생할 수 있는 것과 마찬가지다. 그리고 이렇게 의도하지 않은 부작용을 막으려고 다른 공학적 개입을 시도하면 결과적으로 또 다른 합병증을 유발할 수 있다. 마찬가지로, 텔로미어가 길어지면 암 발생률이 증가할 수 있다. 가능성은 적지만 그럴 수도 있다.

이처럼 우리가 아직 이해하지 못하는 방식으로 노화 역전이 핵융합과 같은 운명을 겪게 될 수도 있으며, 그 실현이 반복적으로 지연될 수도 있다.

한편 비교적 쉽게 설명할 수 있는 문제도 해결하는 데는 엄청난 과정이 필요할 수 있다. 페르마의 마지막 정리로 알려진 수학적 문제가 그 대표적인 사례다. 이 정리는 1637년 피에르 드 페르마Pierre de Fermat가 책의 한쪽 여백에 낙서한 것이다. "n이 2보다 큰 정수인 경우, $x^n + y^n = z^n$ 을 만족하는 양의 정수 x, y, z는 존재하지 않는다"는 아주 짧은 내용이다. 이 정리를 수학계 전체가 증명하는 데 총 358년이 걸렸다. 앤드루 와일스Andrew Wiles가 증명한 이 정리는 1995년 수학 연보에 두 편의 논문으로 발표되었을 때, 120쪽이 넘는 분량이었다. 심지어 여기에는 10쪽에 가까운 참고문헌이 포함되었다.[2] 사실 페르마는 정리를 증명했지만, 그 여백에 다 풀어 넣기에는 너무 길었기 때문에 생략한다고 했다. 이후 수 세기에 걸친 이 발견의 여정을 페르마가 목격했다면 큰 충격을 받았을 것이다.

핵융합과 페르마의 마지막 정리를 비교하는 것은 가능하지만, 노화 역전의 길에 난해한 공학적 장애물이 놓여 있을 가능성은 적다고 생각한다. 조사할 수 있는 공학 기술이 하나만은 아니기 때문이다. 오히려 다양한 분야와 유형의 노화 역전 방법을 고려할 수 있다.

게다가 핵융합 기술의 발전이 더딘 것은 단지 기술적 어려움만이 아니라 그 외의 요인도 크다. 샤르핑은 〈디스커버〉 기사에서 핵융합 프로젝트에 자금이 부족하고 정치적 이유로 국제 협력이 잘 진행되지 않아 지연되고 있다고 말한다.

과학적 문제 그 이상이다.

궁극적으로는 자금 문제일 수 있다. 여러 소식통은 더 많은 지원을 받으면 연구가 더 빨리 진행될 수 있다고 확신한다고 말했다. 과학 연구에서 자금 조달 문제가 새로운 것은 아니지만, 핵융합은 거의 한 세대에 걸친 기간으로 인해 특히 어렵다. 핵융합의 잠재적 이점은 분명하고, 실제로 오늘날의 에너지 부족과 환경 변화 문제를 해결할 수 있지만, 핵융합 연구를 통해 수익을 창출하는 것은 아직 먼 미래다.

국제핵융합실험로International Thermonuclear Experimental Reactor, ITER의 커뮤니케이션 책임자인 라반 코블렌츠Laban Coblentz는 사람들이 투자할 때 수익이 빨리 나기를 기대하기 때문에 핵융합 연구에 대한 투자를 회피한다고 말한다.

"축구 코치들은 2년 안에 성과를 내지 않으면 퇴출당하고, 정치인들은 2~6년 안에 성과를 내지 않으면 퇴출당한다" "따라서 결과가 10년 뒤에 나온다는 이야기는 사실상 꺼내기 힘든 제안이다." 미국에서 핵융합 연구에 지원되는 자금은 연간 6억 달러 미만이다. 이는 2013년 에너지부가 에너지 연구에 요청한 30억 달러에 비하면 상대적으로 적은 액수다. 전체적으로 에너지 연구비는 그해 미국이 연구에 지원한 총자금의 8%를 차지했다.

샤르핑은 핵융합의 발전이 결국 정치적 의지의 문제로 귀결될 것이라고 결론지었다.

핵융합 발전은 아직 30년이나 남았다.

그러나 한 걸음씩 앞으로 나아갈 때마다 뒤로 물러나는 것처럼 보이던 산꼭대기의 결승선이 이제 막 눈에 들어왔다. 그것은 기술뿐만 아니라 정치·경제적 장해물에 가로막혀 앞이 보이지 않는 길이다. 라반 코블렌츠, 허치 닐슨Hutch Neilson, 두아르테 보바 Duarte Borba는 융합이 달성 가능한 목표라는 데는 의심의 여지가 없다고 말했다. 그러나 우리가 언제 그 목표에 도달할지는 우리가 그것을 얼마나 원하는지에 따라 크게 달라질 수 있다.

'토카막Tokamak: 핵융합 발전 과정에서 플라스마를 가두기 위해 자기장을 이용하는 도넛 모양 장치-역주의 아버지'로 불리는 소련의 물리학자 레프 아르시모비치Lev Artsimovich의 말이 이를 가장 잘 요약하고 있는지도 모른다.

핵융합은 사회가 필요로 할 때 준비될 것이다.

이런 점에서 핵융합과 노화 역전을 비교하는 것은 적절한 비유다.

- 두 경우 모두 기술적 과제는 매우 어렵지만 결코 풀 수 없는 것은 아니다.
- 이러한 과제를 해결하기 위한 진전은 이 장의 뒷부분에서 다룰 정치적 지원의 뒷받침을 받는 대규모 국제 협력에 달려 있다.
- 대규모 국제 협력이 만들어지고 지원되는 속도는 그 결과를 대중이 얼마나 원하느냐에 따라 달라진다.

여담이지만, 페르마의 마지막 정리를 증명하는 데 인류의 생존이
달려 있었다면 실제보다 훨씬 더 빨리 증명을 찾을 수 있었을 것이다.
전시의 공성전 사고방식은 뛰어난 인재들의 협업을 지원할 수 있는
인프라가 존재할 때 놀라운 효과를 발휘할 수 있다.

시장에 맡겨둔다면?

여러 관찰을 통해 현명한 규제, 더 일반적으로 말하면 기술 개발 정보
에 입각한 국가적 지침의 필요성이 강조되고 있다. 관찰의 결과 보이
는 공통점은 경제 자유 시장을 내버려 두면 최적과는 거리가 먼 결과
를 낳을 수 있으며, 실제로 재앙이 될 수 있다는 것이다.

한 가지 예로 제약회사가 저소득층에 주로 영향을 미치는 질병
치료제 개발을 우선순위에 두지 않는 경우가 있다. 이 문제를 해결
하기 위해 2003년에 '소외질환을 위한 의약품 계획Drugs for Neglected
Diseases initiative, DNDi'이라는 단체가 설립되었다. DNDi의 웹사이트는
'소외질환'에 대한 냉정한 세부 정보를 제공한다.[3]

- 말라리아 : 사하라 사막 이남 아프리카에서 1분에 한 명의 어린이가
  사망한다(매일 약 1,300명의 어린이).
- 소아 HIV : 사하라 사막 이남 아프리카를 중심으로 전 세계적으로 260만 명의
  15세 미만 어린이가 HIV에 감염되어 있으며, 이 중 매일 410명이 사망하고
  있다.
- 사상충 질환 : 1억 2,000만 명이 상피병에, 2,500만 명이 강변실명증에

감염되어 있다.

- 수면병 : 아프리카 36개국에서 풍토병으로 2,100만 명이 위험에 처해 있다.
- 리슈만편모충증 : 98개국에서 발생하며 전 세계적으로 3억 5,000만 명이 위험에 처해 있다.
- 샤가스병 : 라틴 아메리카 21개국에서 발병하는 풍토병으로, 말라리아보다 더 많은 사망자를 발생시킨다.

개발도상국에서는 방치된 질병으로 인해 심각한 이환율과 사망률을 보인다. 하지만 2000년부터 2011년 사이에 승인된 850개의 신약 중 4%, 승인된 전체 NCEnew chemical entities, 신화학물질 중 1%만이 소외질환의 치료제로 쓸 수 있다. 문제는 소외질환이 전 세계 질병의 11%를 차지한다는 점이다.

제약회사에서 주주라는 제약을 고려할 때 이러한 상황은 놀라운 일이 아니다. 예를 들어, 거대 제약회사 바이엘Bayer의 정책은 2014년 초 글린 무디Glyn Moody의 기사에 설명되어 있다. '바이엘의 CEO : 우리는 가난한 인도인이 아닌 부유한 서양인을 위한 약을 개발한다'라는 제목의 기사에서 바이엘의 CEO인 마린 데커스Marijn Dekkers의 다음과 같은 말을 인용했다.4)

우리는 인도인을 위해 이 약을 개발한 것이 아니다. 치료비를 감당할 수 있는 서양인 환자를 위해 개발했다.

이러한 정책은 기업이 주주들의 요구를 충족해 수익을 극대화하고자 하는 영리 추구의 목적과 일치한다. 이 때문에 DNDi는 다음과 같은 비전을 제시하며 '대안 모델'을 옹호한다.

대안 모델을 사용해 이러한 질병의 치료제를 개발하고 현장에서 관련 의료 도구에 대한 공평한 접근을 보장함으로써 소외질환으로 고통받는 사람들의 건강과 삶의 질을 개선한다.

공공 부문이 주도하는 이 비영리 모델에서는 다양한 주체가 협력해 시장 주도형 연구개발의 범주에 들지 못한 소외질환의 의약품 연구개발이 필요하다는 인식을 제고한다. 또한 소외질환자의 필요를 해결하기 위한 공공의 책임과 리더십을 구축한다.

글린 무디는 앞서 언급한 바이엘의 CEO 데커스의 냉정한 발언에 주목한 후, 과거에 제약회사들이 어떻게 더 광범위한 동기를 부여해 왔는지를 지적한다. 그는 1950년에 제약회사 머크Merck의 사장 조지 머크George Merck가 한 이 말을 인용한다.[5]

"우리는 의약품이 결코 이윤을 위한 것이 아닌, 사람들을 위한 것이라는 사실을 잊지 않으려고 노력한다. 이윤은 그 뒤에 따라오는 것이다. 우리가 이 사실을 기억하고 있을 때 이윤이 나타나지 않은 적은 결코 없다. 더 잘 기억할수록 이윤은 더 커졌다. (…) 우리가 현재 불치병을 치료할 수 있는 신약이나 치료법, 영양실조로 고통받는 사람들을 도울 새로운 방법, 전 세계적으로 이상적인 균형 잡힌 식단을 만드는 방법을 찾았다고 해서 목표를 달성했다고 말할 수 없다. 우리의 도움으로 모든 사람에게 최고의 성과를 가져다줄 방법을 찾을 때까지 멈추지 않을 것이다."

금전적 인센티브가 인간의 수명을 늘릴 독보적 기술을 보유한 기업의 행동을 좌우할까? 금전적 동기뿐만 아니라 다른 요인들이 작용해야 한다.

최적의 거래 촉진과 부의 축적이라는 고유한 매개변수 안에서도 자유 시장은 종종 실패한다. 시장에 대한 현명한 감독과 규제에 관한 주장은 〈뉴요커New Yorker〉의 저널리스트인 존 캐시디John Cassidy의 2009년 저서 《시장은 어떻게 실패하는가 : 경제 재앙의 논리How markets fail : the logic of economic calamities》에서 잘 드러난다.6)

이 책에는 캐시디가 '유토피아 경제학'이라고 부르는 개념에 대한 광범위하고 설득력 있는 조사가 포함되어 있으며, 그 개념을 비판하는 각계각층의 목소리를 제공한다. 따라서 이 책은 애덤 스미스Adam Smith, 프리드리히 하이에크Friedrich Hayek, 밀턴 프리드먼Milton Friedman, 존 메이너드 케인스John Maynard Keynes, 아서 피구Arthur Pigou, 하이먼 민스키Hyman Minsky 등을 다루는 경제 사상의 역사에 유용한 지침을 제공한다.7)

이 책의 주제는 시장은 때때로 재앙적인 방식으로 실패하며, 이 재앙을 피하기 위해 정부의 감독과 개입이 필요하다는 것이다.

캐시디가 설명하는 '유토피아 경제학'은 자유 시장 경제를 통해 개인과 집단의 이기심이 발현되면 필연적으로 경제 전체에 좋은 결과를 가져올 것이라는 광범위한 견해다. 이 책은 유토피아 경제학의 역사를 공감할 수 있게 개괄하는 여덟 개의 장으로 시작한다. 그 과정에서 캐시디는 자유시장 옹호론자들이 자신들의 주장과 다르게 정부의 개입과 통제가 필요한 사례를 든 경우를 자주 지적한다. 다음으로 캐시디는 유토피아 경제학에 대한 비판의 역사를 검토하는 데 여덟 개

의 장을 더 할애한다. 이 부분의 제목은 '현실 기반 경제학'이며 다음
과 같은 주제를 다룬다.

- 게임 이론('죄수의 딜레마')
- 행동경제학(대니얼 카너먼Daniel Kahneman과 아모스 트버스키Amos Tversky가
  개척한 분야) - 재난 불감증 포함
- 파급 효과 및 외부효과 문제(예를 들면 공해) - 중앙집중식 집단행동을
  통해서만 완전히 해결할 수 있다.
- 숨겨진 정보의 결점 및 '가격 신호'의 실패
- 독과점 조건에 가까워졌을 때의 경쟁력 상실
- 은행 리스크 관리 정책의 결함('평소와 같은 업무'에서 크게 벗어날 경우의 결과를
  과소 평가)
- 보너스 불균형 구조의 문제점
- 투자 거품의 비뚤어진 심리

이러한 요인들은 모두 시장이 최적의 솔루션을 발견하는 데 방해
가 된다. 캐시디는 유토피아 경제학의 '환상'을 네 가지로 정리했다.

1. 조화의 환상 : 자유 시장이 항상 좋은 결과를 낳는다는 환상
2. 안정성의 환상 : 자유 시장 경제는 견고하다는 환상
3. 예측 가능성의 환상 : 수익률 분배를 예측할 수 있다는 환상
4. 호모 에코노미쿠스(경제적 인간)의 환상 : 개인은 합리적이며 완벽한 정보에
   따라 행동한다는 환상

이러한 환상은 경제 사고의 많은 부분에 여전히 널리 퍼져 있다. 또한 정부의 개입 없이 기술이 테러, 감시, 환경 파괴, 극심한 날씨 변동, 신종 병원체의 위협, 증가하는 노년기 질병 비용과 같은 사회 및 기후 문제를 해결할 수 있을 것이라는 기술 자유주의적 낙관주의도 배경에 깔려 있다.

실제로 자유 시장과 혁신적 기술은 최근 역사에서 엄청난 발전의 원동력이었다. 그러나 잠재력을 최대한 발휘하려면 현명한 감독과 규제가 필요하다. 이러한 감독과 규제가 없다면 지속 가능한 풍요와 건강한 장수의 시대가 아닌 새로운 암흑의 시대로 사회를 이끌 수 있다.

좋은 일을 한다는 데 의미를 둔다면?

앞서 펼쳐진 정치적 논의가 다소 부담스러웠던 독자를 위해, 이제 정치에서 벗어나 '철학'이라고 할 수 있는 영역으로 이야기를 전환한다.

노화 역전 프로젝트의 가장 큰 위협 중 하나는 어떤 행동이 존경받을 만한지 대중의 머릿속에 혼란이 만연할 것이라는 점이다. 존경받을 만한 방식으로 행동하고 싶은 사람들도 결국에는 선이 아닌 해를 끼치는 생각에 끌릴 수 있다. 사회적, 심리적 압력의 희생자로서 그들은 의식적이든 무의식적이든 노화를 받아들이는 패러다임에 갇힐 것이다. 그들의 개인적인 철학은 자신과 시민들에게 실제로 피해를 주는 행동을 취하도록 이끌 것이다.

특히 사람들이 노화의 진행과 임박한 죽음을 '자연스러운 질서'로 받아들이는 것이 칭송받을 만한 일이라고 확신하는 경우, 건강수명을 획기적으로 연장할 수 있는 조치에 반대하는 경향이 있을 것이다. 의식적이든 무의식적이든, 그들은 그러한 조치를 불공정하거나, 불균형하거나, 부적절하거나, 탐욕스럽거나, 이기적이거나, 유치한 것으로 (잘못) 인식할 것이다.

이러한 사고방식에 갇힌 사람들은 사회가 고령화를 당연한 것으로 받아들이는 프로젝트에 시간과 노력을 투자하는 것을 선호할 것이다. 예를 들어, 이들은 노인들에게 커뮤니티 참여, 저렴한 교통수단 또는 개선된 '생활 보조' 시설을 제공해 노인을 돕는 프로젝트를 지지할 수 있다. 사람들이 청년기나 중년기에 사고나 질병에 시달리지 않고 노인이 될 때까지 충분히 오래 살 수 있도록 하는 프로젝트도 지원할 수 있다. 또는 모든 연령대의 사람들을 위한 교육 확대를 지원할 수도 있다. 그들은 이러한 모든 프로젝트를 긍정적인 것으로 인식할 것이다. 하지만 더 나은 방법으로 좋은 일을 할 수 있는 가능성에 관해서는 눈감을 것이다.

'더 좋은 일을 더 잘하기Doing good better'라는 문구는 28세에 옥스퍼드 대학교 최연소 교수에 임명된 윌리엄 매캐스킬MacAskill이 2015년에 쓴 책의 제목이다. 책의 부제는 '효과적인 이타주의와 변화를 만드는 방법'이다. 매캐스킬은 자신의 웹사이트에서 이 책을 다음과 같이 소개한다.[8]

세상을 더 나은 곳으로 만드는 데 관심이 있는가? 윤리적 제품을 구매하거나 자선단체에 기부하거나 좋은 일을 한다는 명목으로 자원봉사를 할 수도 있다. 하지만 자신이 실제로 어떤 영향을 미치고 있는지 얼마나 자주 깨닫는가?

이 책에서 나는 변화를 만드는 많은 방법이 별다른 성과를 거두지 못하지만, 가장 효과적인 대의에 집중함으로써 우리 각자가 세상을 더 나은 곳으로 만들 수 있는 엄청난 힘을 가지고 있다는 사실을 알리고자 한다.

어떤 사람들은 이런 냉정한 계산을 불안하게 여긴다. 이타적인 일에 계산기를 두드린다는 것 자체에 거부감을 느끼기 때문이다. 하지만 효과적 이타주의를 지지하는 사람들은 이를 고려하지 않고서는 인간의 상태를 개선할 잠재력을 끌어내기 힘들다고 강력하게 주장한다. 우리의 목표가 진정으로 인간의 상태를 개선하는 것이라면—인간의 상태를 개선한다는 목표를 가지고 뭔가를 한다는 생각 자체로 기분을 좋게 만드는 것이 목표가 아니라—우선순위를 다시 생각할 수 있어야 한다.

예를 들어 성공적인 노화 역전 요법이 장애보정손실수명disability adjusted life year, DALY 건강하게 살 수 있는 기간이 어떤 질병으로 얼마나 줄었는지 측정하는 지표로, 측정 값이 클수록 질병 부담도 크다-역주을 상당히 줄일 수 있다는 점을 인식했을 때, 노화 종식에 의해 건강수명을 연장하는 것이 훨씬 더 비용 효율적인 방법으로 판명될 가능성을 염두에 둬야 한다.

오브리 드 그레이는 2012년 옥스퍼드에서 열린 '노화 방지 연구의 비용 효과성' 프레젠테이션에서 비슷한 주장을 펼쳤다.[9]

• 우리가 진정으로 사망을 예방하는 데 관심이 있다면 전 세계 사망의 약 3분의 2를 차지하는 요인, 즉 노화에 주목해야 한다(이 수치에는 노화 관련 질병으로 인한 사망, 즉 노화가 없었다면 발생하지 않았을 사망이 모두 포함되어 있음에 유의).

- 이 높은 비율(선진국에서는 90% 이상으로 증가)로 인해 고령화는 '명백히 세계에서 가장 심각한 문제'가 되었다.
- 노화로 인한 사망에 앞서 수년간의 신체 기능 저하와 장애 증가를 추가로 고려하면 노화 종식의 중요성은 더욱 커진다.
- 노화를 지연시키는 치료법은 쇠약과 노환의 진행을 지연시키는 이점이 있으며, 노화로 인한 신체 및 세포 손상을 복구하는 치료법은 쇠약과 노환을 무기한 예방할 수 있는 잠재력을 가지고 있어 예상되는 DALYs 지표를 더욱 감소시킬 수 있다.
- 노화 역전 요법이 상당한 진전을 이루기 위해 필요한 비용은 특별히 클 필요가 없다. 5~10년 동안 매년 약 5,000만 달러의 예산으로 SENS가 제안한 노화 역전 요법을 중년의 쥐에 적용해 극적인 효과를 거둘 수 있는 수준까지 발전시킬 수 있다.
- 이전에는 특별한 치료를 받지 않았던 중년 쥐가 노화 역전 요법 적용 후 남은 건강수명이 50% 이상 늘어난다면 정부와 기업, 투자자들로 하여금 이 치료법이 인간에게도 큰 잠재력을 가지고 있음을 이해하고 인정하도록 할 것이며, 연구 지원 자금이 빠르게 뒤따를 것이다.

드 그레이는 시급한 과제는 단기적으로 필요한 연구 예산의 확충을 위한 지성적 지지이며, 이는 쥐에 적용한 노화 역전 요법이 성공해 대중의 사고방식을 완전히 변화시키는 시점까지 이루어져야 한다고 주장한다. 더 많은 사람들이 시간을 들여 냉정하게 생각하고, 효과적 이타주의라는 개념을 이해하게 된다면, 이러한 지성적 지지는 추진력을 얻을 수 있다. 하지만 대중의 뿌리 깊은 '고령화 수용' 무관심을 극복하기 위해서는 여전히 많은 노력과 현명한 마케팅이 필요하다.

내 일이 아니라고 생각한다면?

무관심을 극복하고 세상을 변화시키기 위한 접근 방식에는 크게 두 가지가 있다. 세상을 직접 바꾸거나, 세상을 바꿔야 할 필요성을 느끼도록 사람들의 생각을 바꾸어 그들 중 누군가가 세상을 대신 바꾸도록 하는 것이다. 즉, 실제로 무언가를 하는 데 참여하거나 사람들에게 그 일을 하면 얼마나 좋을지 널리 퍼뜨리는 것이다.

첫 번째 접근 방식에는 행동이 포함된다. 엔지니어, 기업가, 디자이너 등이 채택할 수 있다. 두 번째 접근 방식은 아이디어와 관련이 있으며, 아이디어의 중요성에 관해 말할 수 있는 모든 사람이 사용할 수 있다.

우리는 두 가지 접근 방식 모두에 찬성하지만, 두 번째 접근 방식이 많은 비판을 받아왔다는 점을 잘 알고 있다. 인스턴트 메시지의 시대, 잠옷 차림으로 소파에 누워 온라인 '좋아요' 버튼을 클릭하는 사람들이 많아지면서 소위 '슬랙티비즘'('안락의자 행동주의'라고도 함)은 비난의 대상이 되어왔다. 비평가 예브게니 모로조프Evgeny Morozov는 미국 공영라디오에서 이러한 관행에 경멸을 드러냈다.[10]

> 슬랙티비즘은 정치적 또는 사회적 영향력이 전혀 없는 기분 좋은 온라인 활동을 설명하기 적절한 용어다. 슬랙티비즘 캠페인에 참여하는 사람들은 페이스북Facebook 그룹에 가입하는 것만으로 세상에 의미 있는 영향을 미칠 수 있다는 환상을 갖게 된다. 서명하고 전체 연락처 목록에 전달한 온라인 청원을 기억하는가? 그것은 아마도 슬랙티비즘에 해당하는 행동이었을 것이다.

슬랙티비즘은 게으른 세대에게 이상적인 활동 유형이다. 가상 공간에서 시끄럽게 캠페인을 벌일 수 있다면 굳이 연좌 농성이나 체포, 경찰의 폭력, 고문의 위험을 감수할 이유가 없다. 블로그에서 트위터 등의 소셜 네트워크에 이르기까지 디지털에 대한 미디어의 집착을 고려할 때, 고귀한 대의를 위한 것이라며 마우스를 한 번 클릭하는 것으로 언론의 즉각적인 관심을 받을 수 있다. 미디어의 관심이 항상 캠페인 효과로 이어지는 것은 아니라는 점은 부차적인 문제일 뿐이다.

여기서 진짜 문제는 슬랙티비즘 선택지가 있다는 사실만으로 과거에 살았다면 시위, 전단, 노동조합을 통해 직접 정권에 맞섰을지도 모르는 사람들이 페이스북 옵션을 받아들이고 수많은 온라인 이슈 그룹에 가입할 가능성이 있는지 여부다. 그 결과에 따라 디지털 해방의 도구라고 선전하는 도구들이 오히려 민주화와 글로벌 시민사회 구축이라는 목표에서 멀어지게 할 뿐이다.

이러한 부정적인 평가와는 대조적으로, 우리는 노화 역전의 기회뿐만 아니라 관련 기술의 잠재적 오용으로 인해 벌어질 위험에 관한 대중의 인식을 높이기 위해 온라인상의 지지가 매우 중요한 역할을 한다고 본다. 예를 들어, 소셜 네트워크는 지난 10년 동안 중동 및 기타 여러 국가에서 정부 변화에 큰 영향을 미쳤다.

소셜 네트워크 외에도 인쇄, 라디오, 텔레비전과 같은 전통적인 미디어도 여전히 중요하다. 영화, 음악, 책, 강연, 미술과 같은 다른 형태의 커뮤니케이션도 마찬가지로 중요하다. 심지어 유튜브YouTube 동영상도 사람들을 동원하는 데 도움이 될 수 있는데, '왜 나이를 먹는가? 노화를 영원히 끝내야 하는가?'라는 제목의 동영상은 처음 4개월 동안 400만 명이 넘는 사람들이 시청했다.[11) 출시 첫해에 유튜브에서 〈데스파시토Despacito〉라는 노래의 동영상 클립이 46억 회 조회된 것과는 비교가 되지 않지만, 그래도 아예 없는 것보다는 낫다.[12)

노화 방지 및 역전에 관한 아이디어를 인간 수명의 연장과 확장을 포함한 바이럴viral 아이디어로 전환하는 것도 필수적이다. 이상적으로는 무병장수라는 새로운 패러다임을 입소문으로 퍼지게 할 수 있도록 밈meme : 문화적 행동이나 지식이 다른 사람에게 복제되어 전달되는 것-역주으로 만들어야 하겠다. 그 혜택은 차별 없이 모든 사람에게, 헤아릴 수 없을 만큼 클 것이다.

무관심을 줄이기 위해 언급할 가치가 있는 또 다른 의사소통 방법으로 옥스퍼드 대학교 닉 보스트롬Nick Bostrom 교수의 환상적인 단편 소설을 소개하고자 한다. 그가 2005년에 쓴 '용과 폭군의 우화The Fable of the Dragon-Tyrant'는 고령화 패러다임을 받아들이는 것을 가상의 나라 주민이 수 세기 동안 거대한 용의 요구를 묵인하는 것에 비유한다.[13)

용은 인류에게 소름 끼치는 공물을 요구했다. 엄청난 식욕을 채우기 위해 매일 저녁 해가 지기 시작하면 1만 명의 남녀를 폭군 용이 사는 산기슭에 바쳐야 했다. 용은 이곳에 도착하자마자 불쌍한 사람들을 단번에 삼켜버리기도 하고, 때로는 다시 산에 가두어 몇 달 또는 몇 년 동안 시들게 한 후 잡아먹기도 했다. (…)

이 우화는 2018년에 유튜버 CGP 그레이CGP Grey에 의해 흥미로

운 동영상으로 변환되어 800만 회 이상 재생되었다.[14)]

맥스 모어 역시 상상력이 풍부한 철학자다. 1999년 대자연에 보내는 편지에서 다음과 같이 시작하는 그의 사려 깊은 글에 깊은 인상을 받았던 기억이 난다.[15)]

친애하는 어머니 대자연에게

방해해서 죄송하지만 우리 인간, 즉 당신의 후손들이 할 말이 있어 찾아왔습니다(우리는 주변에서 결코 아버지를 볼 수 없는 것 같으니 당신이 이 편지를 아버지께 전달해주시면 좋겠습니다). 느리지만, 방대하고 분산된 지능으로 우리에게 주신 많은 훌륭한 자질에 대해 감사드립니다. 당신은 우리를 단순한 자기 복제 화학물질에서 수조 개의 세포를 가진 포유류로 키워주었습니다. 당신은 우리에게 지구를 자유롭게 지배할 수 있도록 해주었습니다. 당신은 우리에게 다른 어떤 동물보다 긴 수명을 주었습니다. 당신은 우리에게 언어, 이성, 예지력, 호기심, 창의력을 발휘할 수 있는 복잡한 두뇌를 부여했습니다. 또한 자기 이해 능력과 타인에 대한 공감 능력도 부여했습니다.

대자연이여, 우리는 당신이 우리를 만들어준 것에 진심으로 감사합니다. 의심할 여지 없이 당신은 최선을 다했습니다. 그러나 외람된 말이지만, 우리는 당신이 여러 가지 면에서 인간의 체질을 제대로 이해하지 못했다고 말하지 않을 수 없습니다. 당신은 우리를 질병과 피해에 취약하게 만들었습니다. 당신은 우리가 지혜를 얻기 시작하는 시점에서 늙어가고 결국 죽음을 맞도록 강요했습니다. 당신은 우리의 신체적, 인지적, 정서적 과정에 관한 인식을 주는 데 인색했습니다. 당신은 다른 동물에게 예리한 감각을 주었지만, 우리에게는 그러지 않았습니다. 당신은 우리가 살아갈 환경 조건을 매우 좁게 만들었습니다. 당신은 우리에게 제한된 기억력과 불충분한 욕구 조절 능력, 부족주의적이고 외국인 혐오적인 충동을 주었습니다. 그리고 우리 스스로를 위한 작동 매뉴얼을 주는 것도 잊어버렸습니다!

당신이 우리를 만든 것은 영광스럽지만 심각한 결함이 있습니다. 당신은 약 10만 년 전 우리의 진화에 흥미를 잃은 것 같습니다. 아니면 우리가 스스로 다음 단계로 나아가기를 기다리며 시간을 끌었을지도 모르죠. 어느 쪽이든, 우리는 '유년기의 끝'에 도달했습니다.

우리는 인간의 구조를 수정할 때가 되었다고 결정했습니다.

우리는 이 일을 가볍게, 부주의하게, 무례하게 하는 것이 아니라 신중하고 지능적으로, 그리고 탁월함을 추구하면서 하려고 합니다. 우리는 당신이 우리를 자랑스러워하도록 만들려고 합니다. 앞으로 수십 년 동안 우리는 비판적이고 창의적인 사고에 기반한 생명공학의 도구로 시작해 일련의 체질 변화를 추구할 것입니다. 특히 다음과 같은 일곱 가지 인간 구조의 수정을 선언합니다.

제1개정안: 우리는 더 이상 노화와 죽음의 폭정을 용납하지 않을 것이다. 우리는 유전자 변형, 세포 조작, 합성 장기 및 필요한 모든 수단을 동원해 우리 자신에게 지속적인 생명력을 부여하고 유효기간을 제거할 것이다. 우리는 각자 얼마나 오래 살지 스스로 결정할 것이다. (…)

우리는 집단으로 또는 개별적으로 추가 수정을 할 권리를 가지고
있습니다. 우리는 최종적인 완벽함을 추구하기보다는 우리 자신
의 가치에 따라, 그리고 기술이 허용하는 한 새로운 형태의 우수
성을 계속 추구할 것입니다.

야심 찬 당신의 후손.

기술 성장이 너무 빨라 사람들의 공감이 따라가지 못한다면?

짧은 동영상, 강력한 온라인 블로그 게시물, 영혼을 울리는 시, 눈길을
사로잡는 애니메이션, 번뜩이는 오행시, 재치 있는 농담, 극적인 퍼포
먼스, 콘셉트 아트, 소설, 슬로건, 그림으로 구성되고 기억에 남는 인
용문으로 만들어진 '밈' 등, 모든 것이 잘 활용된다면 대중의 사고방식
을 '노화를 받아들이는 것'에서 '노화 역전을 기대하는 것'으로 바꾸고
전폭적으로 지지하도록 만드는 데 기여할 수 있을 것이다. 이 모든 것
이 대중의 무관심을 해소하고 전 세계적으로 노화 역전 기술의 발전
속도를 높이는 데 도움이 될 수 있다.

그리고 슬랙티비스트들이 수많은 아이디어 중에서 최고의 아이
디어를 찾아내 강조함으로써 이러한 아이디어가 더 많은 관심을 받
고, 고령화 패러다임을 받아들이는 보루가 약해지는 시기를 앞당길
수 있다면, 우리는 진심으로 박수를 보낸다. 마음이 바뀌면 행동이 뒤

따를 수 있다. 토대가 마련되면 새로운 아이디어가 빠르게 확산할 수 있다.

물론 특정 아이디어에 적합한 시기를 파악하기는 쉽지 않은 일이다. 누군가가 너무 일찍 '늑대가 나타났다'고 반복해서 외치면 신뢰는 사라지고 청중을 잃게 된다. 하지만 지금이 고령화를 폐지할 수 있는, 그리고 폐지해야 하는 적기라는 생각에는 많은 이유가 있다. 이러한 생각은 여러 관찰 결과로 뒷받침될 수 있다.

- 노화가 거의 일어나지 않는 동물의 예
- 수명(및 건강수명)을 크게 연장할 수 있는 유전자 조작
- 줄기세포 치료의 놀라운 가능성
- 크리스퍼 유전자 편집이 판도를 바꿀 가능성
- 나노 수술 및 나노 로봇과 같은 나노 개입의 실행 가능성 증가
- 합성 장기를 만들 수 있다는 초기 징후들
- 노화의 근원으로 밝혀진 일곱 가지 원인 각각을 대상으로 하는 연구 프로젝트
- 암과 기타 노환 치료를 위한 새로운 아이디어의 장려
- 점점 더 강력해지는 인공지능에 의한 빅데이터 분석의 유망한 결과
- 장수 배당금의 막대한 경제적 이점을 보여주는 재무 모델
- 예상을 뛰어넘는 속도로 발전하는 다른 기술 분야의 사례
- 사회적 사고방식의 급격한 변화를 보여주는 다른 활동 프로젝트의 사례

이러한 관찰은 노화 종식에 관한 아이디어가 번창할 수 있는 환경을 제공하지만, 실제로 그 아이디어를 지지하는 일은 여전한 숙제다.

- 다양한 청중을 위해 아이디어를 더 효과적으로 표현할 수 있는 방법을 찾는다.
- 사람들이 아이디어에 제기하는 반대 의견을 분석하고 그 해결책을 찾는다.
- 사람들이 아이디어에 반대하거나 심지어 무시하고 싶어 하는 근본적인 이유를 파악하고, 가능한 경우 그 상황을 변화시키기 위한 조치를 취한다.

이러한 작업을 수행하지 않으면 아이디어가 시들해져 소수만 관심을 갖게 될 수 있다. 이 경우 고령화 수용 패러다임이 여전히 지배적일 것이다. 공공과 민간을 막론하고 투자는 노화 역전이 아닌 다른 분야에 집중될 것이다. 노화 역전 치료법을 개발하고 배포하려는 혁신가들의 노력을 좌절시키는 규제 장애물은 지속될 것이다. 그리고 실제로 예방할 수 있는 노환으로 매일 10만 명 이상의 사람들이 계속 사망할 것이다. 이는 노화 종식의 가능성에 대한 대중의 지속적인 무관심으로 인한 끔찍한 대가일 것이다.

과거의 노예제도 종식부터 미래의 노화 종식까지

노예제 폐지는 인류 역사상 가장 중요한 사건 중 하나로 꼽히는 강력한 사례다. 예일 대학교의 베테랑 역사학자 데이비드 브리온 데이비스David Brion Davis가 저술한 《비인간적 속박: 신세계 노예제의 흥망성쇠Inhuman Bondage: The Rise and Fall of Slavery in the New World》16)에 실린 자료를 바탕으로 보스턴 대학교의 도널드 예르사Donald Yerxa는 다음과 같은 평가를 제공한다.17)

수백 건의 노예제도 폐지 청원을 받고 수년간 이 문제를 논의한 끝에 영국 의회는 1807년 3월 노예무역 폐지법을 통과시켰다. 1807년 5월 1일부터 어떤 노예도 영국 항구에서 합법적으로 출항할 수 없게 되었다. 나폴레옹 전쟁 이후 영국의 노예제 폐지 정서가 높아지면서 의회에 모든 영국 노예를 점진적으로 해방하라는 대중의 압력이 거세졌다. 1833년 8월, 의회는 대영제국 전역의 노예를 점진적으로 해방하는 내용을 담은 노예해방법을 통과시켰다. 대서양 양쪽의 노예제 폐지론자들은 이를 역사상 가장 위대한 인도주의적 업적 중 하나로 칭송했다. 실제로 아일랜드의 저명한 역사학자 W. E. H. 레키W.E.H. Lecky는 1869년 "노예제도에 반대하는 영국의 소박하고 줄기차고 이름 없는 십자군 운동은 아마도 국가 역사에 기록된 서너 가지의 완벽하게 고결한 행위 중 하나로 간주될 수 있을 것"이라는 유명한 결론을 내렸다.

그러나 데이비스는 신대륙의 노예제도에 관한 훌륭한 종합서에서 영국의 노예제 폐지론은 "논란의 여지가 많고 복잡하며 당혹스럽기까지 하다"고 지적한다. 이 문제는 60년 이상 지속된 중요한 역사적 논쟁을 불러일으켰다. 쟁점은 노예제 폐지론자들의 동기와 노예제 반대 운동에 대한 대중의 지지를 어떻게 설명할 것인가 하는 것이었다. 데이비스에 의하면 역사가들은 노예무역처럼 경제적으로 중요한 것이 본질적으로 종교적, 인도주의적 이유로 폐지될 수 있다는 사실을 당시 사람들이 받아들이기 어려워했다는 증거를 발견했다. 결국 1805년까지 '식민지 농장 경제'는 '영국 전체 무역의 약 5분의 1을 차지했다.' 윌리엄 윌버포스 William Wilberforce, 토머스 클라크슨 Thomas

Clarkson, 토머스 파웰 벅스턴Thomas Fowell Buxton 과 같은 저명한 노예제 폐지론자들은 기독교적 논리를 이용해 '비인간적인 노예제'에 맞서 싸웠지만, 분명 다른 물질적 요인도 작용했을 것이다. 같은 시기에 노예제 반대와 자본주의 및 자유 시장 이데올로기의 관계를 평가하는 연구 논문들이 쏟아졌다. 이 연구들의 결론은 노예제 폐지 운동이 실질적으로도, 사람들이 인식하기로도 영국의 경제적 이익에 반한다는 것이다.

그렇다면 경제적 재앙을 촉발할 수 있었던 노예제 폐지를 지지하는 인도주의적 운동의 성공을 어떻게 설명할 수 있을까? 데이비스는 경제적, 정치적, 이념적 요인의 복잡한 상호작용을 이해하는 것도 중요하지만, '편협한 이기심을 초월해 진정한 개혁을 이룰 수 있는' 도덕적 비전의 중요성을 인식해야 한다고 결론지었다.

데이비스의 분석은 이를 명확히 보여준다.

- 노예제 폐지는 결코 피할 수 없거나 미리 결정된 것이 아니었다.
- 미국과 영국에서 노예제 폐지에 반대하는 강력한 주장이 있었다. 똑똑하고 독실한 사람들이 제기한 주장은 다른 많은 요인 중에서도 경제적 복지에 관한 주장이었다.
- 노예제 폐지론자들의 주장은 노예무역의 가혹한 속박과 예속을 피하고 수백만 명의 사람들이 훨씬 더 큰 잠재력을 실현할 수 있는 '더 나은 인간으로 사는 삶'이라는 개념에 뿌리를 두고 있다.
- 노예제 폐지는 팸플릿, 강연회, 청원서, 지방의회 회의 등 대중 운동에 의해 큰 진전을 이루었다.

18세기에 뿌리를 두고 19세기에 접어들면서 더욱 탄력을 받은 노예제 폐지는 결국 깊은 신념을 가진 이들의 용감하고 영리하며 끈질긴 활동 덕분에 때가 왔다는 느낌을 맞이했다. 미국 남북전쟁은 노예제도와 많은 관련이 있었으며, 1865년 에이브러햄 링컨Abraham Lincoln 대통령에 의해 마침내 모든 주에서 노예제도가 폐지되었다. 따라서 노예제는 영국이 노예제를 금지한 지 1세기 반이 지난 1960년대에 아랍 에미리트에서 마침내 폐지될 때까지 전 세계에서 조금씩 사라지고 있었다.

20세기 후반에 다른 뿌리에서 시작해 21세기에 접어들면서 점점 더 탄력을 받고 있는 노화 종식 역시 적절한 때를 맞은 아이디어가 될 수 있다. 이는 인류에게 압도적으로 더 나은 미래, 즉 수십억 명의 사람들이 훨씬 더 큰 잠재력을 실현할 수 있는 미래에 관한 아이디어다. 그러나 이 프로젝트에는 신뢰할 수 있고 접근 가능한 노화 역전 치료법을 개발하는 뛰어난 엔지니어링뿐만 아니라, 노화 역전에 적대적이거나 냉담한 공공 환경을 노화 역전을 열렬히 지지하는 환경으로 바꾸기 위한 용감하고 현명하며 끈질긴 행동주의도 필요하다.

소음이 신호를 가리고 있는가?

우리가 노화 역전을 지지하는 행동주의에 박수를 보낸다고 해서 온라인이나 책에서 찾을 수 있는 모든 미사여구를 이 프로젝트에 찬성하는 신호로 간주하는 것은 아니다. 이와는 거리가 멀다. 오히려 노화 역전을 지지하는 많은 말들은 아마도 역효과를 낳을 것이다.

- 특정 약이나 요법의 효과에 대한 성급하고 부당한 주장
- 상업적으로 개발 중인 제품에 대한 시장 인식을 강화하기 위해 특정 연구 결과를 왜곡하는 경우
- 정교한 원리를 지나치게 단순화해서 오해의 소지가 있는 내용을 지루하게 반복하는 행위
- 실제로 확립된 과학적 프로세스를 신중하게 따르고 있는 중요한 연구자의 역량이나 동기에 관한 해로운 주장
- 선의인 것은 알지만 잘못된 정보를 계속 반복하는 주장
- 실제로는 위험한 치료를 받으라고 권유하는 경우

이러한 허위 정보의 위험성으로 인해 다양한 종류의 부작용이 수반된다.

- 환자들이 현혹되고 피해를 당하지 않도록 보호하기 위해 입법자들은 '가짜 약'을 공급하는 업자들뿐만 아니라 좋은 혁신도 단속하는 더 엄격한 규제를 가할 수 있다.
- 유능한 학자들은 평판에 해가 될 수 있기 때문에 이 분야와 아예 거리를 두려고 할 수 있다.
- 연구자들은 이미 수행되어 그 결과가 공유되었어야 하는 연구를 반복하는 데 시간을 낭비할 수 있다.
- 대중은 곧 출시된다고만 하는 노화 역전 요법 소식을 듣는 데 지쳐서 해당 분야가 의심스럽고 과대광고로 가득 차 있다고 판단할 수 있다.
- 잠재적 후원 자금이 해당 분야에서 완전히 다른 프로젝트로 옮겨갈 수 있다.

이러한 이유로 노화 역전 공동체는 지식 관리 방법을 개선하기 위해 열심히 노력해야 한다. 열정적인 신규 회원을 환영하되, 지식의 최신 상태를 신속하게 파악할 수 있도록 해야 한다. 이들은 다음의 온라인 지식에 접근할 수 있어야 한다.

- 향후 몇 년 동안 노화 역전 프로젝트에서 달성할 수 있는 진전을 보여주는 신뢰할 수 있는 로드맵
- 다양한 노화 이론의 강점과 약점
- 개발 중이거나 제안된 치료법
- '두 번째 다리'를 건널 수 있게 되기까지 개인을 살아있고 건강하게 유지할 수 있는 생활 습관
- 분야의 전체적인 역사(실수의 반복을 피하기 위해)
- 광범위한 정치적, 사회적, 심리적, 철학적 차원의 노화 역전
- 적극적으로 도움을 구하고, 공동체가 지원할 가치가 있다고 판단하는 프로젝트
- 새로운 지지자를 확보하고 비판에 대응하는 데 효과적인 밈
- 공동체에서 부족한 기술 및 노화 역전을 지원하는 다양한 기술을 배치할 수 있는 최고의 방법
- 의견 차이가 존재하는 영역과 공동체가 이러한 차이를 해결할 방법
- 공동체가 예상하는 위험과 이 위험을 완화할 방법

이 책은 앞에 나열된 많은 주제를 다루는 것을 목표로 한다. 하지만 노화 역전은 빠르게 변화하는 분야다. 여기에 서술된 내용 중 일부는 이 책을 읽을 때쯤이면 구식이거나 불완전할 수 있다. 최신의 포괄

적인 정보를 원한다면 책에 제공되는 웹사이트의 공동체 페이지를 참조하기 바란다.[18]

노화 역전의 새로운 지지자가 되어 공개 포럼에서 입을 열기 위해 방대한 정보를 소화해야 할 필요는 없다. 노화 역전에 관한 공동체의 지식은 겹겹이 쌓이고, 쉽게 검색할 수 있으며, 흥미를 유발할 수 있어야 한다. 그래야 누군가가 특정 주제에 관해 공개적으로 언급하고 싶다고 느낄 때, 해당 주제에 관해 어떻게 말해야 할지 공동체에서 가장 좋은 조언을 빠르게 찾을 수 있다. 또한 예상되는 모든 문제에 관해 논의할 수 있는 호의적이고 지식이 풍부한 사람들을 찾을 수 있어야 한다. 그리고 대화를 통해 얻은 새로운 통찰은 모두 온라인으로 캡처해서 지식창고를 개선할 수 있도록 해야 한다. 그렇게 함으로써 노화 역전 프로젝트가 계속 진전될 수 있다.

실질적인 변화를 일으키고 있는가?

우리는 이번 장에서 노화 역전 프로젝트가 직면한 가장 큰 위험 몇 가지를 살펴보았다. 노화 역전 프로젝트는 예상보다 어려운 기술적 난관에 봉착할 수 있다. 잘못된 말과 행동으로 인해 잠재적인 후원자를 소외시킴으로써 절실히 필요한 조언과 재정 지원을 받지 못할 수도 있다.

노화 수용 패러다임이 지배적인 상황에서 대중의 무관심으로 인해 잠재적인 지지자를 각성시키지 못할 수도 있다. 그뿐만 아니라 지지자들이 프로젝트에 도움이 되기는커녕 혼란을 가중해 오히려 방해

될 수도 있다.

기술 보수주의 정치인들은 노화 역전 치료법을 개발하고 배포하는 데 필요한 연구를 가로막는 거대한 장벽을 세울 수 있다. 기술 자유주의자들은 공공 정책을 잘못 해체해서 자신도 모르게 경제 붕괴를 촉발할 수 있다. 기후 변화, 치명적인 병원균, 테러리스트의 대량살상 무기 접근과 같은 실존적 위험이 새로운 암흑기를 예고할 수 있다.

한편 이번 장에서는 이런 위험에 대처하고 긍정적인 힘을 강화하기 위해 노화 역전을 지지하는 사람들이 취할 수 있는 행동도 제시했다. 독자 여러분 각자가 자신의 강점을 가장 잘 살릴 수 있는 행동이 무엇인지 생각해보면 좋겠다.

답은 사람마다 다를 수 있다. 하지만 다음 여섯 가지 유형의 행동이 두드러지게 나타날 것으로 예상한다.

첫째, 노화 역전 프로젝트의 일부라도 진행하고 있는 **공동체**와의 유대를 강화해야 한다. 우리는 어떤 공동체가 우리에게 영감을 줄 수 있는지, 또 우리가 어떤 공동체를 발전시킬 수 있을지, 상호 이익이 될 수 있는 공동체를 찾아야 한다. 이렇게 맺어진 네트워크는 우리 모두에게 앞으로의 도전에 맞설 수 있는 더 큰 힘을 줄 것이다.

둘째, 과학, 로드맵, 역사, 철학, 이론, 인물, 플랫폼, 열린 질문 등 노화 역전의 여러 측면에 대한 **이해**를 높여야 한다. 더 잘 이해하면 우리가 어떻게 기여할 수 있는지 더 명확하게 알 수 있고, 다른 사람들도 비슷한 결정을 내리도록 도울 수도 있다. 경우에 따라서는 지식창고나 위키백과를 만들고 편집해 특정 주제에 관한 최신 지식을 문서로 만드는 데 도움을 줄 수 있다.

셋째, 우리 중 많은 사람이 어떤 형태로든 **마케팅**에 관여할 수 있다. 다양한 마케팅 메시지, 프레젠테이션, 동영상, 웹사이트, 기사, 책 등을 제작하고 배포하는 일을 할 수 있다. 특정 집단을 구분해 그들의 관심사와 관련된 공동체의 이해를 심화시킬 수도 있다. 주요 인플루언서(노화 역전을 지지하는 잠재적 신규 지지자)와 더 나은 관계를 구축하는 데 시간을 할애할 수도 있다. 다른 사람들에게 영향을 미치고, 동맹을 맺고, 연합을 중개하고, 정치인 친화적인 방식으로 법안 초안을 작성하는 정치적 기술을 개발할 수도 있다.

넷째, 우리 중 일부는 노화 역전에 관한 미지의 영역에서 독창적 **연구**를 수행할 수 있다. 이는 공식적인 교육 과정의 일부일 수도 있고, 상업적인 연구개발의 일환일 수도 있다. 또한 '시민 과학' 스타일의 탈중앙화된 활동의 일부일 수도 있다.[19]

다섯째, 우리 중 많은 사람이 특히 가치 있다고 판단되는 프로젝트에 **자금**을 제공할 수 있다. 특정 기금 모금 계획에 참여하거나 개인 재산의 일부를 기부할 수 있다. 전문 투자자가 되어 돈을 벌기 위해 가장 관심 있는 프로젝트에 돈을 투자할 수도 있다.

마지막으로, 우리는 **개인적인 효율성**, 즉 일을 완수하는 능력을 향상하기 위해 노력할 수 있다. 인류 사회가 더 나은 방향으로 나아갈 수도 있고 더 나쁜 방향으로 갈 수도 있는 현재의 역사적 중요성을 인식한 우리는 일상의 '평범한 삶'의 관성을 뛰어넘을 방법을 찾아야 한다.

인류 역사상 가장 오래된 탐구의 정점에 서서, 때로는 격려와 환호를 보내는 관심 있는 관찰자를 넘어서서 우리 자신을 변화시켜 그 탐구의 적극적인 참여자가 될 수 있다. 우리가 우리 삶을 제어한다면 매우 실질적인 변화를 만들 수 있다.

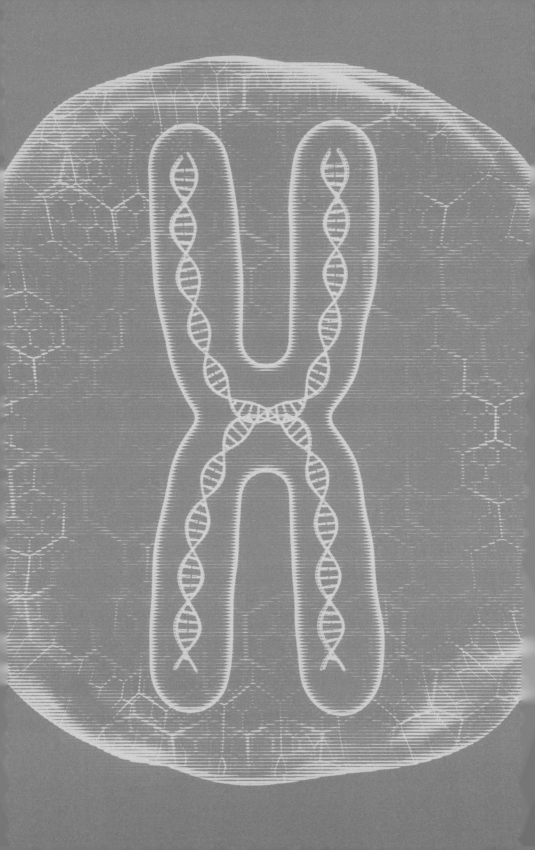

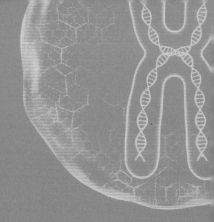

때가 왔다

―――――――

때가 된 사상보다 더 강력한 것은 없다.
— 빅토르 위고, 1877

당신이 할 수 있다고 생각하든, 할 수 없다고 생각하든, 당신이 옳다.
— 헨리 포드, 1946

암, 심장마비, 치매를 없앨 수 있을지는 더 이상 '만약'의 문제가 아니다.
'언제'의 문제다.
— 마이클 그레베, 2021

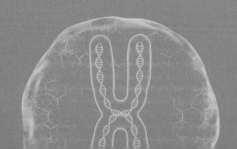

우리는 매혹적인 시대를 살고 있다. 기하급수적인 변화의 시대, 총체적인 혼란의 시대, 인류 역사상 비교할 수 없는 시대다. 우리는 마지막 필멸의 인류 세대와 최초의 불멸의 인류 세대 사이에 있다. 이제 우리는 죽음의 종말을 공개적으로 선언해야 할 때가 왔다. 우리가 죽음을 죽이지 않으면 죽음이 우리를 죽일 것이다.

이것은 역사상 가장 중요한 혁명, 즉 우리 조상들의 위대한 꿈인 노화와 죽음에 대항하는 혁명을 요구하는 것이다. 노화는 인류의 가장 큰 적이었고 지금도 여전히 가장 큰 적이며, 우리가 반드시 물리쳐야 할 공동의 적이다.

안타깝게도 지금까지 우리는 노화를 극복할 수 있는 과학과 기술을 갖추지 못했다. 하지만 수십억 년 전 작은 단세포 유기체였던 미미한 존재로부터 시작된 길고 느린 생물학적 진화의 여정에서 처음으로 이 생명 경쟁의 터널 끝에서 빛을 볼 수 있게 되었다. 우리는 죽음과의 전쟁, 생명을 위한 전쟁을 벌이고 있으며 우리의 무기는 과학과 기술이다.

19세기 유럽에서 전쟁이 계속되던 1861년, 프랑스 작가 귀스타브 에마르Gustave Aimard는 그의 소설《약탈자들The Freebooters》에서 다음과 같은 생각을 표현했다.[1]

총검의 무차별적인 무력보다 더 강력한 것은 때가 왔다는 생각이다.

이러한 생각은 수년에 걸쳐 발전해왔는데, 아마도 에마르와 동시대 작가로 더 유명한 빅토르 위고Victor Hugo가 1877년《범죄의 역사 The History of a Crime》에서 비슷한 내용을 썼기 때문일 것이다.[2]

사람은 군대의 침략에 저항하지만 사상의 침입에는 저항하지 않는다.

또는 오늘날 자주 인용되는 의역된 형태로 표현하면 다음과 같다.

때가 된 사상보다 더 강력한 것은 없다.

노화 방지와 역전을 위한 싸움을 이론에서 실천으로 옮겨야 할 때가 왔다. 세상에 만연한 고통의 주요 원인을 종식시키는 것은 우리의 도덕적 의무이자 윤리적 책임이다. 죽음의 죽음을 선언할 때가 왔다.

전 세계 곳곳에서 그토록 기다리던 순간이 도래했음을 인식하는 단체들이 생겨나고 있다. 우리에게는 기술이 있다면 도덕적 의무도 있다.[3] 독일, 미국, 러시아에서는 이미 공식적으로 고령화 퇴치를 명시적인 목표로 삼는 신생 정당도 등장했다. 운동가들이 비록 소규모 그룹이라 할지라도 그들의 운동을 과소평가해서는 안 된다. 미국의 인류학자 마거릿 미드Margaret Mead가 말했듯이, 인류를 변화시키는 것은 바로 의식적이고 헌신적인 개인이다.[4]

사려 깊고 헌신적인 소수의 시민이 세상을 바꿀 수 있다는 것을 의심하지 말라. 실제로 지금까지 세상을 바꾼 것은 오직 그것뿐이다.

우리는 또 다른 사례로 1961년 케네디 미국 대통령이 10년 안에 달에 사람을 보내겠다는 위대한 도전을 시작했을 때를 떠올린다. 처음에는 불가능해 보였던 이 도전은 1969년, 즉 최상의 시나리오에서 예상했던 것보다 2년이나 빨리 목표를 달성했다. 유명한 케네디의 말을 인용하되 '미국'과 '미국인'이라는 단어를 '불멸'과 '불멸주의자'로 바꾸어보겠다.

불멸주의자 동료 여러분, '불멸'이 당신을 위해 무엇을 할 수 있는지 묻지 말고, 당신이 '불멸'을 위해 무엇을 할 수 있는지 물어보십시오.

무한정의 수명과 무기한 수명 연장이라는 용어가 더 정확하다고 반복해서 말하지만, 누구나 '불멸'이라는 개념을 빠르게 이해한다. 이제 우리는 이러한 아이디어를 고려해 모든 인류의 공동의 적에 대항하는 위대한 세계 프로젝트를 만들어야 한다. 지구 전체를 '불멸의 젊음 프로젝트'로 통합하는 것은 어떨까?

맨해튼 프로젝트, 마셜 계획, 아폴로 프로젝트, 인간 게놈 프로젝트, 국제 우주 정거장, 인간 두뇌 프로젝트, 국제핵융합실험로, CERN 프로젝트 등 세상을 변화시켰고 지금도 변화시키고 있는 수백만 달러 규모의 위대한 프로젝트 성공 경험을 바탕으로 전 인류를 하나로 묶는 포괄적인 프로젝트가 필요하다.

우리는 과학자, 투자자, 대기업, 소규모 스타트업이 인간의 노화 및 노화 역전 문제를 직접 다루는 것을 목격하고 있다. 우리에게는 과학이 있고, 돈이 있으며, 인류 고통의 주요 원인을 종식시킬 윤리적 책임이 있다. 역사상 처음으로 이것이 가능해진 순간이 왔고, 반드시 해야만 한다. 인류의 최초이자 가장 위대한 꿈을 달성하는 것은 역사적 의무다.

반복되는 말이지만, 전 세계에서 매일 10만 명에 달하는 무고한 사람들이 노화 관련 질병으로 사망하고 있다는 사실을 잊지 말아야 한다. 다음 희생자 중 한 명은 여러분 또는 여러분의 사랑하는 사람 중 한 명일 수 있다. 우리는 피할 수 있고, 피해야 한다. 빠르면 빠를수록 좋다. 하지만 죽음과의 싸움은 우리 모두의 싸움이므로 여러분의 도움이 필요하다. 혼자서는 불가능하지만, 모두 함께라면 가능하다.

영국의 진화 생물학자 J.B.S. 홀데인J.B.S Haldane은 변화 과정의 전형적인 진화, 즉 거대한 혁명이 우리 마음에서 시작된다고 설명했다.

수용 과정은 일반적인 네 단계를 거친다[5].

1.이것은 가치 없는 넌센스다.

2.이것은 흥미롭지만 비뚤어진 관점이다.

3.이것은 사실이지만 그다지 중요하지 않다.

4.나는 항상 그렇게 말했다.

이것은 여러분과 나의 삶, 그리고 우리 각자의 삶을 위한 혁명이다. 우리 앞에는 독특한 가능성과 성취해야 할 위대한 역사적 사명이 있다. 이 중대한 프로젝트의 규모를 고려할 때, 우리가 저지를 수 있는 가장 심각한 실수는 시작도 하기 전에 경주를 포기하는 것이다. 길고 생산적이며 젊게 살기 위한 기회는 위험보다 훨씬 더 크다.

미래는 오늘 시작된다. 미래는 여기서 시작된다. 미래는 우리와 함께 시작된다. 미래는 오늘 여러분과 함께 시작된다. 여러분이 아니면 누구인가? 지금이 아니면 언제인가? 여기가 아니라면 어디인가? 노화와 죽음에 맞서는 혁명에 동참하자. 죽음에게 죽음을!

발문

이 책의 저자 호세 코르데이로와 알고 지낸 지는 10년이 넘었으며 데이비드 우드는 그보다 조금 짧은 기간에 고령화 및 기하급수적 기술과 관련된 여러 콘퍼런스에 연사로 참석하면서 같은 길을 함께 걸어왔다. 전 세계 과학자들을 한자리에 모으기 위해 시작한 노화 연구 및 신약 개발Aging Research & Drug Discovery, ARDD 콘퍼런스는 호세와 데이비드가 참석하는 세계 최대의 장수 생명공학 포럼이 되었다. 그리고 시간이 지나면서 이 분야에 대한 내 생각도 바뀌었다. 한때는 가까운 미래에 노화를 물리칠 수 있을 것이라고 믿었지만, 지금은 장수 기술의 발전에 관해 좀 더 냉정하고 실용적인 시각을 갖게 되었다.

그렇기 때문에 호세로부터 《죽음의 죽음》의 '발문跋文'을 써달라고 요청받고 원고를 검토했을 때, 매우 신뢰할 만한 주장과 행동 촉구를 담고 있어 놀랐다. 나는 죽음을 물리치기 위한 기술적 과제가 아직 해결되지 않았고 가까운 미래에도 해결되지 않을 것이라는 점을 분명히 하고 싶다. 내 의도는 독자들이 장수 연구를 지지하는 것을 막으려는 게 아니다. 오히려 이 분야에 적극적으로 참여하도록 동기를 부여하고 다른 사람들도 동참하도록 격려하고자 한다. 다만 가까운 미래에 누군가가 노화 문제를 해결해줄 것이라는 과장된 희망은 거짓임을 분명히 하고 싶다.

오늘날 현실은 선도적인 장수 클리닉에서 실시하는 장수 프로그램 대부분이 조기 질병 진단과 식단, 수면, 보충제, 신진대사 조절용 의약품을 포함한 생활 습관 최적화에 초점을 맞추고 있을 뿐이다. 하지만 이를 극단적으로 잘 지킨다고 해도 수명을 획기적으로 늘리지는 못한다. 메트포르민이나 라파마이신과 같이 현재 가장 촉망받는 노화 방지제는 수명 연장에 효과가 있는지 인간 임상시험을 아직 거치지 않았다. 또 라파마이신보다 더 나은 새로운 치료제가 인간을 대상으로 한 임상시험을 통해 가까운 시일 내에 개발될 것이라는 예측도 난망하다.

보통 신약을 발견하고 개발하는 데는 20억 달러 이상의 비용과 10년 이상의 시간이 소요되며, 이 과정에서 90% 이상 실패한다. 인공지능을 사용하면 이 과정을 가속화하고 성공 확률을 높일 수 있지만, 질병 치료제를 테스트할 때는 최소 5년이 걸리는 인간 대상 임상시험을 수행해야 한다. 또 약물이 승인된 후에도 노화를 늦추거나 노화와 관련된 손상을 복구한다는 것을 증명하는 데 몇 년이 더 걸릴 수 있다. 유전자 치료, 세포 치료 및 기타 많은 비약물적 개입도 유망하지만, 임상적으로 검증하기까지는 더 많은 연구와 개발이 필요하다는 점을 독자들에게 상기시키고 싶다. 이러한 분야의 연구를 지원하고 참여하는 것도 중요하지만, 개발 속도와 과제에 대해 현실적으로 인식하는 것도 중요하다.

상황을 더욱 악화시키는 것은 세계 경제의 침체다. 급속한 인구 고령화와 과도한 지출로 인해 일부 국가에서는 상환하기 어려운 막대한 부채가 누적되었다. 인플레이션은 실질 경제 성장을 저해하며, 개인에게 저축을 줄이도록 압박한다. 한편 초부유층과 노동자 계층 간의 차이가 더욱 벌어지고 있는데 이 또한 지속적인 방해 요인으로 작용한다. 각국은 자원을 고령화 연구에 쏟아붓기보다 경제 전쟁, 심지어 물리적 전쟁에 사용한다. 국가들이 생존을 위해 싸우는 동안 생명공학 연구는 매번 우선순위에서 밀려난다. 이러한 추세가 계속된다면 많은 유망한 연구 집단은 연구보다 생존에 초점을 맞추게 될 것이다.

그럼에도 미래를 낙관하게 만드는 요소가 많다. 점점 더 많은 과학자가 다른 분야에서 장수 분야로 전환하고 있다. 이제 고등학생들이 처음부터 장수 생명공학 분야를 진로로 선택하는 것도 볼 수 있다.

따라서 지금 우리가 해야 할 일은 수많은 다른 이슈에 눈을 돌리지 말고 수명 연장에 집중하는 것이다. 정치인과 유명 인사들은 사소하지만 즉각적인 위협으로 대중의 관심을 돌리는 기술을 습득했다. 자신의 약점에서 다른 이슈로 눈을 돌리게 만드는 것이다. 이를 전략적 자기기만이라고 한다. 예를 들어, 중국 경제가 성장하고 세계 경제에서 차지하는 비중이 커짐에 따라 지배력을 잃어가는 선진국의 일부 지도자들은 수십억 명의 사람들이 빈곤에서 벗어나 번영으로 나아갈 기회를 모색하는 대신, 유권자들을 중국에 대항해 결집시키고 파괴적인 무역 전쟁을 벌이는 길을 선택한다. 생명권은 가장 기본적인 인권이며, 2021년 중국의 평균 기대수명은 미국보다 2년 더 높았다. 같은 해 홍콩 시민은 평균적으로 미국인보다 9년 더 오래 살 것으로 예상되었다. 그러나 미국의 주요 정치인 중 누구도 장수를 정치적 의제의 일부로 우선순위에 두지 않았다.

다음에 정치인이 어떤 갈등에 개입하는 정당성을 제공하는 소식을 듣게 된다면, 그의 의견에 동조하기 전에 다시 한번 생각해보기를 바란다. 정말 그럴 가치가 있을까? 여러분과 다른 사람들의 생명을 연장할 수 있는 또 다른 기회를 낭비하는 것이 정말 가치가 있는가? 장수를 달성하려면 진정으로 그것을 원하고, 요구하고, 그것을 위해 싸워야 한다. 또한 극복해야 할 기술적 과제와 새로운 치료법을 발견하는 데 드는 비용 및 실패율을 고려할 때, 이 과제는 대규모 국제적 협력과 통합이 필요하다.

《죽음의 죽음》은 생명의 소중함을 강조하는 동시에 낙관적인 시각으로 과학과 기술의 많은 발전 덕분에 훨씬 더 오래 살 수 있다는 희망을 엿볼 수 있게 해준다. 내가 설립한 회사가 현재 이 분야를 선도하고 있고, 그 선두에서 기술 발전의 한계를 볼 수 있기 때문에 나는 장수 생명공학의 전반적인 진전을 보수적으로 평가하는 편이다. 하지만 그렇다고 해서 지구상의 모든 사람의 수명을 크게 늘리겠다는 꿈을 포기할 준비가 되어 있는 것은 아니다. 나는 이것이 내 인생을 바칠 가치가 있는 가장 중요하고 영향력 있는 대의라고 생각한다.

이 세계적인 베스트셀러에 화려하게 그려진 수명 연장의 꿈이 여러분의 생전에 실현되기를 원한다면, 그 꿈을 이루기 위해 노력해야 한다. 다른 사람이 대신해주기를 기대해서는 안 된다. 가장 이상적인 것은 해당 분야의 지식에 기여하고 더 깊이 파고들며, 수명 연장을 위한 새로운 방법을 발견해야 한다. 자신이 이 분야의 전문가가 아니라면, 장수 생명공학에 더 많은 자원을 투입하고 다른 사람들이 동참하도록 동기를 부여할 방법을 찾아야 한다. 자금의 여력이나 영향력이 없더라도 여전히 도움이 될 수 있다. 세계 평화를 회복하고, 비생산적인 무역 전쟁을 멈추고, 국가와 조직 간의 협력을 강화하고, 경제 붕괴 가능성을 피하기 위한 노력도 중요하다. 이는 노화 연구자들이 인류의 수많은 생명, 즉 노화와 죽음으로 잃을 수 있는 생명을 위해 계속 싸울 수 있도록 도울 것이다.

우리 생애에 수명이 극적으로 늘어날 중요한 기회가 분명히 있다. 다만 그것은 확정적인 게 아니라, 예상보다 훨씬 더 오래 걸릴 수 있으며 우리가 각자의 분야에서 할 수 있는 일을 더 적극적으로 해내야 한다. 따라서 낭비할 시간이 없다. 유명한 인용문이 말했듯이, '우리가 아니면 누가 하는가? 그리고 지금이 아니라면 언제 하는가?'

알렉스 자보론코프

감사의 말

이 책은 삶에 관한 책이며, 삶을 위한 책이다. 먼저 여기까지 올 수 있게 해준 가족에게 감사를 표한다. 직계 가족뿐만 아니라 수백만 년 전 아프리카에 살았던 인류 최초의 조상, 그리고 그보다 훨씬 전에 이 작은 지구에서 모든 생명체의 조상이 된 최초의 단세포 생물에도 감사를 표한다.

한국인 아내와 아들을 둔 데이비드를 비롯해 여러 차례 방문했던 멋진 나라 한국에 대해 특별한 감사를 표하는 것으로 시작하겠다. 먼저 이미 다른 언어로도 베스트셀러가 된 《죽음의 죽음》을 한국에서도 베스트셀러로 만들기 위해 전념하고 있는 박영숙 님과 교보문고 편집자를 비롯한 관계자들에게 깊은 감사를 드린다. 그리고 한국 친구들, 특히 한국에서 태어나지 않았더라도 책에 추천사 및 기타 의견을 기꺼이 전해준 분들에게 특별히 고마움을 전한다. 개별적으로는 한국의 친구들을 포함해 생명의 급진적 연장을 위해 적극적으로 노력하고 있는 과학자, 연구자, 투자자, 운동가들과 지지자들, 경제학자, 정치인들에게도 감사의 마음을 전한다: 안병선, 변재영, 행크 최, 알버트 조, 제이 최, 추혜인, 정지우, 헨리 정, 앙헬 고메즈 데 아그레다, 한종민, 허대식, 전승훈, 간지월, 강원희, 알버트 김, 김부성, 김충호, DJ 김, 김동현, 김훈석, 김진용, 김기협, 김세이, 김기태, 토니 김, 김원호, 김원준, 김원택, 김영준, 고산, 곽미라, 필립 곽, 권만우, 권태신, 케이시 라티그, 이방무, 이채훈, 이충민, 이건우, 마이클 리, 이남식, 폴 리, 이석, 이승윤, 이원구, 이영구, 임정택, 임준성, 유영석, 데니스 모건, 남지연, 제프 오, 오지영, 카를로스 올라베, 박병원, 박정수, 박동석, 박정규, 박종오, 박성원, 박성재, J. R. 레이건, 류세현, 신상규, 서재, 데이비드 서, 병석, 조지 휘트필드, 양재혁, 유창재, 윤기영.

마드리드 오토노마 대학교, 바르셀로나 대학교, 버밍엄 대학교, 버클리 대학교, 케임브리지 대학교, 칼리지 런던, 마드리드 대학교, 조지타운 대학교, 하버드 대학교, 러시아 고등경제대학교, 인시아드와 같은 대학 및 기관의 동료와 친구들에게도 감사한다. 게이오대학교, 킹스 칼리지, 교토대학교, 리버풀 대학교, MIPT, MIT, 옥스퍼드 대학교, 마드리드 정치대학교, 싱귤래리티 대학교, 서울대학교, 싱가포르 대학교, 소피아 대학교, 스탠퍼드 대학교, 몬테레이 공과대학, 도쿄대학교, 와세다대학교, 웨스트민스터 대학교, 연세대학교를 비롯한 세계 각지의 많은 대학에 감사의 말을 전한다. 또한 아프리카 장수 재단, 알코르 수명 연장 재단, 장수 이니셔티브 연합, 미국 노화방지의학 아카데미, 로마클럽, 급진적 수명연장 연합, 크라이오닉스 연구소, 유럽 생체 안정성 재단, 엑소 기하급수 조직, 핏테크 서밋, 영원한 건강 재단, 국제 장수 연합, 제트로, 크리오러스, LEV 재단, 수명 연장 재단 , 라이

프보트 재단, 런던 미래학자, 마드리드 특이점, 메투셀라 재단, 휴머니티플러스, SENS 연구 재단, 싱귤래리티넷, 서던 크라이오닉스, 밀레니엄 프로젝트, 테크캐스트 글로벌, 투모로우 바이오스타시스, 트랜스휴먼 코인, 트랜스휴머니스트 파티, 비타다오, 세계예술과학아카데미, 세계미래학회, 세계미래연구연맹 및 기타 전 세계의 미래학자 그룹 등 각각의 비전을 가진 단체에도 감사 인사를 전하고 싶다.

또 개별적 활동을 통해 생명의 급진적 연장을 추구하는 과학자, 연구자, 투자자, 운동가들과 지지자들, 경제학자, 정치인 등에게 감사를 전한다(성의 알파벳순): 조니 애덤스, 마크 앨런, 브루스 에임스, 옴리 아미라브-드로리, 빌 앤드루스, 크리스천 앵거마이어, 소니아 애리슨, 존 애셔, 안토니 아탈라, 자크 아탈리, 피터 아티아, 스티븐 어스태드, 찰스 아우지, 무스타파 아이쿳, 라파엘 배지아그, 로널드 베일리, 벤 발웨그, 조 바르딘, 할 배런, 니르 바르질라이, 케이트 배츠, 보리스 바우케, 알렉산드라 바우스, 안드레아 바우어, 에크하르트 비티, 하이너 벵킹, 조안나 벤츠, 아드리안 버그, 마크 베르네거, 벤 베스트, 제프 베이조스, 산티아고 빌린키스, 에블린 비숍, 한스 비숍, 마르코 비텐츠, 빅터 비요크, 셀리아 블랙, 마리아 블라스코, 군터 보덴, 펠릭스 보프, 닉 보스트롬, 알론 브라운, 니클라스 브렌드보그, 찰스 브레너, 세르게이 브린, 얀 브루흐, 세바스찬 브루너마이어, 마르타 부카람, 스벤 불테리스, 패트릭 버거마이스터, 페르 빌룬드, 이스마엘 칼라, 주디스 캄피시, 헥터 카사누에바, 케일럼 체이스, 알 찰라비, 푸루에시 차우드하리, 네이션 청, 니콜라스 체르나브스키, 페드로 촘날레스, 에파미노다스 크리스토필로포울로스, 조지 처치, 지나 신커, 귄터 클라르, 비토 클라우트, 스벤 클레만, 제임스 클레멘트, 디디에 코르넬, 마거리타 콜

란젤로, 크리스틴 코멜라, 키스 코미토, 이리나 콘보이, 니콜라 콘론, 프랑코 코르테스, 캣 코터, 글렌 크리프, 월터 크롬튼, 셔먼 크루즈, 아틸라 코다스, 에이드리언 컬, 코넬리아 다하임, 스테파니 다이나우, 스탠리 다오, 라파엘 드 카보, 주앙 페드로 데 마갈량이스, 피터 드 카이즈, 에이토르 후르흘리노 드 수자, 유리 다이긴, 브라이언 델라니, 디노라 델핀, 마르코 데마리아, 로라 데밍, 조티 데바쿠마르, 보비 다드와르, 피터 디아맨디스, 마라 디 베라르도, 에릭 드렉슬러, 앨리슨 듀트만, 데이비드 유잉 던컨, 조지 드보르스키, 빅터 J. 자우, 아나스타시야 에고로바, 댄 엘튼, 닉 엔저러, 마리아 앙트레그-에이브럼슨, 콜린 이왈드, 리사 파비니-카이저, 그레고리 파히, 빌 팔룬, 피터 페디체프, 루벤 피게레스, 얀 플레밍, 크리스틴 포트니, 마이클 포셀, 토머스 프레이, 로버트 프레이타스, 페트르 프리드리히, 파트리 프리드먼, 게리 제이콥스, 스티븐 가란, 엘리너 가스, 막시밀리안 가우브, 티투스 게벨, 마이클 기어, 알란 게리히, 아나스타시야 자를레타, 세바스찬 기와, 바딤 글라디셰프, 제롬 글렌, 데이비드 고벨, 벤 괴르첼, 타일러 골라토, 로버트 골드만, 베라 고르부노바, 테드 고든, 로돌포 고야, 마이클 그레베, 이바나 그레고리치, 애덤 그리즈, 그레그 그린버그, 막달레나 그로셀리, 댄 그로스먼, 테리 그로스먼, 레너드 구아렌테, 빌 할랄, 이언 헤일, 마크 하말라이넨, 데이비드 핸슨, 윌리엄 하셀틴, 페트라 하우저, 루 호손, 케네스 헤이워스, 웨이 우 허, 장 에베르, 앤드루 헤셀, 스티브 힐, 루디 호프먼, 스티브 호바스, 마티아스 호른버거, 테드 하워드, 에드워드 허긴스, 게리 허드슨, 배리 휴즈, 레이한 휴즈노바, 폴 하이넥, 제네로소 이안니시엘로, 케언 이둔, 톰잉고글리아, 니콜로 인비디아, 로렌스 이온, 앙카 이오비타, 하비에르 이리자리, 살림 이스마일,

졸탄 이스트반, 후안 카를로스 이즈피수아 벨몬테, 개리 제이콥스, 나빈 자인, 라비 자인, 아나 저코비치, 브라이언 존슨, 타냐 존스, 맷 캐버린, 미치오 카쿠, 오시나카치 아쿠마 칼루, 찰리 캄, 드미트리 카민스키, 알렉산더 카란, 나탈리아 카르바소바, 스티브 카츠, 산드라 카우프만, 피터 카즈나체프, 에밀 켄지오라, 브라이언 케네디, 마고메드 카이다코프, 다리아 칼투리나, 파라즈 칸, 메흐무드 칸, 제임스 커클랜드, 로널드 클라츠, 리처드 클라우스너, 에릭 클라이엔, 랜달 쿠너, 마이클 코페, 대니얼 크래프트, 귀도 크뢰머, 안톤 쿨라가, 레이 커즈와일, 마리오스 키리아지스, 요시 라하드, 제임스 라크, 알레산드로 라투아다, 고르단 라우츠, 니콜라나 라우츠, 뉴턴 리, 유진 라이틀, 장 마르크 르메트르, 게르트 레온하르트, 케이트 레브척, 마이클 레빈, 모건 러빈, 케이틀린 루이스, 존 루이스, 마틴 리포프섹, 딜런 리빙스턴, 스콧 리빙스턴, 브루스 로이드, 발터 롱고, 카를로스 로페즈-오틴, 미겔 로페스 데 실라네스, 에피 루드비크, 마이클 러스트가르텐, 로버트 콘라드 마시예프스키, 딥 마하라지, 안드레아 B. 마이어, 폴리나 마모시나, 다나 마르두크, 밀란 마리크, 후안 마르티네스-바레아, 에릭 마르티노, 누노 마틴스, 막스 마티, 로버트 루크 메이슨, 스티븐 매틀린, 존 멀딘, 레이먼드 매컬리, 다닐라 메드베데프, 올리버 메드베딕, 짐 멜론, 제이슨 머큐리오, 랠프 머클, 베르탈란 메스코, 제이미 메츨, 필 미칸스, 피오나 밀러, 카이 미카 밀스, 엘레나 밀로바, 크리스 미라빌레, 바룬 미트라, 일라이 모하매드, 켈시 무디, 맥스 모어, 알렉세이 모스칼레프, 볼프강 뮐러, 일론 머스크, 론존 나그, 토르스텐 남, 브렌트 넬리, 호세 나바로-베탄코트, 필 뉴먼, 팻 니클린, 수레쉬 니로디, 패트릭 노악, 뒤도 누녜스 무히카, 매튜 오코너, 마틴 오데아, 이네스 오도노반, 라이언 오시어, 알레한드로 오캄포, 콘셉시온 올라바리에타, 제이 올샨스키, 데이비드 오르반, 딘 오니시, 에릭 퍼디낸드 외벌랜드, 래리 페이지, 프란시스코 팔라오, 리즈 패리시, 린다 파트리지, 아이라 파스터, 데이비드 피어스, 케빈 페로트, 마이클 페리, 스티브 페리, 레온 페시킨, 크리스틴 피터슨, 제임스 페이어, 막시무스 페토, 미리 폴라첵, 밀라 포포비치, 프란시스 포르데스, 알렉산더 포타포프, 로널드 A. 프리마스, 줄리오 프리스코, 마르코 콰르타, 아나 킨테로, 마이클 레이, 브렌다 라모코펠바, 토머스 랜도, 아시시 라지푸트, 리전, 안토니오 레갈라도, 토비아스 라이히무스, 로버트 J.S. 레이스, 데니사 렌센, 마이클 링겔, 라몬 리스코, 에릭 리서, 토니 로빈스, 에드위나 로저스, 마이클 로즈, 톰 로스, 마우리치오 로시, 가브리엘 로스블랫, 마틴 로스블랫, 아비 로이, 다니엘 루이즈, 세르지오 루이즈, 메리 루와르트, 마크 새클러, 폴 사포, 로베르토 생말로, 앤더스 샌드버그, 옐레나 사례낙, 몰튼 치바이-누센, 보리스 슈말츠, 매튜 숄츠, 켄 스쿨랜드, 프랭크 슐러, 커트 슐러, 비욘 슈마허, 앤드루 J. 스콧, 케네스 스콧, 토니 세바, 비토리오 세바스티아노, 엘레나 시갈, 토머스 서, 마누엘 세라노, 야이어 샤란, 진청 셰, 엘리너 시키, 라리사 셸루코바, 로리 L. 셰멕, 데이비드 슈메이커, 스킵 시디키, 버나드 시겔, 펠리페 시에라, 미할 시비에어스키, 제이슨 실바, 데이비드 A. 싱클레어. 리처드 시우, 하네스 쇠블라드, 마크 스코센, 존 스마트, 야첵 스펜델, 폴 스피겔, 페트르 스라멕, 일리아 스탬블러, 브래드 스탠필드, 앤드루 스틸, 클레멘스 스타이넥, 그레고리 스톡, 겐나디 스톨리아로프 2세, 알렉산드라 스톨징, 짐 스트롤, 처버 써보, 피터 촐라키데스, 알렉세이 터친, 로이 체자나, 막시밀리안 언프리드, 이루냐 우루티코에체아, 아린 바하니안, 닐 반데리,

요시 바르디, 알바로 바르가스-일로사, 잭 바카리스, 해럴드 바머스, 카일 바너, 크레이그 벤터, 크리스 버버그, 에릭 버딘, 나타샤 비타-모어, 산자 블라호비치, 피터 보스, 칩 월터, 케빈 워릭, 사이먼 와슬랜더, 에이미 웹, 마이클 웨스트, 토드 화이트, 크리스틴 윌르마이어, 로버트 울콧, 티나 우드, 피터 싱, 신야 야마나카, 세르게이 영, 피터 젬스키, 알렉스 자보론코프, 미콜라즈 지엘린스키, 올리버 졸만, 이본 주가스티 등 많은 분들이 선구적인 아이디어와 작업으로 영감을 주었다.

마지막으로, 이 책의 독자들에게 고마움을 전한다. 책을 읽고 아이디어, 제안, 수정 사항 또는 추가 의견이 있다면 이 책에 표기된 우리의 연락처로 이메일을 보내주기 바란다. 여러분의 의견은 이 책을 계속 개선하는 데 도움이 되며, 향후 책을 개정할 때 감사의 글 코너에 메일을 보내준 분들의 이름을 포함할 것이다. 여러분의 의견은 이 책이 새로운 독자에게 다가가고 아이디어를 더 정확하게 만들 수 있도록 도와줄 것이다. 이 책을 다른 사람에게 추천하는 것도 과학 발전에 도움이 되는 중요한 일이다.

삶이 그러한 것처럼, 이 책도 완벽할 수는 없다. 다만 앞으로도 '불멸'의 생명처럼 계속 진화하고 변화할 '불멸'의 책이다. 이 책은 여러분과 같은 독자 덕분에 지속적으로 개선되는 작업이다.

여러분의 모든 제안을 언제나 환영한다!

부록:
지구 생명체의 연대기

이 작은 행성 지구에서 생명의 완전한 연대와 진화를 이해하기 위해 아주 먼 과거부터 가까운 미래까지 관련성이 가장 높은 정보를 여기에 요약해 보았다. 기하급수적인 변화의 본질을 고려하면서 생명의 장기적인 진화의 흐름을 읽는 것이 목표다.

빅 히스토리big history는 시간이 지남에 따라 사건이 서로 이어지는 방식을 다학제적으로 분석할 수 있는 새로운 학문이다. 먼 과거에서 현재에 이르는 거대한 시간 규모에서 시작해 기하급수적인 기술 발전 덕분에 변화의 속도가 가속화되고 있으며, 이런 추세는 앞으로도 계속될 것임을 알 수 있다. 미래학자 레이 커즈와일은 그의 베스트셀러 《특이점이 온다》에서 이러한 변화의 가속화를 잘 설명했으며, 이것이 바로 우리가 21세기 말까지 그의 예측 중 일부를 채용한 이유다.

관심 있는 독자 여러분은 앞으로 이 연표를 계속 개선하기 위해 우리에게 직접 연락해주기를 바란다.

~ 138억 년 전	• 빅뱅으로 현재의 우주가 탄생한다
~ 125억 년 전	• 은하계 형성된다
~ 46억 년 전	• 태양계가 형성된다
~ 45억 년 전	• 지구가 탄생한다.
~ 43억 년 전	• 지구에서 수분 비율이 증가한다.
~ 40억 년 전	• 최초의 단세포 생명체(세포핵이 없는 원핵생물)가 출현한다.
	• 모든 생명의 공통 조상 루카 탄생한다.
~ 35억 년 전	• 지구 대기 중 산소 농도가 상승한다.
~ 30억 년 전	• 단세포 생물 최초의 광합성이 이루어진다.
~ 20억 년 전	• 단세포 원핵생물(핵이 없음)이 진핵생물(핵이 있음)로 진화한다.
~ 15억 년 전	• 최초의 다세포 진핵생물이 출현한다.
~ 12억 년 전	• 최초의 유성생식(생식세포와 체세포 등장)이 이루어진다.
~ 6억 년 전	• 최초의 무척추동물(해양 동물)이 출현한다.
~ 5억 4,000만 년 전	• 캄브리아기 대폭발로 다양한 종이 출현한다.
~ 5억 2,000만 년 전	• 최초의 척추동물(해양 동물)이 등장한다.
~ 4억 4,000만 년 전	• 해양 생물에서 육상 생물로의 진화(육지 최초의 식물)가 이루어진다.
~ 3억 6,000만 년 전	• 씨앗을 가진 최초의 육상 식물과 최초의 게가 출현한다.
~ 3억 년 전	• 최초의 파충류가 등장한다.
~ 2억 5,000만 년 전	• 최초의 공룡이 등장한다.
~ 2억 년 전	• 최초의 포유류와 최초의 조류가 등장한다.
~ 1억 3,000만 년 전	• 꽃을 피우는 최초의 속씨식물이 등장한다.
~ 6,500만 년 전	• 공룡의 멸종과 영장류의 발달이 이루어진다.
~ 1,500만 년 전	• 호미니드(대형 영장류)가 출현한다.
~ 350만 년 전	• 돌로 만든 최초의 도구가 등장한다.
~ 250만 년 전	• 호모 속이 등장한다.
~ 150만 년 전	• 불이 최초로 사용된다.
~ 80만 년 전	• 요리가 처음 이루어진다.
~ 50만 년 전	• 최초의 옷이 만들어진다.
~ 20만 년 전	• 호모 사피엔스 종이 등장한다.
~ 10만 년 전	• 호모 사피엔스 사피엔스가 아프리카에서 출현해 지구를 식민지화하기 시작한다.

○   **수천 년 전** _____

~ 기원전 4만 년경	• 신, 다산, 죽음을 상징하는 암벽화가 등장한다.
~ 기원전 2만 년경	• 태양에 덜 노출되는 지역으로 이동함에 따라 피부가 더 밝게 진화한다.
~ 기원전 5000년경	• 신석기 시대 원시 문자가 등장한다.
~ 기원전 4000년경	• 메소포타미아에서 바퀴가 발명된다.
~ 기원전 3500년경	• 이집트의 상형문자와 수메르 설형문자가 발명된다.
~ 기원전 3300년경	• 중국과 이집트에서 약초학 및 물리치료법을 기록한다.
~ 기원전 3000년경	• 이집트에서 파피루스가, 메소포타미아에서 점토판이 발명된다.
~ 기원전 2800년경	• 중국 신농씨가 침술이 담긴 기록물을 편찬한다.
~ 기원전 2600년경	• 사제이자 의사였던 임호텝이 이집트에서 의학의 신으로 섬겨진다.
~ 기원전 2500년경	• 인도에서 아유르베다 의학이 문서로 만들어진다.
~ 기원전 2000년경	• 바빌론에서 함무라비 법전에 의료 시행 규칙을 제정한다.
~ 기원전 650년경	• 아시리아 말기의 왕 아슈르바니팔이 니네베 도서관에서 의학에 관한 800개의 점토판을 제작한다.
~ 기원전 450년경	• 그리스의 철학자 크세노파네스가 화석을 조사하고 생명의 진화를 처음으로 추측한다.
~ 기원전 420년	• 히포크라테스가 히포크라테스 전집과 히포크라테스 선서를 작성한다.
~ 기원전 350년	• 아리스토텔레스가 진화생물학에 관해 저술하고 동물 분류를 시도한다.
~ 기원전 300년	• 그리스의 의학자 헤로필로스가 인간을 해부한다.
~ 기원전 100년	• 로마의 아스클레피아데스가 그리스 의학을 수입한다.

○ 서기 첫 천 년 _____

180년 · 그리스의 의사 갈레노스가 마비와 척수 사이의 연관성을 연구한다.

219년 · 중국의 장중경이 《상한론한기로 인한 손상 및 장애에 관한 논문》을 발표한다

250년 · 멕시코 원주민 부족이 몬테알반에 의학 교육기관을 설립한다

390년 · 로마제국의 의사 오리바시우스가 콘스탄티노플에서 《의학 컬렉션》을
       편찬한다.

400년 · 성녀 파비올라가 로마에 최초의 기독교 병원을 설립한다.

630년 · 스페인 세비야의 대주교를 지낸 이시도루스가 위대한 저작 《어원학》을
       편찬한다.

870년 · 페르시아의 의사 알리 이븐 살 라반 알 타바리가 아랍어로 의학
       백과사전을 집필한다.

910년 · 페르시아의 의사 알 라지가 천연두와 홍역의 차이점을 밝혀낸다.

○ 1000~1799년 _____

1030년 · 페르시아의 수학자 아비센나가 18세기까지 사용되던 《의학사전Cannon of
        Medicine》을 집필한다.

1204년 · 교황 인노첸시오 3세가 로마에 최초의 성령 병원을 설립한다.

1403년 · 베네치아에서 흑사병 대유행에 대한 격리 조치를 시행한다(유럽에서 이미
        수백만 명이 사망한 후).

1541년 · 스위스 의사 파라셀수스가 의학(수술 및 독성학)에서 큰 발전을 이룩한다.

1553년 · 스페인 의사 미카엘 세르베투스가 폐순환을 연구한다.

1590년 · 네덜란드에서 현미경이 발명되어 의학이 더 빠르게 발전한다.

1665년 · 영국 과학자 로버트 훅이 현미경을 사용해 세포를 식별하고 그 이름을
        대중화한다.

1675년 · 네덜란드 과학자 안톤 판 레이우엔훅이 현미경으로 미생물학 연구를
        시작한다.

1774년 · 영국 과학자 조지프 프리스틀리가 산소를 발견하고 현대 화학의 문을 연다.

1780년 · 미국 정치가이자 과학자인 벤저민 프랭클린이 노화 치료와 인간 보존에
        관한 글을 쓴다.

1796년 · 영국 의사 에드워드 제너가 천연두에 대한 최초의 효과적인 백신을 개발한다.

1798년 · 영국 학자 토머스 맬서스가 식량 생산과 인구 과잉에 대해 논증한다.

○ 1800~1899년 _____

1804년 · 전 세계 인구가 10억 명 도달한다.
1804년 · 프랑스 의사 르네 라에네크가 청진기를 발명한다.
1809년 · 프랑스 과학자 장 바티스트 라마르크가 최초의 진화론을 제안한다.
1818년 · 영국 의사 제임스 블런델이 수혈에 처음으로 성공한다.
1828년 · 독일 과학자 크리스티안 에렌베르크가 박테리아(그리스어로 '지팡이'를
         뜻함)라는 단어를 만든다.
1842년 · 미국 의사 크로퍼드 롱이 마취를 이용한 최초의 수술에 성공한다.
1858년 · 독일 의사 루돌프 피르호가 세포 이론을 발표한다.
1859년 · 영국 과학자 찰스 다윈이 《종의 기원》을 출간한다.
1865년 · 오스트리아 수도사 그레고르 멘델이 유전학의 법칙을 발견한다.
1869년 · 스위스 의사 프리드리히 미셰르가 DNA를 발견한다.
1870년 · 과학자 루이 파스퇴르와 로버트 코흐가 미생물 감염 이론을 발표한다.
1882년 · 루이 파스퇴르가 광견병 백신을 개발한다.
1890년 · 발터 플레밍 등이 세포 분열 시 염색체 분포를 설명한다.
1892년 · 독일 생물학자 아우구스트 바이스만이 생식세포의 '불멸성'을 주창한다.
1895년 · 독일 물리학자 빌헬름 콘라트 뢴트겐이 X선과 그 의학적 용도를 발견한다.
1896년 · 프랑스 물리학자 앙투안 앙리 베크렐이 방사능 발견한다.
1898년 · 네덜란드 과학자 마티너스 베이어링크가 바이러스를 처음 발견하고
         바이러스학을 창시한다.

○ 1900~1959년 _____

1905년 · 영국 생물학자 윌리엄 베이트슨이 '유전학'이라는 용어를 처음 사용한다.
1906년 · 영국 과학자 프레더릭 홉킨스가 비타민 관련 질병을 설명한다.
       · 독일 의사 알로이스 알츠하이머가 자신의 이름을 딴 질병을 설명한다.
       · 스페인 과학자 산티아고 라몬 이 카할이 신경조직의 구조 연구로
         노벨상을 받는다.
1911년 · 미국 과학자 토머스 헌트 모건이 유전자가 염색체에 존재한다는 사실을
         입증한다.
1922년 · 소련 과학자 알렉산드르 오파린이 지구 생명체의 기원에 관한 이론을
         제안한다.

1925년	• 프랑스 생물학자 에두아르 샤통이 원핵생물과 진핵생물이라는 단어를 만들어낸다.
1927년	• 세계 인구가 20억 명에 도달한다.
	• 파상풍과 결핵에 대한 최초의 백신이 개발된다.
1928년	• 영국 과학자 알렉산더 플레밍이 페니실린(최초의 항생제)을 발견한다.
1933년	• 폴란드 출신 유기화학자 타데우시 라이히슈타인이 최초의 비타민(비타민 C, 아스코르브산) 합성에 성공한다.
1934년	• 코넬 대학교 과학자들이 생쥐의 수명 연장을 위한 칼로리 제한을 발견한다.
1938년	• 아프리카 남부에서 '살아있는 화석'으로 여겨지는 어류 실러캔스가 발견된다.
1950년	• 최초의 합성 항생제가 개발된다.
1951년	• 냉동 보존된 정액으로 소의 인공 수정이 시작된다.
	• 헬라(헨리에타 랙스) 암세포가 '생물학적으로 불멸'임이 밝혀진다.
1952년	• 미국 의사 조너스 소크가 소아마비 백신을 개발한다.
	• 미국 화학자 스탠리 밀러가 생명의 기원에 관한 실험을 수행한다.
	• 개구리알을 이용한 최초의 복제 실험이 성공한다.
1953년	• 생물학자 제임스 D. 왓슨과 프랜시스 크릭이 DNA의 이중나선 구조를 입증한다.
1954년	• 미국 의사 조지프 머리가 최초의 인간 신장 이식에 성공한다.
1958년	• 미국 의사 잭 스틸이 '생체공학bionic'이라는 단어를 만들어낸다.
1959년	• 전 세계 인구가 30억 명에 도달한다.
1959년	• 스페인 생화학자 세베로 오초아가 DNA와 RNA에 관한 연구로 노벨상을 받는다.

○　　　**1960~1999년** _____

1961년	• 스페인 생화학자 호안 오로가 생명의 기원에 관한 이론을 발전시킨다.
	• 미국 생물학자 레너드 헤이플릭이 세포 분열의 한계를 발견한다.
1967년	• 미국의 학자 제임스 베드퍼드가 최초로 냉동 보존된다.
	• 남아프리카 의사 크리스티안 바너드가 최초의 인간 심장 이식에 성공한다.
1972년	• 인간과 고릴라의 DNA 구성이 99% 유사하다는 사실을 발견한다.

1974년	• 전 세계 인구가 40억 명에 도달한다.
1975년	• 여러 과학자들이 마침내 텔로미어의 구조를 발견한다(1933년에 그 가능성이 처음 고려됨).
1978년	• 인공 수정으로 최초의 인간이 탄생한다(영국의 루이스 브라운).
	• 탯줄의 혈액에서 줄기세포가 발견된다.
1980년	• WHO가 천연두의 전 세계 공식 퇴치를 선언한다.
1981년	• 최초의 줄기세포(생쥐에서 유래)가 '체외에서' 개발된다.
1982년	• 휴물린(당뇨병 치료제)이 생명공학 제품 중 최초로 FDA의 승인을 받는다.
1985년	• 미국 생물학자 엘리자베스 블랙번이 텔로머레이스 효소를 발견한다.
1986년	• HIV가 에이즈의 원인으로 밝혀진다.
1987년	• 전 세계 인구가 50억 명에 도달한다.
1990년	• 여러 국가의 정부가 대대적인 노력을 기울여 인간 게놈 프로젝트가 시작된다.
	• 면역 질환 치료를 위한 최초의 유전자 치료가 승인된다.
	• FDA가 최초의 유전자 변형 생물체(플라브르 사브르 토마토)를 승인한다.
1993년	• 미국 생물학자 신시아 케니언이 예쁜꼬마선충의 수명을 몇 배로 늘리는 데 성공한다.
1995년	• 미국 과학자 케일럽 핀치가 일부 동물의 '미미한 노화'를 설명한다.
1996년	• 스코틀랜드 과학자 이언 윌멋이 포유류 복제에 최초로 성공한다(복제 양 '돌리').
1998년	• 어린 인간 배아에서 최초의 배아 줄기세포 분리에 성공한다.
1999년	• 세계 인구가 60억 명에 도달한다.

○ **2000~2022년** _____

2001년	• 미국 과학자 크레이그 벤터가 자신의 DNA를 기반으로 한 인간 게놈 염기서열을 발표한다.
2002년	• 과학자들이 최초의 인공 바이러스(소아마비 바이러스) 제작에 성공한다.
2003년	• 인간 게놈 프로젝트가 공공 및 민간 참여와 프로젝트를 통해 공식적으로 종료된다.
	• 영국 과학자 오브리 드 그레이와 동료들이 므두셀라 재단을 설립한다.
2004년	• 사스 유행이 시작된 지 1년 만에 종식된다(몇 달 만에 게놈 염기서열이 밝혀짐).
2006년	• 일본 과학자 야마나카 신야가 유도만능 줄기세포를 개발한다.

2008년	• 스페인 생물학자 마리아 블라스코가 텔로미어를 늘려서 쥐의 수명 연장에 성공한다.
2009년	• 영국 과학자 오브리 드 그레이와 그의 동료들이 SENS 연구재단을 설립한다.
	• 엘리자베스 블랙번과 캐럴 그라이더, 잭 쇼스택이 텔로미어와 텔로머레이스 연구로 노벨생리의학상을 수상한다.
2010년대	• 현재 기술을 이용해 무기한 수명을 향한 첫 번째 다리를 건널 수 있다(레이커즈와일).
2010년	• 크레이그 벤터가 최초의 인공 박테리아(신시아)의 개발을 발표한다.
	• 로버트 G. 에드워즈가 체외수정 개발 공로로 노벨생리의학상을 수상한다.
2011년	• 전 세계 인구가 70억 명 도달한다.
	• 프랑스에서 연구를 통해 '체외에서' 인간 세포의 노화 역전에 성공한다.
2012년	• 존 B. 거던과 야마나카 신야가 복제 및 세포 재프로그래밍(다능성 세포)으로 노벨생리의학상을 수상한다.
2013년	• 미국에서 최초로 쥐의 신장을 '체외' 생산하는 데 성공한다.
	• 일본에서 줄기세포로 인간의 간을 생산하는 데 성공한다.
	• 구글이 노화 치료를 위한 캘리포니아 생명 기업Calico 설립을 발표한다.
2014년	• IBM이 지능형 의료 시스템 '닥터 왓슨'의 사용 범위를 확대한다.
	• 한국계 미국인 의사 윤준이 팔로알토 장수상을 제정한다.
2015년	• 에볼라 출혈열 바이러스에 대한 최초의 백신이 출시된다.
2016년	• 마크 저커버그 페이스북 회장이 '모든 질병'을 치료할 수 있을 것이라고 발표한다.
	• 마이크로소프트 과학자들이 10년 안에 암을 치료할 수 있을 것이라고 발표한다.
	• 독일 기업가 마이클 그레베가 영원한 건강 재단을 설립한다.
2017년	• 스페인 과학자 후안 카를로스 이즈피수아 벨몬테와 그의 연구팀이 쥐를 40% 더 젊게 만드는 데 성공했다고 발표한다.
2018년	• 유전자 가위 크리스퍼를 이용한 유전자 치료법이 상업적 치료에 사용되기 시작한다.
	• 중국에서 크리스퍼로 HIV 감염을 제거한 최초의 디자이너 베이비가 탄생한다.
2019년	• FDA가 수명 연장을 위한 최초의 노인성 질환 치료법을 승인한다.
	• 그레그 파이가 이끄는 '가슴샘 재생, 면역 복구, 인슐린 경감' 시험을 다룬 "신체의 '생물학적 나이'가 역전될 수 있다는 첫 번째 힌트"라는 논문이 〈네이처〉에 실린다.

2020년　• 코로나19 바이러스 게놈을 몇 주 만에 시퀀싱하고 며칠 만에 새로운
　　　　 mRNA 백신을 개발한다.
　　　 • 알파폴드구글 딥마인드에서 개발한 AI가 생물학에서 단백질 폴딩 문제를 해결한다.
　　　 • 에마뉘엘 샤르팡티에와 제니퍼, 다우드나가 유전자 편집(크리스퍼) 연구로
　　　　 노벨화학상을 수상한다.
　　　 • 하버드 대학교의 생물학자 데이비드 A. 싱클레어가 후생유전학적
　　　　 재프로그래밍으로 시각장애 생쥐의 눈을 되살리는 데 성공한다.
2021년　• 미국인 제프 베이조스와 러시아인 유리 밀너를 포함한 갑부들이 노환
　　　　 치료를 위한 알토스 랩을 설립한다.
　　　 • 뇌사 상태에 빠진 인간에게 돼지의 신장을 최초로 이식해 이종 이식의
　　　　 가능성을 확인한다.
　　　 • 1년 동안 90억 개 이상의 백신을 생산하고 코로나19 팬데믹을 억제하기
　　　　 위한 역사상 최대 규모의 백신 접종 캠페인이 실시된다.
2022년　• 돼지의 심장을 인간에게 이식한 최초의 사례로 이종 이식이 효과가
　　　　 있음을 보여주었다.
　　　 • FDA가 혈우병과 알츠하이머병에 대한 최초의 실험적 치료법을 승인한다.
　　　 • 사우디 아라비아, 노화 연구에 수십억 달러를 투자하는 헤볼루션(Hevoluti
　　　　 on : Health건강+Evolution혁명) 재단 설립 발표
　　　 • 영국 과학자 오브리 드 그레이와 그의 동료들이 LEV(수명탈출 속도)
　　　　 재단을 설립한다.
　　　 • 전 세계 인구가 80억 명에 도달한다.

○　　　 **2023년~2029년(일부 가능성)** _____

2023년　• 암에 대한 mRNA 백신의 첫 임상시험이 시작된다.
2024년　• 말라리아, HIV에 대한 mRNA 백신의 첫 임상시험이 시작된다.
2025년　• LEV 재단의 후원으로 진행된 실험에서 쥐의 노화 역전이 확인된다.
　　　 • 분자조립기(나노기술)가 상용화된다(레이 커즈와일).
2020년대 • 생명공학 기술을 이용해 무기한 수명을 향한 두 번째 다리를 건널 수 있게
　　　　 된다(레이 커즈와일).
　　　 • 메트포르민과 라파마이신으로 장수를 위한 인간 임상시험이 행해진다.
　　　 • 전 세계 소아마비 퇴치가 달성된다.
　　　 • 전 세계 홍역 퇴치가 달성된다.

- 말라리아 및 HIV 백신이 승인된다.
- 대부분의 암을 치료할 수 있게 된다.
- 파킨슨병 치료제가 개발된다.
- 간단한 인간 장기를 3D 바이오 프린팅으로 생산할 수 있게 된다.
- 환자 자신의 세포로 인간 장기의 상업적 복제가 시작된다.
- 줄기세포와 텔로머레이스를 이용한 상업적 노화 역전 치료가 시작된다.
- 인공지능과 로봇 의사가 인간 의사를 보완한다.
- 원격 의료가 전 세계로 확산된다.
- 최초의 유인 화성 여행이 시작된다(일론 머스크).

2029년
- 수명 탈출 속도에 도달한다(레이 커즈와일).
- 인공지능이 마침내 앨런 튜링의 테스트를 통과한다(레이 커즈와일).

○　　**2030년 이후(더 많은 가능성)** _____

2030년대
- 나노기술을 이용해 무기한 수명을 향한 세 번째 다리를 건널 수 있게 된다(레이 커즈와일).
- 알츠하이머병 치료제가 개발된다.
- 말라리아가 전 세계에서 퇴치된다.
- HIV가 전 세계에서 퇴치된다.
- 화성에 최초의 인간 식민지가 건설된다(일론 머스크).

2037년
- 전 세계 인구가 90억 명에 도달한다(유엔).

2039년
- 뇌에서 뇌로의 정신적 이동이 가능해진다(레이 커즈와일).

2040년대
- 인공지능을 이용해 무기한 수명과 불멸을 향한 마지막 다리를 건널 수 있게 된다(레이 커즈와일).
- 행성 간 인터넷으로 지구, 달, 화성, 우주선이 연결된다.

2045년
- 노화가 치료되고 죽음은 선택 사항이 된다(레이 커즈와일).
- 특이점, 즉 인공지능이 인간의 지능을 능가하는 시기가 온다(레이 커즈와일).

2049년
- 현실과 가상현실의 구분이 사라진다(레이 커즈와일).

2050년
- 휴머노이드가 잉글랜드 프리미어 리그에서 우승한다(브리티시 텔레콤).

2050년대
- 냉동 보존된 환자를 최초로 되살리는 데 성공한다(레이 커즈와일).

2072년
- 피코(나노의 1,000분의 1 크기)기술이 시작된다(레이 커즈와일).

2099년
- 펨토(피코의 1,000분의 1 크기)기술이 시작된다(레이 커즈와일).
- 수명이 무의미해지는 '무소멸'의 세계가 도래한다.

참고도서

○ Alberts, Bruce | Molecular Biology of the Cell, 6th Edition(2014) | Garland Science
○ Alexander, Brian | Rapture: A Raucous Tour of Cloning, Transhumanism, and the New Era of Immortality(2004) | Basic Books
○ Alexandre, Laurent | La mort de la mort: Comment la technomédicine va bouleverser l'humanité(2011) | Editions Jean-Claude Lattès
○ Alighieri, Dante | 신곡The Divine Comedy(1321)
○ Andrews, Bill & Cornell, Jon | Telomere Lengthening: Curing All Disease Including Aging and Cancer(2017) | Sierra Sciences
○ 빌 앤드루스 | 빌 앤드루스의 텔로미어의 과학Curing Aging: Bill Andrews on Telomere Basics(2015) | 동아시아
○ Arking, Robert | The Biology of Aging: Observations and Principles(2006) | Oxford University Press
○ Arrison, Sonia | 100 Plus: How the Coming Age of Longevity Will Change Everything, From Careers and Relationships to Family and Faith(2011) | Basic Books
○ Asimov, Isaac | Asimov's New Guide to Science(1993) | Penguin Books Limited
○ 스티븐 어스태드 | 동물들처럼: 진화생물학으로 밝혀내는 늙지 않음의 과학

Methuselah's Zoo: What Nature Can Teach Us about Living Longer, Healthier Lives(2022) | 월북

○ Austad, Steven N. | Why We Age: What Science Is Discovering About the Body's Journey Through Life(1997) | John Wiley & Sons, Inc

○ Bailey, Ronald | Liberation Biology: The Scientific and Moral Case for the Biotech Revolution(2005) | Prometheus Books

○ Barzilai, Nir | Age Later: Health Span, Life Span, and the New Science of Longevity(2020) | St. Martin's Press

○ BBVA, OpenMind | The Next Step: Exponential Life(2017) | BBVA, OpenMind

○ Becker, Ernest | The Denial of Death(1973) | Free Press

○ 엘리자베스 블랙번, 엘리사 에펠 | 늙지 않는 비밀The Telomere Effect: A Revolutionary Approach to Living Younger, Healthier, Longer(2018) | RHK

○ Blasco, María & Salomone, Mónica G | Morir joven, a los 140: El papel de los telómeros en el envejecimiento y la historia de cómo trabajan los científicos para conseguir que vivamos más y mejor(2016) | Paidós

○ Bostrom, Nick | "A History of Transhumanist Thought" Journal of Evolution and Technology, Vol. 14 Issue 1, April 2005

○ Bova, Ben | Immortality: How Science is Extending Your Life Span, and Changing the World(1998) | Avon Books

○ Broderick, Damien | The Last Mortal Generation: How Science Will Alter Our Lives in the 21st Century(1990) | New Holland

○ Bulterijs, Sven; Hull, Raphaella S.; Bjork, Victor C. & Roy, Avi G. | "It is time to classify biological aging as a disease" Frontiers in Genetics(2015) 6:205

○ Carlson, Robert H. | Biology is Technology: The promise, peril, and new business of engineering life(2010) | Harvard University Press

○ 스티븐 케이브 | 불멸에 관하여Immortality: The Quest to Live Forever and How It Drives Civilization(2015) | 엘도라도

○ Chaisson, Eric | Epic of Evolution: Seven Ages of the Cosmos(2005) | Columbia University Press

○ Church, George M. and Regis, Ed | Regenesis: How Synthetic Biology will Reinvent Nature and Ourselves(2012) | Basic Books

○ Clarke, Arthur C. | Profiles of the Future: An Inquiry into the Limits of the Possible(1984) | Henry Holt and Company

○ Comfort, Alex | Ageing: The Biology of Senescence(1964) | Routledge & Kegan Paul

- Condorcet, Marie-Jean-Antoine-Nicolas de Caritat | Sketch for a Historical Picture of the Progress of the Human Mind(1979) | Greenwood Press
- Cordeiro, José(ed.) | Latinoamérica 2030: Estudio Delphi y Escenarios(2014) | Lola Books
- Cordeiro, José | Telephones and Economic Development: A Worldwide Long-Term Comparison(2010) | Lambert Academic Publishing
- Cordeiro, José | El Desafío Latinoamericano... y sus Cinco Grandes Retos(2007) | McGraw-Hill Interamericana
- Coeurnelle, Didier | Et si on arrêtait de vieillir!(2013) | FYP éditions
- Critser, Greg | Eternity Soup: Inside the Quest to End Aging(2010) | Crown
- Danaylov, Nikola | Conversations with the Future: 21 Visions for the 21st Century(2016) | Singularity Media, Inc.
- 찰스 다윈 | 종의 기원The Origin of the Species(1859)
- 리처드 도킨스 | 이기적 유전자The Selfish Gene(2018) | 을유문화사
- De Grey, Aubrey & Rae, Michael | Ending Aging: The Rejuvenation Breakthroughs That Could Reverse Human Aging in Our Lifetime(2008) | St. Martin's Press
- De Grey, Aubrey; Ames, Bruce N.; Andersen, Julie K.; Bartke, Andrzej; Campisi, Judith; Heward, Christopher B.; McCarter, Roger JM & Stock, Gregory | "Time to talk SENS: critiquing the immutability of human aging" Annals of the New York Academy of Science(2002) s. Vol | 959; pp. 452–462
- De Grey, Aubrey | The mitochondrial free radical theory of aging(1999) | Landes Bioscience
- De Magalhães, João Pedro, Curado, J. & Church, George M | "Meta-analysis of age-related gene expression profiles identifies common signatures of aging"(2009) | Bioinformatics, 25(7), pp. 875-881
- Deep Knowledge Ventures | AI for Drug Discovery, Biomarker Development and Advanced R&D(2018) | Deep Knowledge Ventures
- DeLong, J. Brad | "Cornucopia: The Pace of Economic Growth in the Twentieth Century"(2000) | NBER Working Papers 7602
- 피터 디아맨디스, 스티븐 코틀러 | 볼드Bold: How to Go Big, Create Wealth and Impact the World(2016) | 비즈니스북스
- 피터 디아맨디스, 스티븐 코틀러 | 어번던스Abundance: The Future is Better Than You Think(2012) | 와이즈베리

○ 재레드 다이아몬드 | 총 균 쇠Guns, Germs, and Steel: The Fates of Human Societies(2023) | 김영사

○ K. 에릭 드렉슬러 | 급진적 풍요Radical Abundance: How a Revolution in Nanotechnology Will Change Civilization(2017) | 김영사

○ K. 에릭 드렉슬러 | 창조의 엔진Engines of Creation: The Coming Age of Nanotechnology(2011) | 김영사

○ Dyson, Freeman J. | Infinite in All Directions(2004) | Harper Perennial

○ Ehrlich, Paul | The Population Bomb(1968) | Sierra Club/Ballantine Books

○ Emsley, John | Nature's Building Blocks: An A-Z Guide to the Elements(2011) | Oxford University Press

○ Ettinger, Robert | Man into Superman(1972) | St. Martin's Press

○ 로버트 에팅거 | 냉동 인간The Prospect of Immortality(2011) | 김영사

○ Fahy, Gregory et al.(ed.) | The Future of Aging: Pathways to Human Life Extension(2010) | Springer

○ Farmanfarmaian, Robin | The Patient as CEO: How Technology Empowers the Healthcare Consumer(2015) | Lioncrest Publishing

○ 리처드 파인먼 | 발견하는 즐거움The Pleasure of Finding Things Out: The Best Short Works of Richard P. Feynman(2001) | 승산

○ Finch, Caleb E. | Senescence, Longevity, and the Genome(1990) | University of Chicago Press

○ Fogel, Robert William | The Escape from Hunger and Premature Death, 1700–2100: Europe, America, and the Third World(2004) | Cambridge University Press

○ Fossel, Michael | The Telomerase Revolution: The Enzyme That Holds the Key to Human Aging and Will Soon Lead to Longer, Healthier Lives(2015) | BenBella Books

○ Fossel, Michael | Reversing Human Aging(1996) | William Morrow and Company

○ Freitas, Robert A. Jr. | Cryostasis Revival: The Recovery of Cryonics Patients through Nanomedicine(2022) | Alcor Life Extension Foundation.

○ Friedman, David M. | The Immortalists: Charles Lindbergh, Dr. Alexis Carrel, and Their Daring Quest to Live Forever(2007) | Ecco

○ Fumento, Michael | BioEvolution: How Biotechnology Is Changing the World(2003) | Encounter Books

○ García Aller, Marta | El fin del mundo Tal y como lo conocemos: Las grandes innovaciones que van a cambiar tu vida(2017) | Planeta

○ 조엘 가로 | 급진적 진화Radical Evolution: The Promise and Peril of Enhancing Our Minds, Our Bodies, and What It Means to Be Human(2007) | 지식의숲

○ Glenn, Jerome, et al | State of the Future 19.1(2018) | The Millennium Project

○ Gosden, Roger | Cheating Time(1996) | W. H. Freeman & Company

○ Green, Ronald M | Babies by Design: The Ethics of Genetic Choice(2007) | Yale University Press

○ Gupta, Sanjay | Cheating Death: The Doctors and Medical Miracles that Are Saving Lives Against All Odds(2009) | Wellness Central

○ Halal, William E. | Technology's Promise: Expert Knowledge on the Transformation of Business and Society(2008) | Palgrave Macmillan

○ Haldane, John Burdon Sanderson | Daedalus or Science and the Future(1924) | K. Paul, Trench, Trubner & Co.

○ Hall, Stephen S. | Merchants of Immortality: Chasing the Dream of Human Life Extension(2003) | Houghton Mifflin Harcourt

○ Halperin, James L. | The First Immortal(1998) | Del Rey, Random House

○ 유발 하라리 | 호모 데우스Homo Deus: A Brief History of Tomorrow(2017) | 김영사

○ 유발 하라리 | 사피엔스Sapiens: A Brief History of Humankind(2015) | 김영사

○ 스티븐 호킹 | 청소년을 위한 시간의 역사The Theory of Everything: The Origin and Fate of the Universe(2009) | 웅진지식하우스

○ Hayflick, Leonard | How and Why We Age(1994) | Ballantine Books

○ Hébert, Jean M | Replacing Aging(2020) | Science Unbound

○ 토머스 홉스 | 리바이어던Leviathan(1651)

○ Hoffman, Rudi | The Affordable Immortal: Maybe You Can Beat Death and Taxes(2018) | Createspace Independent Publishing Platform

○ Hughes, James | Citizen Cyborg: Why Democratic Societies Must Respond to the Redesigned Human of the Future(2004) | Westview Press

○ Huxley, Julian | "Transhumanism" New Bottles for New Wine(1957) | Chatto & Windus

○ Immortality Institute(ed.) | The Scientific Conquest of Death: Essays on Infinite Lifespans(2004) | Libros En Red

○ International Monetary Fund | World Economic Outlook(연감) | International

Monetary Fund

○ Ioviță, Anca | The Aging Gap Between Species(2015) | CreateSpace

○ Jackson, Moss A. | I Didn't Come to Say Goodbye! Navigating the Psychology of Immortality(2016) | D&L Press

○ Jain, Naveen | Moonshots: Creating a World of Abundance(2018) | Moonshots Press.

○ Kahn, Herman | The Next 200 Years: A Scenario for America and the World(1976) | Quill

○ 미치오 카쿠 | 인류의 미래The Future of Humanity: Terraforming Mars, Interstellar Travel, Immortality, and Our Destiny Beyond Earth(2019) | 김영사

○ 미치오 카쿠 | 미래의 물리학Physics of the Future: How Science Will Shape Human Destiny and Our Daily Lives by the Year 2100(2012) | 김영사

○ Kanungo, Madhu Sudan | Genes and Aging(1994) | Cambridge University Press

○ Kaufmann, Sandra | The Kaufmann Protocol: Aging Solutions(2022) | Independently published.

○ Kennedy, Brian K.; Berger, Shelley, L.; Brunet, Anne; Campisi, Judith; Cuervo, Ana Maria; Epel, Elissa S.; Franceschi, Claudio; Lithgow, Gordon J.; Morimoto, Richard I.; Pessin, Jeffrey E.; Rando, Thomas A.; Arlan Richardson, Arlan; Schadt, Eric E.; Wyss-Coray, Tony & Sierra, Felipe | "Aging: a common driver of chronic diseases and a target for novel interventions" Cell, 2014 Nov 6; 159(4): pp. 709–713

○ Kenyon, Cynthia J. | "The genetics of ageing" Nature(2010) , 464(7288), pp. 504-512

○ 토머스 새뮤얼 쿤 | 과학혁명의 구조The Structure of Scientific Revolutions(2013) | 까치

○ Kurian, George T. and Molitor, Graham T. T. | Encyclopedia of the Future(1996) | Macmillan

○ 레이 커즈와일 | 마음의 탄생How to Create a Mind: The Secret of Human Thought Revealed(2016) | 크레센도

○ 레이 커즈와일 | 특이점이 온다The Singularity Is Near: When Humans Transcend Biology(2007) | 김영사

○ Kurzweil, Ray | The Age of Spiritual Machines(1999) | Penguin Books

○ 레이 커즈와일, 테리 그로스먼 | 영원히 사는 법TRANSCEND: Nine Steps to Living

Well Forever(2011) | 승산

○ Kurzweil, Ray & Grossman, Terry | Fantastic Voyage: Live Long Enough to Live Forever(2004) | Rodale Books

○ 네이선 렌츠 | 우리 몸 오류 보고서Human Errors: A Panorama of Our Glitches, from Pointless Bones to Broken Genes(2018) | 까치

○ 대니얼 리버먼 | 우리 몸 연대기The Story of the Human Body: Evolution, Health, and Disease(2018) | 웅진지식하우스

○ Lima, Manuel | The book of Trees: Visualizing Branches of Knowledge(2014) | Princeton Architectural Press

○ Longevity.International | Longevity Industry Analytical Report 1: The Business of Longevity(2017) | Longevity.International

○ Longevity.International | Longevity Industry Analytical Report 2: The Science of Longevity(2017) | Longevity.International

○ López-Otín, Carlos; Blasco, Maria A.; Partridge, Linda; Manuel Serrano, Manuel & Kroemer, Guido | "The Hallmarks of Aging" Cell, 2013 Jun 6; 153(6): pp. 1194–1217

○ Maddison, Angus | Contours of the World Economy 1–2030 AD: Essays in Macro–Economic History(2007) | Oxford University Press

○ Maddison, Angus | Historical Statistics for the World Economy: 1–2003 AD(2004) | OECD Development Center

○ Maddison, Angus | The World Economy: A Millennial Perspective(2001) | OECD Development Center

○ 토머스 로버트 맬서스 | 인구론 An Essay on the Principle of Population(1798)

○ Martinez, Daniel E | "Mortality patterns suggest lack of senescence in hydra" Experimental Gerontology, 1998 May;33(3), pp. 217–225

○ Martínez-Barea, Juan | El mundo que viene: Descubre por qué las próximas décadas serán las más apasionantes de la historia de la humanidad(2014) | Gestión 2000

○ Medawar, Peter | An Unsolved Problem of Biology(1952) | H. K. Lewis

○ Mellon, Jim & Chalabi, Al | Juvenescence: Investing in the Age of Longevity(2017) | Fruitful Publications

○ Metzl, Jamie | Hacking Darwin: Genetic Engineering and the Future of Humanity(2019) | Sourcebooks.

○ Miller, Philip Lee & Life Extension Foundation | The Life Extension Revolution:

The New Science of Growing Older Without Aging(2005) | Bantam Books
- Minsky, Marvin | "Will robots inherit the Earth?" Scientific American, October 1994
- 마빈 민스키 | 마음의 사회The Society of Mind(2019) | 새로운현재
- Mitteldorf, Josh & Sagan, Dorion | Cracking the Aging Code: The New Science of Growing Old, and What it Means for Staying Young(2016) | Flatiron Books
- 제프리 A. 무어 | 캐즘 마케팅Crossing the Chasm: Marketing and Selling High-tech Products to Mainstream Customers(2021) | 세종
- Moravec, Hans | Robot: Mere Machine to Transcendent Mind(1999) | Oxford University Press
- 한스 모라벡 | 마음의 아이들: 로봇과 인공지능의 미래Mind Children(2011) | 김영사
- More, Max | The Principles of Extropy, Version 3.11(2003) | The Extropy Institute
- More, Max & Vita-More, Natasha | The Transhumanist Reader: Classical and Contemporary Essays on the Science, Technology, and Philosophy of the Human Future(2013) | Wiley-Blackwell
- 더글러스 멀홀 | 분자혁명과 준비된 미래Our Molecular Future: How Nanotechnology, Robotics, Genetics, and Artificial Intelligence will Transform our World(2004) | 한티미디어
- Musi, Nicolas & Hornsby, Peter(ed.) | Handbook of the Biology of Aging, Eight Edition(2015) | Academic Press
- Naam, Ramez | More Than Human: Embracing the Promise of Biological Enhancement(2005) | Broadway Books
- Navajas, Santiago | El hombre tecnológico y el síndrome Blade Runner(2016) | Editorial Berenice
- Ocampo, Alejandro; Reddy, Pradeep; Martinez-Redondo, Paloma; Platero-Luengo, Aida; Hatanaka, Fumiyuki; Hishida, Tomoaki; Li, Mo; Lam, David; Kurita, Masakazu; Beyret, Ergin; Araoka, Toshikazu; Vazquez-Ferrer, Eric; Donoso, David; Roman, José Luis; Xu, Jinna; Rodriguez Esteban, Concepcion; Gabriel Nuñez, Gabriel; Nuñez Delicado, Estrella; Campistol, Josep M.; Guillen, Isabel; Guillen, Pedro & Izpisua Belmonte, Juan Carlos | "In Vivo Amelioration of Age-Associated Hallmarks by Partial Reprogramming" Cell | 2016 Dec 15; 167(7): pp. 1719–1733

○ United Nations | Statistical Yearbook(연감) | United Nations

○ Paul, Gregory S. & Cox, Earl | Beyond Humanity: Cyberevolution and Future Minds(1996) | Charles River Media

○ Perry, Michael | Forever for All: Moral Philosophy, Cryonics, and the Scientific Prospects for Immortality(2001) | Universal Publishers

○ Pickover, Clifford A. | A Beginner's Guide to Immortality: Extraordinary People, Alien Brains, and Quantum Resurrection(2007) | Thunder's Mouth Press

○ 스티븐 핑커 | 지금 다시 계몽Enlightenment Now: The Case for Reason, Science, Humanism, and Progress(2021) | 사이언스북스

○ 스티븐 핑커 | 우리 본성의 선한 천사The Better Angels of Our Nature: Why Violence Has Declined(2014) | 사이언스북스

○ United Nations Development Programme | Human Development Report(연감) | United Nations Development Programme

○ Regis, Edward | Great Mambo Chicken and the Transhuman Condition: Science Slightly over the Edge(1991) | Perseus Publishing

○ 매트 리들리 | 붉은 여왕The Red Queen: Sex and the Evolution of Human Nature(2006) | 김영사

○ Roco, Mihail C. & Bainbridge, William Sims(eds.) | Converging Technologies for Improving Human Performance(2003) | Kluwer

○ 에버렛 M. 로저스 | 개혁의 확산Diffusion of Innovations(2005) | 커뮤니케이션북스

○ Rose, Michael | Evolutionary Biology of Aging(1991) | Oxford University Press

○ Rose, Michael; Rauser, Casandra L. & Mueller, Laurence D. | Does Aging Stop?(2011) | Oxford University Press

○ 칼 세이건 | 에덴의 용The Dragons of Eden: Speculations on the Evolution of Human Intelligence(2006) | 사이언스북스

○ Scott, Andrew; Ellison, Martin & Sinclair, David A. | "The economic value of targeting aging." Nature Aging 1, 616–623 (2021)

○ Serrano, Javier | El hombre biónico y otros ensayos sobre tecnologías, robots, máquinas y hombres(2015) | Editorial Guadalmazán

○ 윌리엄 셰익스피어 | 햄릿Hamlet(1601)

○ 마이클 셔머 | 천국의 발명 - 사후 세계, 영생, 유토피아에 대한 과학적

접근Heavens on Earth: The Scientific Search for the Afterlife, Immortality, and Utopia(2019) | arte

○ Simon, Julian L. | The Ultimate Resource 2(1998) | Princeton University Press

○ 데이비드 A. 싱클레어, 매슈 D. 러플랜트 | 노화의 종말Lifespan: Why We Age – and Why We Don't Have To(2020) | 부키

○ 레베카 스클루트 | 헨리에타 랙스의 불멸의 삶The Immortal Life of Henrietta Lacks(2023) | 꿈꿀자유

○ Stambler, Ilia | Longevity Promotion: Multidisciplinary Perspectives(2017) | CreateSpace Independent Publishing Platform

○ Stambler, Ilia | A History of Life-Extensionism in the Twentieth Century(2014) | CreateSpace Independent Publishing Platform

○ 앤드루 스틸 | 에이지리스Ageless: The New Science of Getting Older Without Getting Old(20101) | 브론스테인

○ Stipp, David | The Youth Pill: Scientists at the Brink of an Anti-Aging Revolution(2010) | Current

○ Stock, Gregory | Redesigning Humans: Our Inevitable Genetic Future(2002) | Houghton Mifflin Company

○ Stolyarov II, Gennady | Death is Wrong(2013) | Rational Argumentators Press

○ Strehler, Bernard | Time, Cells, and Aging(1999) | Demetriades Brothers

○ Teilhard de Chardin, Pierre | The Future of Man(1964) | Harper & Row

○ 에릭 토폴 | 딥메디슨: 인공지능, 의료의 인간화를 꿈꾸다Deep Medicine: How Artificial Intelligence Can Make Healthcare Human Again(2020) | 소우주

○ United Nations | World Population Prospects 2022 | United Nations

○ Venter, J. Craig | Life at the Speed of Light: From the Double Helix to the Dawn of Digital Life(2014) | Penguin Books

○ 크레이그 벤터 | 게놈의 기적A Life Decoded: My Genome: My Life(2009) | 추수밭

○ Verburgh, Kris | The Longevity Code: The New Science of Aging(2018) | The Experiment

○ Vinge, Vernor | "The Coming Technological Singularity" Whole Earth Review, Winter 1993

○ Walter, Chip | Immortality, Inc.: Renegade Science, Silicon Valley Billions, and the Quest to Live Forever(2020) | National Geographic

○ Warwick, Kevin | I, Cyborg(2002) | Century

○ Weindruch, Richard & Walford, Roy | The Retardation of Aging and Disease by Dietary Restriction(1988) | Charles C. Thomas

○ Weiner, Jonathan | Long for This World: The Strange Science of Immortality(2010) | HarpersCollins Publishers

○ Weismann, August | Essays Upon Heredity and Kindred Biological Problems, Volumes 1 & 2(1892) | Claredon Press

○ Wells, H. G. | "The Discovery of the Future" Nature(1902) , 65, pp. 326–331

○ West, Michael | The Immortal Cell(2003) | Doubleday

○ Wood, David W. | Sustainable Superabundance: A Universal Transhumanist Invitation(2019) | Delta Wisdom

○ Wood, David W. | Transcending Politics: A Technoprogressive Roadmap to a Comprehensively Better Future(2018) | Delta Wisdom

○ Wood, David W. | The Abolition of Aging: The forthcoming radical extension of healthy human longevity(2016) | Delta Wisdom

○ Woods, Tina | Live Longer with AI(2020) | Packt Publishing

○ World Bank | World Development Report(연감) | World Bank

○ World Health Organization | International Statistical Classification of Diseases and Related Health Problems, 10th Revision, Edition 2010(2011) | World Health Organization

○ World Health Organization | History of the Development of the ICD(2006) | World Health Organization

○ World Health Organization | The ICD-10 Classification of Mental and Behavioural Disorders: Clinical Descriptions and Diagnostic Guidelines(1992) | World Health Organization

○ World Health Organization | Constitution of the World Health Organization(1948) | World Health Organization

○ Young, Sergey | The Science and Technology of Growing Young: An Insider's Guide to the Breakthroughs that Will Dramatically Extend Our Lifespan... and What You Can Do Right Now(2021) | BenBella Books

○ Zendell, David | The Broken God(1992) | Spectra

○ Zhavoronkov, Alex | The Ageless Generation: How Advances in Biomedicine Will Transform the Global Economy(2013) | Palgrave Macmillan

○ Zhavoronkov, Alex & Bhullar, Bhupinder | Classifying aging as a disease in the context of ICD-11(2015) | Frontiers in Genetics

주석

○ 저자의 글 _____

1) https://www.visualcapitalist.com/history-of-pandemics-deadliest/
2) https://www.thelancet.com/journals/lanhl/article/PIIS2666-7568(21)00303-2/fulltext
3) https://www.fightaging.org/archives/2020/08/the-reasons-to-study-aging/
4) https://www.nationalgeographic.co.uk/history-and-civilisation201907there-are-now-more-people-over-age-65-under-five-what-means
5) https://www.thelancet.com/infographics/population-forecast
6) https://www.statista.com/chart/22378/estimated-cost-of-containing-future-pandemic/
7) http://www.sjayolshansky.com/sjo/Longevity_Dividend_Initative.html

○ 서론 _____

1) https://www.amazon.com/Immortality-Quest-Forever-Drives-Civilization/dp/1510716157

2) https://www.amazon.com/Egyptian-Book-Dead-Integrated-Full-Color/
dp/1452144389/

3) https://www.amazon.com/Epic-Gilgamesh/dp/014044100X

4) https://www.amazon.com/First-Emperor-China-Jonathan-Clements-ebook/dp/
B00XJIQ7K2/

5) https://www.amazon.com/EUROPEAN-DISCOVERY-AMERICA-D-1492-1616/
dp/B000J57YR8

6) http://www.openthemagazine.com/article/essay/the-last-days-of-death

7) https://www.youtube.com/watch?v=h6tYxQnxRj8

8) http://www.encuentroseleusinos.com/work/maria-blasco-directora-del-cnio-
envejecer-es-nada-natural/

9) https://elpais.com/elpais/2016/12/15/ciencia/1481817633_464624.html

10) https://www.mfoundation.org/

11) https://web.archive.org/web/20190324131618/ http://www.sens.org/outreach/
conferences/methuselah-mouse-prize

12) https://www.faculty.uci.edu/profile.cfm?faculty_id=5261

13) https://uams-triprofiles.uams.edu/profiles/display/127822

14) http://time.com/574/google-vs-death/

15) http://www.telegraph.co.uk/science/2016/09/20/microsoft-will-solve-cancer-
within-10-years-by-reprogramming-dis/

16) http://www.businessinsider.com/mark-zuckerberg-cure-all-disease-
explained-2016-9

17) https://www.technologyreview.com/2021/09/04/1034364/altos-labs-silicon-
valleys-jeff-bezos-milner-bet-living-forever/

18) https://endpoints.elysiumhealth.com/george-church-profile-4f3a8920cf7g-
4f3a8920cf7f

19) http://www.amazon.com/Pleasure-Finding-Things-Out-Richard/
dp/0465023959

20) https://dash.harvard.edu/bitstream/handle/1/4931360/2815757.pdf?sequence=
1&isAllowed=y

21) https://home.liebertpub.com/publications/rejuvenation-research/127

22) https://www.reddit.com/r/IAmA/comments/2tzjp7/hi_reddit_im_bill_gates_and
_im_back_for_my_third/co3q1lf

23) https://rejuvenaction.wordpress.com/reasons-for-rejuvenation/aubreys-trump-

cards/

24) https://www.fightaging.org/archives/2004/11/strategies-for-engineered-negligible-senescence/

25) https://www.amazon.com/Advancing-Conversations-Advocate-Indefinite-Lifespan/dp/1785353969

26) http://www.un.org/es/universal-declaration-human-rights/

27) http://www.rationalargumentator.com/index/death-is-wrong/

○ 1장

1) https://www.amazon.com/Carl-Sagan-Cosmos-Utimate-Blu-ray/dp/B06X1F546N/

2) http://www.astromia.com/biografias/joanoro.htm

3) https://www.amazon.com/Molecular-Biology-Cell-Bruce-Alberts/dp/0815345240/

4) http://www.pnas.org/content/95/12/6578.full

5) https://microbewiki.kenyon.edu/index.php/Chromosomes_in_Bacteria:_Are_they_all_single_and_circular %3F

6) https://www.nytimes.com/2016/07/26/science/last-universal-ancestor.html

7) https://www.semicrobiologia.org/storage/secciones/publicaciones/semaforo/32/articulos/SEM32_16.pdf

8) http://www.cell.com/current-biology/fulltext/S0960-9822(13)00973-1

9) http://www.sciencedirect.com/science/article/pii/S0531556597001137

10) https://www.ncbi.nlm.nih.gov/pubmed/26690755

11) http://www.nytimes.com/2012/12/02/magazine/can-a-jellyfish-unlock-the-secret-of-immortality.html

12) https://www.ncbi.nlm.nih.gov/pmc/articles/PMC3306686/

13) http://onlinelibrary.wiley.com/doi/10.1016/S0014-5793(98)01357-X/abstract

14) https://www.ncbi.nlm.nih.gov/books/NBK100401/

15) http://science.time.com/2014/02/25/worlds-oldest-things/photo/08_sussman_seagrass_0910_0753_1068px/

16) https://www.nps.gov/brca/learn/nature/quakingaspen.htm

17) https://phys.org/news/2013-08-soil-beneath-ocean-harbor-bacteria.html

18) http://www.rmtrr.org/oldlist.htm

19) https://elpais.com/elpais/2017/08/16/ciencia/1502878116_747823.html

20) http://www.dendrology.org/site/images/web4events/pdf/Tree%20info %20
IDS_05_pp41_p46_AgeingYew.pdf

21) http://www.srimahabodhi.org/mahavamsa.htm

22) http://genomics.senescence.info/species/nonaging.php

23) http://www.sciencemag.org/news/2016/08/greenland-shark-may-live-400-
years-smashing-longevity-record

24) https://listas.20minutos.es/lista/las-personas-mas-ancianas-de-la-
historia-254001/

25) https://www.amazon.com/Immortal-Life-Henrietta-Lacks/dp/1400052181/

26) http://hamptonroads.com/2010/05/cancer-cells-killed-her-then-they-made-
her-immortal

○ 2장 _____

1) http://www.ndhealthfacts.org/wiki/Aging

2) https://www.sciencedaily.com/releases/2009/07/090701131314.htm

3) https://www.livescience.com/33179-does-human-body-replace-cells-seven-
years.html

4) https://www.amazon.com/Brecha-Envejecimiento-Entre-Especies-Spanish/
dp/1547506407

5) http://www.esp.org/books/weismann/germ-plasm/facsimile/

6) http://www.longevityhistory.com/book/indexb.html#_ednref1119

7) https://www.leafscience.org/dr-elie-metchnikoff/

8) https://www.ncbi.nlm.nih.gov/pubmed/13905658

9) https://www.amazon.com/History-Life-Extensionism-Twentieth-Century/
dp/1500818577

10) http://mcb.berkeley.edu/courses/mcb135k/BrianOutline.html

11) http://www.senescence.info/aging_theories.html

12) http://www.crionica.org/carta-abierta-de-cientificos-sobre-la-investigacion-
del-envejecimiento/

13) https://www.ncbi.nlm.nih.gov/pmc/articles/PMC4410392/

14) https://www.ncbi.nlm.nih.gov/pmc/articles/PMC2995895/

15) https://itp.nyu.edu/classes/germline-spring2013/files/2013/01/Time-to-Talk-SENS-Critiquing-the-Immutability-of-Human-Aging.pdf

16) https://www.amazon.es/Fin-Del-Envejecimiento-Aubrey-Grey/dp/394420302X

17) https://www.technologyreview.com/s/404453/the-sens-challenge/

18) https://web.archive.org/web/20130606111748/ http://www.mprize.com/index.php?pagename=newsdetaildisplay&ID=0104

19) https://www.smithsonianmag.com/innovation/human-mortality-hacked-life-extension-180963241/

20) http://www.sens.org/research/introduction-to-sens-research

21) https://www.bbvaopenmind.com/wp-content/uploads/2017/01/BBVA-OpenMind-Undoing-Aging-with-Molecular-and-Cellular-Damage-Repair-Aubrey-De-Grey.pdf

22) https://www.leafscience.org/sens-where-are-we-now/

23) http://www.cell.com/cell/fulltext/S0092-8674(13)00645-4

23) https://www.ncbi.nlm.nih.gov/pmc/articles/PMC4852871/

25) http://youtu.be/xI38YRz1bbQ

26) https://www.buckinstitute.org/news/leading-scientists-identify-research-strategy-for-highly-intertwined-pillars-of-aging/

27) https://www.libertaddigital.com/ciencia-tecnologia/ciencia/2018-01-19/gines-morata-el-ser-humano-podra-llegar-a-vivir-entre-350-y-400-anos-1276612414/

28) https://www.longecity.org/forum/page/index2.html/_/feature/book

29) https://www.britannica.com/science/aging-life-process

30) https://www.amazon.com/Handbook-Biology-Aging-Eighth-Handbooks/dp/0124115969

31) http://www.who.int/classifications/icd/en/HistoryOfICD.pdf

32) https://www.who.int/news-room/detail/18-06-2018-who-releases-new-international-classification-of-diseases-(icd-11)

33) http://www.who.int/about/what-we-do/gpw-thirteen-consultation/en/#

34) https://www.ncbi.nlm.nih.gov/pmc/articles/PMC4471741/

35) https://www.frontiersin.org/articles/10.3389/fgene.2015.00326/full

36) https://www.amazon.com/-/es/David-Sinclair-ebook/dp/B07N4C6LGR

○ 3장 _____

1) https://books.google.com/books?id=JQ8Gtv4A5tMC&dq=palpably&q=palpably
   #v=snippet&q=palpably&f=false

2) http://rinkworks.com/said/predictions.shtml

3) https://hbr.org/2011/08/henry-ford-never-said-the-fast

4) http://scienceworld.wolfram.com/biography/Kelvin.html

5) https://en.wikiquote.org/wiki/Incorrect_predictions

6) http://rinkworks.com/said/predictions.shtml

7) http://www.nytimes.com/2001/11/14/news/150th-anniversary-1851-2001-the-
   facts-that-got-away.html

8) https://www.youtube.com/watch?v=MypSliQOv2M

9) https://www.pcworld.com/article/155984/worst_tech_predictions.html

10) http://www.popularmechanics.com/technology/a8562/inside-the-future-how-
    popmech-predicted-the-next-110-years-14831802/

11) https://usatoday30.usatoday.com/money/companies/management/2007-04-
    29-ballmer-ceo-forum-usat_N.htm

12) http://www.bbc.com/future/story/20141015-will-we-fear-tomorrows-internet

13) https://www.juvenescence-book.com/book-overview/

14) http://www.rejuvenatebio.com/

15) https://www.washingtonpost.com/news/achenblog/wp/2015/12/02/
    professor-george-church-says-he-can-reverse-the-aging-
    process/?utm_term=.4c5b1bf512fd

16) https://www.youtube.com/watch?v=hC3OfWFjdXo

17) http://longevityreporter.org/blog/2016/8/8/the-renaissance-of-rejuvenation-
    biotechnology

18) https://www.amazon.es/Life-Speed-Light-Double-Digital-ebook/dp/
    B00C1N5WRK

19) https://www.calicolabs.com/people/cynthia-kenyon

20) https://www.sfgate.com/magazine/article/Finding-the-Fountain-of-Youth-
    Where-will-UCSF-2667274.php

21) https://www.project-syndicate.org/commentary/aging--the-final-
    frontier?barrier=accesspaylog

22) http://genomics.senescence.info/

23) http://www.senescence.info/

24) https://www.storehouse.co/stories/c8xm-laura-deming

25) https://longevity.vc/

26) http://longevity.international/

27) https://www.fightaging.org/archives/2017/10/longevity-industry-whitepapers-
from-the-aging-analytics-agency/

28) https://www.longevity.international/longevity-ecosystem-by-country

29) https://sub.longevitymarketcap.com/p/037-jan-11th-2022-longevity-
marketcap

30) https://www.redbull.com/int-en/theredbulletin/michael-greve-biohacking-
longevity

○ **4장**

1) https://www.amazon.com/Principle-Population-Oxford-Worlds-Classics/
dp/0199540454

2) https://www.amazon.com/Leviathan-Oxford-Worlds-Classics-Paperback/dp/
B00IIASMRC

3) http://www.diamandis.com/

4) https://www.amazon.com/dp/145161683X

5) http://www.worldbank.org/en/news/feature/2014/04/10/prosperity-for-all-
ending-extreme-poverty

6) https://sustainabledevelopment.un.org/post2015/transformingourworld

7) https://www.amazon.com/Better-Angels-Our-Nature-Violence/dp/0143122010

8) https://www.amazon.com/Enlightenment-Now-Science-Humanism-Progress/
dp/0525427570/

9) http://bigthink.com/in-their-own-words/why-we-love-bad-news-
understanding-negativity-bias

10) https://www.amazon.com/Sapiens-Humankind-Yuval-Noah-Harari-ebook/dp/
B00ICN066A

11) https://www.amazon.com/population-bomb-Paul-R-Ehrlich-ebook/dp/
B071RXJ697

12) https://esa.un.org/unpd/wpp/Download/Standard/Population/

13) https://www.census.gov/data-tools/demo/idb/informationGateway.php

14) https://ourworldindata.org/future-population-growth

15) http://www.rayandterry.com/

16) https://www.amazon.es/Fantastic-Voyage-Live-Enough-Forever/dp/
0452286670

17) https://www.amazon.es/Fantastic-Voyage-Live-Enough-Forever/dp/
0452286670

18) https://www.juvenescence-book.com/book-overview/

19) http://www.mathscareers.org.uk/article/escape-velocities/

20) https://ourworldindata.org/life-expectancy

21) https://singularityhub.com/2017/11/10/3-dangerous-ideas-from-ray-kurzweil/

22) http://www.singularity2050.com/2008/03/actuarial-escap.html

23) http://www.sens.org/files/pdf/FHTI07-deGrey.pdf

24) http://hplusmagazine.com/2009/09/28/aubrey-de-grey-singularity-and-
methuselarity/

25) https://en.wikiquote.org/wiki/Gordon_Moore

26) https://www.amazon.co.uk/Singularity-Near-Humans-Transcend-Biology-
ebook/dp/B000QCSA7C

27) http://www.kurzweilai.net/the-law-of-accelerating-returns

28) https://singularityhub.com/2016/04/05/how-to-think-exponentially-and-
better-predict-the-future/#sm.0009rack7rg0e9r11g52cg8lqb1cb

29) https://singularityhub.com/2016/03/22/technology-feels-like-its-accelerating-
because-it-actually-is/#sm.0009rack7rg0e9r11g52cg8lqb1cb

30) https://www.amazon.co.uk/How-Create-Mind-Thought-Revealed/
dp/1491518839

31) https://www.weforum.org/agenda/2018/01/18-technology-predictions-
for-2018/

32) https://www.amazon.de/Bold-Create-Wealth-Impact-World/dp/1476709580

33) https://singularityhub.com/2016/04/05/how-to-think-exponentially-and-
better-predict-the-future/#sm.0009rack7rg0e9r11g52cg8lqb1cb

34) https://www.cnet.com/news/new-results-show-ai-is-as-good-as-reading-
comprehension-as-we-are/

35) https://newsroom.ibm.com/2019-02-13-IBM-Watson-Health-Invests-in-
Research-Collaborations-with-Leading-Medical-Centers-to-Advance-the-

Application-of-AI-to-Health

36) https://www.theverge.com/2018/1/19/16911354/google-ceo-sundar-pichai-ai-artificial-intelligence-fire-electricity-jobs-cancer

37) https://medium.com/backchannel/were-hoping-to-build-the-tricorder-12e1822e5e6a#

38) https://www.nature.com/articles/d41586-020-03348-4

39) https://www.technologyreview.com/s/609038/chinas-ai-awakening/

40) https://www.cbinsights.com/research/artificial-intelligence-startups-healthcare/

41) http://scopeblog.stanford.edu/2015/05/11/vinod-khosla-shares-thoughts-on-disrupting-health-care-with-data-science/

42) https://www.technologyreview.com/s/609897/500000-britons-ge nomes-will-be-public-by-2020-transforming-drug-research/

43) https://allofus.nih.gov/

44) http://dkv.global/

45) http://www.perseus.tufts.edu/hopper/text?doc=Apollod.+3.14.3

46) https://www.amazon.co.uk/Homo-Deus-Brief-History-Tomorrow/dp/1910701874

47) https://www.amazon.com/Theory-Human-Motivation-Abraham-Maslow/dp/1614274371

48) https://www.amazon.fr/Esquisse-tableau-historique-Fragment-lAtlantide/dp/2080704842

49) https://www.amazon.com/Hamlet-Annotated-Introduction-Charles-Herford/dp/1420952145

○ 5장

1) http://www.theguardian.com/world/2008/nov/27/japan

2) http://www.theguardian.com/world/2013/jan/22/elderly-hurry-up-die-japanese

3) http://www.nytimes.com/1984/03/29/us/gov-lamm-asserts-elderly-if-very-ill-have-duty-to-die.html

4) http://www.theatlantic.com/magazine/archive/2014/10/why-i-hope-to-die-at-75/379329/

5) http://www.amazon.com/Reinventing-American-Health-Care-Outrageously/
   dp/1610393457

6) https://web.archive.org/web/20110110154034/ http:/www.sagecrossroads.net/
   files/transcript01.pdf

7) http://www.ncbi.nlm.nih.gov/pmc/articles/PMC1361028/

8) http://sjayolshansky.com/sjo/Background_files/TheScientist.pdf

9) http://scholar.harvard.edu/cutler/publications/substantial-health-and-
   economic-returns-delayed-aging-may-warrant-new-focus

10) http://www.reuters.com/article/us-imf-aging-idUSBRE83A1C020120412

11) http://www.brookings.edu/research/books/2013/closing-the-deficit

12) http://articles.latimes.com/2014/jan/08/business/la-fi-mo-sure-you-have-to-
    work-in-retirement-but-look-on-the-bright-side-20140108

13) http://www.nber.org/papers/w8818

14) https://web.archive.org/web/20061018172529/ http://www.econ.yale.edu/
    seminars/labor/lap04-05/topel032505.pdf

15) http://www.northbaybusinessjournal.com/northbay/marincounty/4138872-
    181/quest-to-redefine-aging#page=0

16) https://report.nih.gov/categorical_spending.aspx

17) http://www.forbes.com/sites/alexknapp/2012/07/05/how-much-does-it-cost-
    to-find-a-higgs-boson/

18) http://waterwaysproducts.com.au/2017/03/water-affect-human-body/

19) https://www.nestle-waters.com/healthy-hydration/water-body

20) https://www.amazon.co.uk/Natures-Building-Blocks-Z-Elements/
    dp/0199605637

21) https://www.amazon.com/Carl-Sagan-Cosmos-Utimate-Blu-ray/dp/
    B06X1F546N

22) https://www.amazon.com/nanotecnologia-Engines-creation-Surgimiento-
    Nanotechnology/dp/8474324947

23) https://www.youtube.com/watch?v=NV3sBlRgzTI&feature=youtu.be

24) http://www.digitalfrontiersmen.com/portfolio/elon-musk/

25) http://edition.cnn.com/2006/TECH/science/06/12/introduction/

26) http://sensproject21.org/

27) https://medium.com/@arielf/wake-up-people-its-time-to-aim-high-
    b0c2bcac53f1

○ 6장 _____

1) http://www.happinesshypothesis.com/happiness-hypothesis-ch1.pdf

2) http://righteousmind.com/about-the-book/introductory-chapter/

3) http://www.amazon.com/Denial-Death-Ernest-Becker/dp/068483 2402/

4) http://www.amazon.com/Worm-Core-Role-Death-Life/dp/140006 7472/

5) http://www.amazon.com/Varieties-Religious-Experience-William-James/
    dp/1482738295/

6) http://ernestbecker.org/?page_id=60

7) https://www.youtube.com/watch?v=biNF_a5QbwE

8) http://www.amazon.com/Ending-Aging-Rejuvenation-Breakthroughs-
    Lifetime/dp/0312367074/

9) https://www.youtube.com/watch?v=RITCdrOEO9Y

10) https://www.fightaging.org/archives/2014/07/an-anti-deathist-faq.php

11) http://www.amazon.com/Righteous-Mind-Divided-Politics-Religion/
    dp/0307455777/

12) http://www.amazon.com/gp/product/0062292986/

13) http://www.amazon.com/Diffusion-Innovations-5th-Everett-Rogers/
    dp/0743222091/

14) https://www.youtube.com/watch?v=vg4lTZvfIz8

○ 7장 _____

1) http://mathworld.wolfram.com/Rabbit-DuckIllusion.html

2) http://www.moillusions.com/vase-face-optical-illusion/

3) http://well.blogs.nytimes.com/2008/04/28/the-truth-about-the-spinning-
    dancer/?_r=0

4) http://www.amazon.com/Alfred-Wegener-Creator-Continetal-Scien ce/
    dp/0816061742/

5) https://www.smithsonianmag.com/science-nature/when-continental-drift-
    was-considered-pseudoscience-90353214/

6) https://www.e-education.psu.edu/earth520/content/l2_p12.html

7) http://folk.ntnu.no/krill/krilldrift.pdf

8) http://www.mantleplumes.org/WebDocuments/Oreskes2002.pdf

9) https://www.macleans.ca/society/science/the-meaning-of-alphago-the-ai-program-that-beat-a-go-champ/

10) http://geologylearn.blogspot.com/2016/02/paleomagnetism-and-proof-of-continental.html

11) http://semmelweis.org/about/dr-semmelweis-biography/

12) https://en.wikipedia.org/wiki/Carl_Braun_(obstetrician)#Views_on_puerperal_fever

13) http://jama.jamanetwork.com/article.aspx?articleid=400956

14) http://www.amazon.com/Effectiveness-Efficiency-Random-Reflections-Services/dp/185315394X/

15) https://www.nuffieldtrust.org.uk/files/2017-01/effectiveness-and-efficiency-web-final.pdf

16) http://www.amazon.com/Taking-Medicine-Medicines-Difficulty-Swallowing/dp/1845951506/

17) http://www.cochrane.org/about-us

18) http://community-archive.cochrane.org/cochrane-reviews

19) http://www.cochrane.org/evidence

20) https://www.rcpe.ac.uk/sites/default/files/thomas_0.pdf

21) http://www.bcmj.org/premise/history-bloodletting

22) https://www.mtechnologies.com/n1fn/bcramps.htm

○ 8장 _____

1) http://www.bbc.com/future/story/20140821-i-will-be-frozen-when-i-die

2) https://www.longecity.org/forum/page/index.html/_/articles/cryonics

3) https://www.kurzweilai.net/playboy-reinvent-yourself-the-playboy-interview

4) https://www.biostasis.com/scientists-open-letter-on-cryonics/

5) http://cryonics-research.org.uk/

6) http://sociedad-crionica.org/

7) http://www.thelancet.com/journals/lancet/article/PIIS0140-6736(00)01021-7/

8) https://www.theguardian.com/science/blog/2013/dec/10/life-death-therapeutic-hypothermia-anna-bagenholm

9) https://www.amazon.com/Extreme-Medicine-Exploration-Transformed-
    Twentieth/dp/1594204705

10) https://www.rd.com/true-stories/survival/hypothermia-cheat-death/

11) https://www.newscientist.com/article/dn23107-zoologger-supercool-squirrels-
    go-into-the-deep-freeze/

12) http://jeb.biologists.org/content/213/3/502.full

13) http://www.bbc.co.uk/earth/story/20150313-the-toughest-animals-on-earth

14) http://www.ncbi.nlm.nih.gov/pmc/articles/PMC4620520/

15) https://www.technologyreview.com/s/542601/the-science-surrounding-
    cryonics/

16) http://www.alcor.org/Library/html/vitrification.html

17) http://www.bbc.com/future/story/20140224-can-we-ever-freeze-our-organs

18) http://www.kurzweilai.net/alcor-update-from-max-more-new-ceo

19) http://waitbutwhy.com/2016/03/cryonics.html

20) http://www.alcor.org/book/index.html

21) https://www.brainpreservation.org/faq-items/17-what-problems-currently-
    exist-for-chemopreservation/

22) https://www.amazon.co.uk/How-Create-Mind-Ray-Kurzweil/dp/0715647334

○ 9장

1) http://blogs.discovermagazine.com/crux/2016/03/23/nuclear-fusion-reactor-
    research/

2) http://www.jstor.org/stable/2118559

3) http://www.dndi.org/about-dndi/

4) https://www.techdirt.com/articles/20140124/09481025978/big-pharma-ceo-
    we-develop-drugs-rich-westerners-not-poor.shtml

5) https://todayinsci.com/M/Merck_George/MerckGeorge-Quotations.htm

6) https://www.newyorker.com/contributors/john-cassidy

7) http://www.amazon.com/How-Markets-Fail-Economic-Calamities/
    dp/0374173206/

8) http://www.williammacaskill.com/#book

9) https://www.youtube.com/watch?v=jDJ_IjMwT20

10) http://www.npr.org/templates/story/story.php?storyId=104302141

11) https://www.youtube.com/watch?v=GoJsr4IwCm4

12) https://www.youtube.com/watch?v=kJQP7kiw5Fk

13) http://www.nickbostrom.com/fable/dragon.html

14) https://www.youtube.com/watch?v=cZYNADOHhVY

15) http://strategicphilosophy.blogspot.com.es/2009/05/its-about-ten-years-since-i-wrote.html

16) https://www.amazon.com/Inhuman-Bondage-Rise-Slavery-World/dp/0195339444

17) http://www.bu.edu/historic/london/conf.html

18) https://www.lifespan.io/
https://www.forever-healthy.org/
https://parteifuergesundheitsforschung.de/

19) https://en.wikipedia.org/wiki/Citizen_science

○ 결론

1) https://babel.hathitrust.org/cgi/pt?id=chi.087603619;view=1up;seq=67

2) https://www.amazon.co.uk/History-Crime-Victor-Hugo/dp/384967696X

3) http://longevityalliance.org/?q=history-international-longevity-alliance

4) https://quoteinvestigator.com/2017/11/12/change-world/

5) https://quoteinvestigator.com/2017/06/13/acceptance/

찾아보기

죽음의 죽음

초판 1쇄 발행 2023년 6월 15일
초판 2쇄 발행 2023년 7월 20일

지은이 호세 코르데이로, 데이비드 우드
옮긴이 박영숙
펴낸이 안병현
본부장 이승은 **총괄** 박동옥 **편집장** 임세미
책임편집 김혜영 **디자인** 용석재 **마케팅** 신대섭 배태욱 김수연 **제작** 조화연

펴낸곳 주식회사 교보문고
등록 제406-2008-000090호(2008년 12월 5일)
주소 경기도 파주시 문발로 249
전화 대표전화 1544-1900 **주문** 02)3156-3665 **팩스** 0502)987-5725

ISBN 979-11-7061-007-6 (03470)
책값은 표지에 있습니다.